W0281043

Kohlhammer

Jens Rönnfeldt
Mario König

Messtechnik im Feuerwehreinsatz

2., überarbeitete und erweiterte Auflage 2010

Unter Mitarbeit von Volker Lich und Peter Wiese

Verlag W. Kohlhammer

Wichtiger Hinweis
Die Verfasser haben größte Mühe darauf verwendet, dass die Angaben und Anweisungen dem jeweiligen Wissensstand bei Fertigstellung des Werkes entsprechen. Weil sich jedoch die technische Entwicklung sowie Normen und Vorschriften ständig im Fluss befinden, sind Fehler nicht vollständig auszuschließen. Daher übernehmen die Autoren und der Verlag für die im Buch enthaltenen Angaben und Anweisungen keine Gewähr.

Die Kapitel 1, 2, 6, 11–14 sowie 21 und 22 wurden von Jens Rönnfeldt verfasst, die Kapitel 3–5, 7, 9, 10, 15–19 sowie 23 und 24 von Mario König. Volker Lich ist Autor des Kapitels 8, Peter Wiese Autor des Kapitels 20.

2., überarbeitete und erweiterte Auflage 2010

Alle Rechte vorbehalten
© 2010 W. Kohlhammer GmbH, Stuttgart
Umschlagbild: Jochen Tack, Essen
Gesamtherstellung: W. Kohlhammer
Druckerei GmbH + Co. KG, Stuttgart
Printed in Germany

ISBN 978-3-17-017539-6

Vorwort zur 2. Auflage

Viel hat sich getan: Die Prüfröhrchentechnik wurde weiter entwickelt (Chip-Mess-System), Photoionisationsdetektor und Ionenmobilitätsspektrometer sind über den ABC-Erkunder flächendeckend verbreitet und als Nachweisverfahren weitestgehend etabliert und anerkannt. Die Geräteentwicklung der Infrarot-Messtechnik wurde stark vorangetrieben. Insbesondere Wärmebildkameras sind als bildgebende Infrarotmesstechnik aus dem Einsatzgeschehen nicht mehr wegzudenken.

Neue Techniken sind zur Serienreife entwickelt worden (Gefahrstoff-Detektoren-Array) und werden durch die großen Berufsfeuerwehren nach und nach beschafft oder stehen über die »Analytischen Task Forces« an ausgewählten Standorten auf Bundesebene zur Verfügung.

Im Jahr 2003 wurden die Arbeiten an der Feuerwehr-Dienstvorschrift 500 »Einheiten im ABC-Einsatz« abgeschlossen. Zusammen mit den Richtlinien der »Vereinigung zur Förderung des Deutschen Brandschutzes« (vfdb) liefert sie den rechtlichen Rahmen für den Gefahrstoffnachweis unter den Bedingungen eines Feuerwehreinsatzes.

Neue Beurteilungswerte können für die Bewertung der Ergebnisse herangezogen werden.

Die Umweltinformationsgesetzgebung hat Auswirkungen auf die Arbeit der Feuerwehren und muss insbesondere bei der Dokumentation von Gefahrstoffeinsätzen beachtet werden.

Die zweite Auflage wagt inhaltlich den Spagat zwischen bekannten und neuen Gerätetechniken. Die Darstellung der als bekannt vorausgesetzten Nachweistechniken wurde aktualisiert und erheblich gestrafft, um Raum für die vertiefende Darstellung der neuen Techniken zu schaffen.

Grundsätzlich wird vorausgesetzt, dass der Leser über Grundlagenwissen verfügt, das in den Gefahrstoff-Lehrgängen an den Landesfeuerwehrschulen und in Seminaren an der »Akademie für Krisenmanagement, Notfallplanung und Zivilschutz« (AKNZ) vermittelt wird.

Jens Rönnfeldt
Gräfenhausen

Mario König
Mannheim

Inhaltsverzeichnis

Teil A: Nachweis ionisierender Gefahrstoffe

Teil B: Nachweis biologischer Gefahrstoffe

Teil C: Nachweis chemischer Gefahrstoffe

Spezieller Teil

Allgemeiner Teil: Strategie und Taktik

1 Allgemeines

Beim Aufbau eines Messkonzeptes und bei der Anwendung von Nachweisgeräten an Feuerwehreinsatzstellen sowie bei der Bewertung der Ergebnisse sind verschiedene Regelwerke zu beachten.

1.1 Regelwerke

1.1.1 Feuerwehr-Dienstvorschriften

Erst seit dem Jahr 2003 gibt es mit der Feuerwehr-Dienstvorschrift 500 (FwDV 500) »Einheiten im ABC-Einsatz« [1] ein Regelwerk für die Feuerwehren, in dem nunmehr auch Ausführungen zum Thema Gefahrstoffnachweis für alle drei Bereiche (atomar, biologisch[1] und chemisch) zu finden sind.

Vor 2003 gab es zunächst nur Regelungen für Einsätze im Zusammenhang mit atomarer Strahlung, die in den Feuerwehr-Dienstvorschriften 9/1 und 9/2 zu finden waren, sowie die FwDV 14 »Gefährliche Stoffe und Güter«, mit einer Auflistung der Messgerätegruppen als Bestandteil einer Sonderausrüstung.

Andere Regelwerke ließen sich nur bedingt anwenden, da sie auf der Basis der jeweiligen Rechtsgebiete (Atomgesetz, Gentechnikgesetz, Chemikaliengesetz) für die Feuerwehrangehörigen nicht galten. Dieser Sachverhalt ist, wie unten angeführt, mittlerweile in der FwDV 500 ausdrücklich erwähnt (siehe Kasten).

1 Eine Überprüfung auf Kontamination oder Inkorporation an der Einsatzstelle ist messtechnisch zurzeit nicht möglich (FwDV 500, Ziffer 3.3.2.3).

Auszug aus der FwDV 500
1 Allgemeines
(...)
Vorbehaltlich der landesrechtlichen Regelungen ist zu beachten:

- Feuerwehrangehörige sind keine beruflich strahlenexponierten Personen im Sinne der Strahlenschutzverordnung (StrlSchV).
- Der ABC-Einsatz ist keine Tätigkeit im Sinne der §§ 1 und 2 Abs. 4 und 5 der Biostoffverordnung (BioStoffV).
- Der ABC-Einsatz ist kein Umgang mit Gefahrstoffen im Sinne des § 3(2) Gefahrstoffverordnung (GefStoffV).

Für Angehörige von Werkfeuerwehren können aufgrund ihrer Betriebszugehörigkeit besondere Vorschriften gelten.
(...)
Neben den Feuerwehr-Dienstvorschriften sind insbesondere zu beachten:

- DIN-Normen sowie einschlägige technische Regeln;
- Richtlinien, z. B. der Vereinigung zur Förderung des Deutschen Brandschutzes e. V. (vfdb), die ergänzend zu dieser Dienstvorschrift technische und taktische Einzelheiten beschreiben.

Auch die Regelwerke des Arbeitsschutzes, des Gefahrgutrechtes sowie des Immissionsschutzes waren nur bedingt auf den Gefahrstoffnachweis bei Feuerwehreinsätzen übertragbar.

1.1.2 vfdb-Richtlinien

Anfang des neuen Jahrhunderts veröffentlichte das Referat 10 der Vereinigung zur Förderung des Deutschen Brandschutzes (vfdb) den ersten Teil der Richtlinie 10-05 »Gefahrstoffnachweis im Feuerwehreinsatz« zum Thema Nachweistechnik [2], um die bis dahin bestehende Regelungslücke für den Gefahrstoffnachweis bei Einsätzen mit chemischen Stoffen zu schließen. Der zweite Teil, »Nachweistaktik« [3], und der dritte Teil, »Qualifikation des Personals« [4], folgten im Jahr 2003.

Mit der Einführung der FwDV 500, die die Feuerwehr-Dienstvorschriften 9/1, 9/2 und 14 ersetzte, konnte auch der Rechtscharakter der vfdb-Richtlinien des Referates 10 geklärt werden, da zu Beginn des allgemeinen Textteiles der FwDV 500 darauf hingewiesen wird, dass vorbehaltlich der geltenden landesrechtlichen Regelungen auch DIN-Normen, Richtlinien der vfdb sowie einschlägige technische Regeln zu beachten sind (siehe Kasten oben). Gleiches gilt auch für andere Regelwerke.

Somit erlangten die vfdb-Richtlinien mit der Einführung der FwDV 500 den Status von anerkannten Richtlinien der Technik. Die FwDV 500 ist mittlerweile in allen Bundesländern per Erlass oder anderen Regelwerken eingeführt (z. B. Gefahrstoff-Konzept in Rheinland-Pfalz). In Baden-Württemberg ist die FwDV 500 über die Unfallverhütungsvorschriften und entsprechende Verwaltungsvorschriften rechtskräftig anzuwenden.

1.1.3 Gefahrgutrecht

Für die Stoffe der Klasse 7 regelt das Gefahrgutrecht die Dosisleistungen, die in festgelegten Abständen in der Umgebung von zugelassenen Transportverpackungen nachweisbar sein dürfen (siehe Gefahrgutverordnung Straße, Eisenbahn und Binnenschifffahrt (GGVSEB) Anlage A zum ADR Tabelle 5.1.5.3.4). Diese Werte sind im Rahmen der Lagebeurteilung bei Transportunfällen bei der Bewertung von Messwerten unbedingt zu beachten (siehe Kapitel 8).

1.1.4 Prüfvorschriften

Auf der Basis der »Unfallverhütungsvorschrift Feuerwehren (GUV-V C 53)« [5] sind auch für Geräte, die an Feuerwehreinsatzstellen für den Nachweis von Gefahrstoffen eingesetzt werden, Prüfungen vorgeschrieben. Tabelle 1 führt alle derzeit in den »Prüfgrundsätzen für Ausrüstung und Geräte der Feuerwehr (GUV-G 9102)« [6] genannten Geräte und die Fristen auf.

Macht der Hersteller abweichende Prüfvorschriften, die eine strengere Regelung beinhalten, so sind diese im Rahmen der Produkthaftung zu beachten. Weiterhin sind gegebenenfalls auch noch Regelungen aus anderen anerkannten Regelwerken der Technik (DIN, DVGW) sowie Erlasse übergeordneter Behörden bei der Prüfung zu beachten.

Seit 2009 gelten neue Wartungsvorschriften für Mess- und Warngeräte für gefährliche Gase (MEWAGG), die durch den MEWAGG-Ausschuss der Berufsgenossenschaft Chemie innerhalb der Gesetzlichen Unfallversicherungen (DGUV) überarbeitet wurden [7, 8]. Die neuen Vorgaben stellen eine Präzisierung vieler Vorgaben aus der DIN EN 60079-29-2 [9] dar.

1.1.5 Sonstige Veröffentlichungen

Die Ständige Konferenz für Katastrophenvorsorge und Bevölkerungsschutz (SKK) veröffentlichte eine eigene Dienstvorschrift, die die Durchführung von Fachaufgaben der außer den Feuerwehren an einem Einsatz beteiligten Fachdienste (Sanitäts- und Betreuungsdienst, sowie Rettungsdienste) unter den besonderen Bedingungen der CBRN-Gefahren[2] regelt [10].

---

2 CBRN-Gefahren: chemische (c), biologische (b), radiologische (r) und nukleare (n) Gefahren

Tabelle 1: Auflistung der in der GUV-G 9102 (Stand 2007) genannten Fristen für die Prüfung von Geräten für den Gefahrstoffnachweis

Gerätegruppen	**Prüfung nach der Benutzung**	**Sicht- und Funktionsprüfung**
Filmdosimeter		1)
Dosisleistungsmessgerät	●	halbjährlich
Dosiswarngerät	●	halbjährlich
Kontaminationsnachweisgerät	●	halbjährlich
Ex-, Ex-/Ox-Messgerät	●	2)
Sensormessgerät	●	2)
Infrarotspektrometer	●	2)
Photoionisationsdetektor	●	2)
Photometer	●	2)
Leitfähigkeitsmessgerät	●	vierteljährlich
pH-Messgerät	●	vierteljährlich
Prüfröhrchen	●	3)
Pumpe für Prüfröhrchen	●	2)
pH-Papier	●	2)
Öltestpapier	●	2)
Wasseranalyseset	●	2)

Anmerkungen:
1) Austausch der Filmplakette erfolgt durch die amtliche Auswertestelle.
2) Gerät ist nach Herstellerangaben zu prüfen.
3) Verbrauchszeit der Prüfröhrchen beachten (in der Regel 2 Jahre).

1.2 Stufenkonzept des Deutschen Feuerwehrverbandes

Der Deutsche Feuerwehrverband (DFV) veröffentlichte vermutlich im Jahr 1992[3] ein vierstufiges Schema, das mit dem Teil 3 der vfdb-Richtlinie 10-05 in Verbindung mit der FwDV 500 verbindlich eingeführt wurde (Bild 1). Für Gefahrstoffeinsätze wird nach einem modularen Prinzip beschrieben, wie sich bestimmte Aufgabenbereiche bei einem Feuerwehreinsatz planerisch und einsatztaktisch aufbauen und bewältigen lassen. Das Schema beschreibt die Bereiche Gefahrstoffnachweis, Infor-

3 Der genaue Zeitpunkt lässt sich heute nicht mehr belegen. Die Angaben stammen aus Informationen des ehemaligen Leiters der Berufsfeuerwehr Aachen, Herrn Dr. Nüßler.

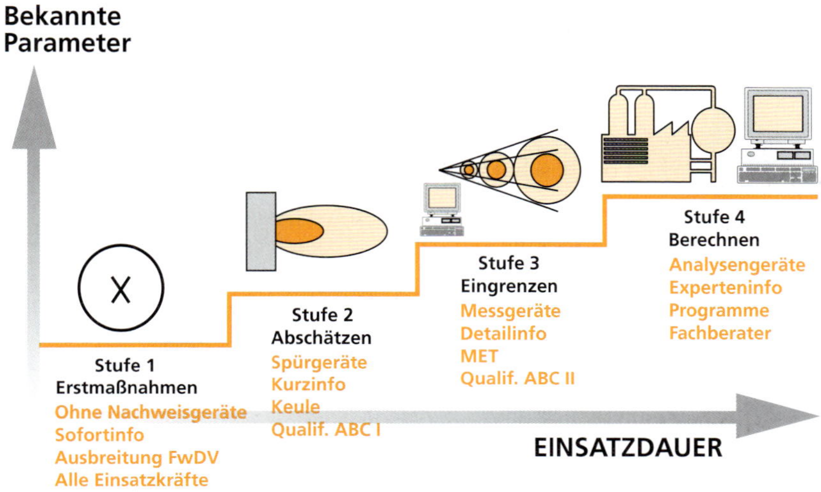

Bild 1: Vierstufiges Schema des Deutschen Feuerwehrverbands (DFV) zum Abarbeiten von Gefahrstoffeinsätzen, gegliedert in die Bereiche Gefahrstoffnachweis, Informationsbeschaffung, Ausbreitungsprognose und Qualifikation der Einsatzkräfte (Grafik: Verlag W. Kohlhammer)

mationsbeschaffung, Ausbreitungsprognose und Qualifikation der Einsatzkräfte.

1.2.1 Gefahrstoffnachweis

Stufe 1: Ohne Nachweisgeräte
Die Erstmaßnahmen können auf der Grundlage der sensorischen Fähigkeiten der Einsatzkräfte in Verbindung mit deren Einsatzerfahrung festgelegt werden.

Stufe 2: Spürgeräte nach vfdb-Richtlinie 10-05
Einfache Nachweisverfahren, die mit geringem Aufwand eine Abschätzung ermöglichen, ob Gefahrstoffe vorhanden sind, wie zum Beispiel pH-Test, Spürpulver, Öltestpapier, Lecksuchspray.

Stufe 3: Messgeräte nach vfdb-Richtlinie 10-05
Nachweisverfahren, mit denen Punktmessungen und kontinuierlichen Messungen möglich sind. Der gerätetechnische Aufwand ist größer als bei Spürgeräten. Beispiele hierfür sind Explosionsgrenzenwarngeräte, Prüfröhrchen, elektrochemische Sensoren oder Photoionisationsdetektoren.

Stufe 4: Analysegeräte nach vfdb-Richtlinie 10-05
Komplexe aufwändige Geräte, die nur an wenigen Standorten vorhanden sind und besondere Anforderungen an das Bedienpersonal stellen (Ausstattung der Analytischen Task Force).

1.2.2 Informationsbeschaffung

Auf der Grundlage des Schemas (siehe Bild 1) lassen sich die für die Informationsbeschaffung nutzbaren Quellen den folgenden vier Stufen zuordnen.

Stufe 1: Sofortinformation
Die notwendigen Informationen zur Erkennung möglicher Gefahren ergeben sich aus den Merkmalen Form und Farbe sowie Warnhinweisen (Piktogramme), die als Tafeln oder Aufkleber an Gebinden, Fahrzeugen oder Gebäuden angebracht sind. Für die Festlegung einsatztaktischer Erstmaßnahmen sind diese Hinweise ausreichend.

Stufe 2: Kurzinformation
Weitergehende Informationen ergeben sich aus der Beschriftung mit UN-Nummer und möglicherweise auch aus einer zusätzlich erkennbaren Beschriftung mit dem Stoff- oder Produktnamen. Diese Angaben reichen aus, um Hinweise auf geeignete Gefahrenabwehrmaßnahmen (Löschmittel, Körperschutz, Beständigkeit von Materialien) in speziellen Nachschlagewerken, z. B. Nüßler, Hommel oder ERI-Cards zu finden. Eine Stoffsuche nach Produktnamen ist in den genannten Nachschlagewerken nicht möglich.

Stufe 3: Detailinformation
In EDV-gestützten Gefahrstoff-Datenbanken (z. B. CHEMSAFE, GESTIS, GSBL, Hommel, IGS-fire, MEMPLEX, RESY) kann der geübte Anwender weitere wichtige Hinweise zum Beispiel zu medizinischen Maßnahmen, zum Gefahrstoffnachweis, zu chemisch-physikalischen Kennwerten oder zu toxikologischen Grenzwerten schnell ermitteln. Dabei bieten die Programme teilweise eine Vielzahl von Suchkriterien. Neben Produktnamen und Namensbruchstücken können auch international verwendete Kennzeichnungsnummern als Suchkriterium eingegeben werden (z. B. CAS-Nummer[4]). Die Programme stehen auf Einzelrechnern oder über das Internet zur Verfügung. Vergleichbare Informationen lassen sich auch einem produktspezifischen Sicherheitsdatenblatt entnehmen, das aber in den meisten Fällen nicht sofort an der Einsatzstelle zur Verfügung steht.

---

4 Chemical Abstracts Service

Stufe 4: Experteninformation
In besonderen Einsatzsituationen sind spezielle Kenntnisse von Experten an der Einsatzstelle erforderlich, um die richtigen einsatztaktischen Entscheidungen treffen zu können. In vielen Fällen stehen aber diese Experten, die aufgrund ihres täglichen Umgangs mit den Stoffen über das beste Wissen verfügen würden, nicht gleich zur Verfügung.

Neben dem dreistufigen Informations- und Hilfeleistungssystem der chemischen Industrie (TUIS) kommt dann, wie in Tabelle 2 gezeigt, den telefonischen Beratungsmöglichkeiten des Systems MEDITOX und der Giftnotrufzentralen eine wichtige Bedeutung zu. Ab dem Jahr 2010 stehen den örtlichen Einsatzleitungen die Möglichkeiten der sieben Standorte mit einer Analytischen Task Force zur Verfügung (siehe Kapitel 24).

Tabelle 2: Beratungsangebote, die den Feuerwehren im Gefahrstoffeinsatz zur Verfügung stehen

	TUIS	**MEDITOX**	**Giftnotruf**	**Analytische Task Force**
Betreiber	Verband der chemischen Industrie (VCI)	Land Baden-Württemberg, Klinikum Bruchsal, DRF	Spezialisierte Kliniken, bundeslandübergreifend	BBK in Zusammenarbeit mit sieben ausgewählten Standorten in Deutschland
Meldekopf	BASF Ludwigshafen oder regionale TUIS-Zentren	Deutsche Rettungsflugwacht (DRF)	Keiner; jede Klinik hat eigene Rufnummer	Gemeinsames Melde- und Lagezentrum des Bundes (GMLZ)
Zielgruppe	Feuerwehr vor Ort, deutschlandweit	Notärzte und Fachberater; in allen Bundesländern	Privatpersonen und medizinisches Fachpersonal	Feuerwehr vor Ort, deutschlandweit und EU
Schwerpunkt	Beratung, telefonisch und vor Ort; Technische Hilfeleistung bei Gefahrgutunfällen	toxikologische Beratung; Bewertung von Messergebnissen bei Gefahrstofffreisetzungen	Toxikologische Beratung und Informationsbeschaffung bei Vergiftungen	Beratung, telefonisch und vor Ort; Durchführung von chemischer Analytik vor Ort und Bewertung der Ergebnisse

1.2.3 Ausbreitungsprognose

Dem vierstufigen Schema des DFV (siehe Bild 1) sind folgende Ausbreitungsmodelle zugeordnet, aufgrund derer eine Warn- und Räumungsstrategie aufgebaut werden kann.

Stufe 1: Festlegung von Absperrgrenzen
Als Erstmaßnahme wird die GAMS-Regel von den zuerst an der Einsatzstelle eintreffenden Einheiten angewendet. Gemäß FwDV 500 sind für den Gefahrenbereich 50 Meter und für den Absperrbereich 100 Meter als Standards definiert. Diese Festlegung geht sehr schnell. Dabei ist die Schnelligkeit wichtiger als die Genauigkeit.

Stufe 2: Abschätzen des Warngebietes
Bei dieser Methode können entweder einfache, bereits vorbereitete maßstäbliche Schablonen in Form von »Keulen« oder »Zigarren« zur Anwendung kommen, oder die Festlegung des Warngebietes ergibt sich aus Warn- und Evakuierungsdistanzen, die in speziellen Tabellen auf den grünen Seiten im »Nüßler« [11] zu finden sind. Aus diesen Werten ergibt sich ebenfalls eine »Ausbreitungszigarre«, die in entsprechende Karten handschriftlich eingetragen werden muss. Auch diese Methode ist schnell und bietet für die Erstphase bei großräumigen Gefahrstoffausbreitungen eine hinreichende Genauigkeit. Als Parameter für die Ausrichtung der Schablone werden nur der Austrittsort und die Windrichtung berücksichtigt.

Stufe 3: Eingrenzen des Warngebietes
In dieser Stufe werden für eine Ausbreitungsprognose neben den Wetterbedingungen und den topographischen Bedingungen am Austrittsort noch toxikologische Daten und die ungefähr freigesetzte Menge des Stoffes mit einbezogen. Die Ausbreitungsprognose basiert auf einem Modell für Effekte mit Toxischen Gasen (MET), das in der Schweiz entwickelt wurde. Die Vorgehensweise ist hinreichend schnell und etwas genauer als das reine Abschätzen mithilfe von Schablonen. Sie setzt aber voraus, dass der Anwender in der Handhabung der Tabellen im »Nüßler« [11] oder in der Bedienung eines entsprechenden Computerprogramms geübt ist. Die elektronische Version des MET-Modells lässt sich auch in ein GIS-System zur Lagedarstellung einbinden bzw. auf digitalen Landkarten darstellen.

Stufe 4: Berechnung des Warngebietes
In der vierten Stufe kommen Computer-Programme zur Anwendung. Die Methode erfordert Zeit und liefert nur ausreichend genaue Ergebnisse, wenn möglichst gute Eingabeparameter vorliegen. Es gibt sehr verschie-

dene Anbieter auf dem Markt. Teilweise sind die Programme sogar frei im Internet verfügbar. Der Anwender benötigt gute Kenntnisse über die Bedienung der Software.

Der Nutzung dieser EDV-gestützten Hilfsmittel im Ereignisfall kommt nur eine theoretische Bedeutung zu. Ihre Stärke entwickeln diese Programme aber für den versierten Anwender besonders bei der objektbezogenen Gefahrenabwehrplanung und der Vorbereitung von Übungen sowie bei lang andauernden Gefahrstofffreisetzungen. Auch bei der Nachbereitung von Ereignissen sind diese Hilfsmittel von großem Nutzen.

ALOHA (Areal Locations of Hazardous Atmospheres)
Frei verfügbares Programm in englischer Sprache. Die Software liefert bis zu drei verschiedene Szenarien:

- gefährdetes Gebiet durch toxische Gase,
- gefährdetes Gebiet durch entflammbare Gase,
- gefährdetes Gebiet durch einen BLEVE oder die Explosion von brennbaren Gaswolken.

COMPAS – Störfall-Management-System der Firma Brenk Softwaresysteme
COMPAS wurde in den Jahren 1993 und 1994 im Rahmen eines Forschungsprojektes des Bundesforschungsministeriums entwickelt und war erstmalig bei der Berufsfeuerwehr Köln unter Realbedingungen bei einer Feuerwehr im Einsatz.

DISMA (Disaster Management)
DISMA wurde ursprünglich vom TÜV Berlin/Brandenburg entwickelt und in den Jahren 2004 bis 2007 grundlegend als Version 4.0 weiterentwickelt. In verschiedenen Bundesländern ist DISMA mittlerweile flächendeckend eingeführt.

HEARTS (Hazard Estimation for Accidental Release of Toxic Substances)
Der Deutsche Wetterdienst bietet für die Anwender von FEWIS[5] einen Service zur Ausbreitungsberechnung mit einer sechsstündigen Vorhersage an. Die für die Berechnungen erforderlichen Daten werden per Fax an den DWD übermittelt. Die Ergebnisse können in schwarz/weiß oder in Farbe geliefert werden.

5 Feuerwehrinformationssystem (geschlossene Nutzergruppe)

Safer Homeland Responder
Die amerikanische Firma RAE SYSTEMS bietet eine Softwarelösung für Behörden und militärische Anwender an, die in Verbindung mit gesonderten Messgeräten (AreaRAE-Funkdetektorserie) freigesetzte Gefahrstoffe analysiert. Das System ermöglicht eine Echtzeitüberwachung der Luftzusammensetzung, um die Auswirkungen von Gaswolken über komplexem Gelände zu verfolgen.

SAMS
Das Ingenieurbüro Lohmeyer bietet ein Programm zur Simulation der Ausbreitung von Luftschadstoffen nach Eintritt eines Schadenereignisses in stationären Anlagen oder beim Transport an. Für die Berechnung werden meteorologische Messdaten (Windgeschwindigkeit, Windrichtung, Turbulenz und Stabilität der Atmosphäre) von einer oder mehreren angeschlossenen Stationen benötigt.

VOMATEC SSA (Modellberechnung zur Ausbreitung von chemischen Schadstoffen)
Das von der Firma VOMATEC entwickelte Programm zur Berechnung von Schadstoffausbreitungen wird in Rheinland-Pfalz landesweit eingesetzt.

1.2.4 Qualifikation der Einsatzkräfte

Die Qualifikation der eingesetzten Kräfte orientiert sich in der ersten Stufe an dem Grundlagenwissen, das im Rahmen der Trupp-, Gruppen- und Zugführerlehrgänge vermittelt wird. Darauf aufbauend setzen die nächsten beiden Stufen die Fachlehrgänge für Einsatzführungsdienst und Einsatzkräfte von Sondereinheiten voraus, wie sie flächendeckend auf Landesebene in den Feuerwehrschulen angeboten werden. Die Stufe 4 setzt Expertenwissen voraus, das über die beruflichen Kenntnisse der Fachberater und Firmenmitarbeiter sowie die Fachkenntnisse der Analytischen Task Force in den Einsatzleitungen zur Verfügung gestellt werden kann.

Internet

www.idf.nrw.de (Institut der Feuerwehr Nordrhein-Westfalen)
www.katastrophenvorsorge.de (Ständige Konferenz für Katastrophenvorsorge und Bevölkerungsschutz)
www.regelwerk.unfallkassen.de (Deutsche Gesetzliche Unfallversicherung e. V. – DGUV)
www.vfdb.de (Vereinigung zur Förderung des Deutschen Brandschutzes e. V.)

www.fewis.dwd.de (FeWIS – Katastrophenschutzportal des Deutschen Wetterdienstes)
www.dguv.de/bgia/de/gestis (Gefahrstoffinformationssystem GESTIS)
www.ericards.net (Emergency Response Intervention Cards – ERI-Cards)
www.lfks-rlp.de (Feuerwehr- und Katastrophenschutzschule Rheinland-Pfalz, Rubrik Downloads: Gefahrstoff-Konzept Rheinland-Pfalz, Schreiben des Ministeriums des Innern und für Sport vom 25. April 2005 (Az.: 30 113-1DV.500))

Literatur

[1] Feuerwehr-Dienstvorschrift (FwDV) 500 »Einheiten im ABC-Einsatz«, Stand 2003.
[2] vfdb-Richtlinie 10-05, Gefahrstoffnachweis im Feuerwehreinsatz, Teil 1: Nachweistechnik, Vereinigung zur Förderung des Deutschen Brandschutzes e. V., VdS Schadenverhütung Verlag, Köln, 2004.
[3] vfdb-Richtlinie 10-05, Gefahrstoffnachweis im Feuerwehreinsatz, Teil 2: Nachweistaktik und Einsatzstrategien, Vereinigung zur Förderung des Deutschen Brandschutzes e. V., VdS Schadenverhütung Verlag, Köln, 2004.
[4] vfdb-Richtlinie 10-05, Gefahrstoffnachweis im Feuerwehreinsatz, Teil 3: Qualifikation des Personals, Auswertung und Personenschutz, Vereinigung zur Förderung des Deutschen Brandschutzes e. V., VdS Schadenverhütung Verlag, Köln, 2004.
[5] Bundesverband der Unfallkassen (Hrsg.): Unfallverhütungsvorschrift Feuerwehren (GUV-V C 53), aktualisierte Ausgabe 2005.
[6] Bundesverband der Unfallkassen (Hrsg.): Prüfgrundsätze für Ausrüstung und Geräte der Feuerwehr (GUV-G 9102), Ausgabe Juni 2005, aktualisierte Onlinefassung April 2007.
[7] Berufsgenossenschaft der chemischen Industrie (Hrsg.): Gaswarneinrichtungen für toxische Gase/Dämpfe und Sauerstoff, Merkblatt T 021, 7/2009.
[8] Berufsgenossenschaft der chemischen Industrie (Hrsg.): Gaswarneinrichtungen für den Explosionsschutz, Merkblatt T 023, 7/2009.
[9] DIN Deutsches Institut für Normung e. V.: DIN EN 60079-29-2 (VDE 0400-2) Explosionsfähige Atmosphäre – Teil 29-2: Gasmessgeräte – Auswahl, Installation, Einsatz und Wartung von Geräten für die Messung von brennbaren Gasen und Sauerstoff, Beuth Verlag GmbH, Berlin, Juli 2008.
[10] SSK-DV 500 »Einheiten im CBRN-Einsatz«, Entwurf, Ständige Konferenz für Katastrophenvorsorge und Bevölkerungsschutz, Dezember 2008.
[11] Nüßler, H.-D.: Gefahrgut-Ersteinsatz, 7. Auflage, Storck Verlag Hamburg, 2009.

Weiterführende Literatur zu Kapitel 1

Schreiber, J.: Die neue SKK-Dienstvorschrift 500: Vorbereitet auf den CBRN-Unfall, Im Einsatz, 16. Jahrgang, Verlag Stumpf+Kossendey, Edewecht, Juni 2009.

2 Taktik

Warum soll wer, womit, welche Gefahren, wann und wo nachweisen (messen)?

Die vorhandenen Regelwerke (siehe Kapitel 1.1) liefern leider nur auf einen Teil der Fragen befriedigende Antworten im Sinne von taktischen Vorgaben.

In der vfdb-Richtlinie 10-05 Teil 1 wird im Kapitel 1.2 der Versuch gemacht, die Begriffe, mit denen sich das unterschiedliche taktische Vorgehen beim Gefahrstoffnachweis beschreiben lässt, zu definieren. Dabei wird in Spüren, Messen und Analysieren unter dem Oberbegriff Nachweisen unterschieden. In der Praxis lässt sich feststellen, dass im Sprachgebrauch diese begriffliche Unterscheidung nicht wirklich Anwendung findet. Umgangssprachlich ist meistens der Begriff »Messen« wahrzunehmen. Auch in diesem Buch wird überwiegend der Begriff »Messen« verwendet.

2.1 Warum wird gemessen?

Messungen an Feuerwehreinsatzstellen sind Bestandteil der Lageerkundung und Bewertung, um Einsatzkräfte und Betroffene angemessen schützen zu können. Für Entscheidungen über den Verbleib von Personen in Gebäuden, die Festlegung von Absperrgrenzen, die Auswahl geeigneter persönlicher Schutzkleidung und die Anordnung angemessener Gefahrenabwehrmaßnahmen benötigt die Einsatzleitung Hinweise auf die Freisetzung von Gefahrstoffen, die häufig nur durch Nachweistechnik geliefert werden können, wenn eine sensorische Wahrnehmung nicht möglich ist oder vermieden werden muss. Für die Kontrolle der Wirksamkeit der angeordneten Maßnahmen sind auch wieder Nachweisgeräte erforderlich.

Soweit realisierbar, sollten die beteiligten Stoffe mit den gerätetechnischen Möglichkeiten der eingesetzten Einheiten und Fachdienste hinreichend genau ermittelt werden, um Einsatz begleitende Maßnahmen, wie zum Beispiel Dekontamination und medizinische Versorgung, stoffbezogen einleiten zu können.

2.2 Wer macht Messungen?

An Einsatzstellen, an denen die Einsatzleitung auf der Basis der jeweiligen Landesbrandschutzgesetze durch Führungsdienste der Feuerwehr wahrgenommen wird, führen im Regelfall Einheiten der Feuerwehr auch die Messungen durch. Dabei ist es üblich, auf entsprechende Einheiten des Katastrophenschutzes zurückzugreifen, die häufig personell ebenfalls von Einsatzkräften der Feuerwehr besetzt werden.

Einheiten der Polizei verfügen in einigen Bundesländern ebenfalls über Geräte zum Gefahrstoffnachweis und sind aufgrund landesspezifischer Regelungen in die Gefahrenabwehrmaßnahmen der Feuerwehr eingebunden (z. B. Hamburg, Niedersachsen, Berlin).

Eine klare Grenze muss gezogen werden, wenn die Gefahrenabwehrmaßnahmen der Feuerwehr beendet sind und die Zuständigkeit bei Gefahrstoffeinsätzen an andere Fachbehörden (Umwelt, Gesundheit) oder die Polizei übergeht.

2.3 Womit wird gemessen?

Geräte zum Gefahrstoffnachweis an Feuerwehreinsatzstellen lassen sich grundsätzlich in verschiedene Gruppen einteilen. In der FwDV 500 sind in den Kapiteln 1.3.1.3 und 1.3.2.2 Nachweisgeräte nur sehr allgemein aufgelistet:

1.3.1.3 Dosismess- und Warngeräte
Zur Warnung vor einer Gefährdung von außen sind für bestimmte Einsätze Mess- und Warngeräte vorgesehen.
(...)

1.3.2.2 Nachweisgeräte
(...)
Folgende Gerätegruppen sind in Abhängigkeit von der Lage und den vorhandenen Gefahrstoffen geeignet:
Geräte zum Nachweis
- explosionsfähiger Gas/Dampf-Luft-Gemische,
- sonstiger gefährlicher Gase und Dämpfe,
- des Sauerstoffgehalts,
- gefährlicher fester und flüssiger Stoffe und/oder
- gefährlicher Strahlung.

Bei einer zukünftigen redaktionellen Überarbeitung dieser FwDV sollten beide Punkte zusammengefasst werden.

In den Kapiteln 2.2.2.2 und 4.2.3 sind in der FwDV 500 dann etwas detailliertere Darstellungen der Gerätegruppen zu finden. Für radioaktive Stoffe unterscheidet die Dienstvorschrift in

- Amtliches Dosimeter,
- Dosiswarngeräte,
- Dosisleistungsmessgeräte,
- Dosisleistungswarngeräte und
- Kontaminationsnachweisgeräte.

Einzelheiten zu dieser Gerätegruppe sind im Kapitel 8 beschrieben.

Für C-Gefahrstoffe sind lediglich folgende Geräte angeführt[6]:

4.2.3 Umfang der Sonderausrüstung
(...)
- pH-Wert-Indikatoren
- Spürpulver/Spürpapier
- Öltestpapier
- Lecksuchspray
- Wassernachweispaste
- Prüfröhrchen mindestens für Stoffe nach der vfdb-Richtlinie 10-01
- Explosionsgrenzen-Warngeräte

In der vfdb-Richtlinie 10-05 Teil 1 findet man eine Einteilung der Geräte auf der Grundlage des Stufenmodells (siehe auch Kapitel 1.1):

Stufe 2 Spürgeräte
- pH-Test
- Spürpulver
- Öltestpapier
- Lecksuchspray

6 Anmerkung in der FwDV 500; Kapitel 4.2.2.2 Sonstige Sonderausrüstung: (...) Die Geräte und die Taktik des Messens und Nachweisens unterliegen einer ständigen wissenschaftlich-technischen Entwicklung, deshalb können die im Rahmen der sonstigen Sonderausrüstung einzusetzenden Geräte oder Gerätegruppen hier nicht abschließend aufgeführt werden.

Stufe 3 Messgeräte
- Prüfröhrchen
- Explosionsgrenzenwarngeräte
- Elektrochemische Messgeräte
- Photoionisationsdetektoren
- Testsätze

Stufe 4 Analysegeräte
- GC/MS
- Leuchtbakterien
- Ionenmobilitätsspektrometer

Auch diese Auflistung kann natürlich nicht vollständig sein, da seit der Erstveröffentlichung der Richtlinie im Jahr 2003 weitere wichtige Geräte auf den Markt gekommen sind (siehe auch Teil C: Nachweis chemischer Gefahrstoffe).

2.4 Welche Gefahren sollen nachgewiesen (»gemessen«) werden?

In Anlehnung an die bei der Feuerwehr gebräuchliche Gefahrenmatrix lassen sich die nachzuweisenden Gefahren wie nachfolgend angeführt klassifizieren.

2.4.1 Atomare Gefahren

Es bestehen Gefahren durch äußere Bestrahlung, Kontamination und Inkorporation. Zur Beurteilung dieser Gefahren orientiert man sich an den Kenngrößen Dosis, Dosisleistung und Oberflächenkontamination. Einzelheiten werden in Kapitel 8 erläutert.

2.4.2 Biologische Gefahren

Gefahren, die vor Ort bestehen, lassen sich nicht zeitnah nachweisen. Die Feuerwehr beschränkt sich auf die Anwendung geeigneter Probenahmeverfahren (siehe Kapitel 10).

2.4.3 Chemische Gefahren

Zur Beurteilung der Gefahren, die von C-Gefahrstoffen an Feuerwehreinsatzstellen ausgehen, müssen neben dem Aggregatzustand (Kriterium für das Ausbreitungsverhalten) drei weitere Gefahren (EX-OX-TOX) bewertet werden:

- Explosionsgefahr (»EX«),
- Atemgiftgefahr durch Sauerstoffverdrängung (»OX«),
- Atemgiftgefahr durch Reiz- und Ätzwirkung (»TOX«) und
- Atemgiftgefahr durch Wirkung auf Blut, Nerven und Zellen (»TOX«).

Dabei hängt es sehr stark von den chemisch-physikalischen Eigenschaften der Gefahrstoffe ab, auf welche der drei Gefahren ein besonderes Augenmerk bei Messungen gelegt werden muss. Meistens hat die »TOX-Gefahr« die gefährlichste Wirkung. Um die Gewichtung der Gefahren zu veranschaulichen, ist es hilfreich, sich die Größenordnungen der Gefahren auslösenden Konzentrationen bewusst zu machen (siehe Kasten).

Beispiele für die Gewichtung von Gefahren:
Ammoniak ist ein gasförmiger Stoff, der leichter als Luft ist (rel. Dampfdichte 0,6). Der Arbeitsplatzgrenzwert wird in der Fachliteratur mit 20 ppm und der Einsatztoleranzwert mit 110 ppm angegeben. Ammoniak ist brennbar, die Explosionsgrenzen liegen zwischen 3 und 15 Volumenprozent, das entspricht 3 000 bzw. 15 000 ppm [12]. Daraus lässt sich ableiten, dass der Schwerpunkt der Gefahr bei Ammoniak-Freisetzungen eindeutig in der TOX-Gefahr liegt. Betroffene haben längst erhebliche gesundheitliche Schäden erlitten, bevor die Ammoniak-Konzentration den Explosionsbereich erreicht.
Kohlenstoffdioxid ist ein gasförmiger Stoff, der schwerer als Luft ist (rel. Dampfdichte 1,53). Der Arbeitsplatzgrenzwert wird in der Fachliteratur mit 5 000 ppm angegeben. Das entspricht 0,5 Volumenprozent. Kohlenstoffdioxid ist nicht brennbar [12]. Bei Kohlenstoffdioxid liegen die Gefahren auslösenden Konzentrationen für die TOX-Gefahr und die OX-Gefahr in ungefähr gleichen Größenordnungen. Wenn keine stoffspezifische Nachweismöglichkeit verfügbar ist, liegt der Schwerpunkt beim Nachweis der OX-Gefahr.

2.5 Wann soll gemessen werden?

Hinter dieser Fragestellung steckt die grundsätzliche Entscheidung über den Sinn oder Unsinn von Messungen. Für die Entscheidungsfindung sind verschiedene Kriterien zu bewerten.

- Aggregatzustand der freigesetzten Stoffe,
- Gasdichte im Vergleich zu Luft,
- Stoffgruppe (z. B. Säure/Lauge; Reinstoff/Gemisch),
- Brennbarkeit, Zündgrenzen,

- Zeitpunkt und Dauer der Freisetzung,
- Menge der freigesetzten Stoffe,
- Örtlichkeit (innerhalb/außerhalb eines Gebäudes, Topographie),
- Witterung,
- Ausbreitungsmedium.

2.5.1 Zeitliche Betrachtung

Sofern überhaupt Einsatzkräfte für die Aufgaben des Gefahrstoffnachweises zur Verfügung stehen, sollte mit Probenahmen und dem Nachweis von Gefahrstoffen immer so früh wie möglich begonnen werden. Bei großräumigen Gefahrstofffreisetzungen gilt der einsatztaktische Grundsatz:

Erst warnen, dann messen! Entwarnung nicht vergessen!

2.5.2 Ereignisbezogene Betrachtung

Im Teil 1 der vfdb-Richtlinie 10-05 sind im Anhang Tabellen zu finden, die als Hilfestellung für die Entscheidung über den Sinn oder Unsinn von Messungen dienen können. Tabelle A1 des Anhangs gibt Auskunft über die ereignisabhängige Eignung der Nachweisverfahren. Als Ereignisse werden aufgelistet:

- Brände Gefährdungsklassen 0 und 1 nach VdS 2357 [13],
- Brände Gefährdungsklassen 2 und 3 nach VdS 2357,
- Brände in Betrieben, die der Störfall-Verordnung unterliegen,
- Löschwasser,
- Gefahrstoff, gasförmig,
- Gefahrstoff, flüssig,
- Gefahrstoff, flüssig, im Erdboden,
- Gefahrstoff, flüssig, im Gewässer,
- Gefahrstoff, fest.

Aus der Tabelle lässt sich grundsätzlich ableiten, dass bei Bränden, die den Klassen 0 oder 1 nach VdS 2357 zugeordnet werden können, Maßnahmen zum Gefahrstoffnachweis grundsätzlich nicht empfohlen werden!

2.6 Wo soll gemessen werden?

Es sind folgende einsatztaktische Grundsätze zu beachten:

- Immer im Einwirkungsbereich von Personen messen!
- Je nach Stoffeigenschaften in Kopfhöhe (Einatmung) oder Bodennähe messen!

- Bei Messungen an Gegenständen oder in Bodennähe Berührungen mit dem Nachweisgerät vermeiden (Kontamination)!

2.7 Es wurde gemessen und was nun?

2.7.1 Beurteilung

Fachberater, die eine Aussage zu einer möglichen Gefährdung für die betroffene Bevölkerung und die Einsatzkräfte machen müssen, benötigen eine Vielzahl von Informationen zu den Rahmenbedingungen einer Gefahrstofffreisetzung, die genau den Kriterien entsprechen, die auch bei der Grundsatzentscheidung über Sinn und Unsinn von Messungen heranzuziehen sind (siehe Kapitel 2.5). Bei der Bewertung und Interpretation von Messergebnissen spielt dabei nicht die Konzentration die entscheidende Rolle, sondern insbesondere die Dauer der Exposition, die vermutlich der einzige Faktor ist, der durch Einsatzmaßnahmen (Warnung/Entwarnung, Räumung) entscheidend beeinflusst werden kann. Aus der Vielzahl der möglichen Beurteilungswerte wird der Wert genommen, der der Situation angemessen ist (siehe Kapitel 4). Es ist besser, eine Situation in Größenordnungen zu beurteilen, als eine Beurteilung zu unterlassen[7].

2.7.2 Übergabe der Einsatzstelle

Feuerwehreinsatzstellen werden nicht »frei gemessen«! Dieser Sprachgebrauch hält sich hartnäckig in den Lagemeldungen und Einsatzberichten der Feuerwehren. Die FwDV 500 enthält hierzu die klare Aussage, dass der Gefahrenbereich bei ABC-Einsätzen grundsätzlich nicht von der Feuerwehr freigegeben, sondern immer an die zuständige Behörde übergeben wird[8].

Aufgrund der Ergebnisse der Feuerwehrmessungen lässt sich lediglich die Aussage machen, dass durch die Feuerwehr keine unmittelbaren Gefahrenabwehrmaßnahmen mehr erforderlich sind. Die Folgemaßnahmen zur Beseitigung weiterer Gefahrenquellen werden durch die zuständige Behörde veranlasst. Die Übergabe der Einsatzstelle ist über Funk als Lagemeldung bekannt zu geben und der Zeitpunkt der Übergabe ist im Einsatzprotokoll zu dokumentieren. Im Land Sachsen steht hierzu ein standardisiertes Formular zur Verfügung.

---

7 Erläuterungen zur Anwendung des Modells für Effekte mit Toxischen Gasen MET in »Gefahrgut-Ersteinsatz 2009«[14]

8 FwDV 500, Ziffer 1.5.3.8

Internet

www.grossschadenslage.de (Portal zum Thema Katastrophenschutz)

Literatur

[12] MEMPLEX 2009, Keudel av-Technik GmbH.
[13] VdS 2357 »Richtlinien zur Brandschadensanierung«, Gesamtverband der Deutschen Versicherungswirtschaft e. V. (Hrsg.), VdS Schadenverhütung GmbH, Köln, 2007.
[14] Nüßler, H.-D.: Gefahrgut-Ersteinsatz, 7. Auflage, Storck Verlag Hamburg, 2009.

3 Messtrupp-Einsatz

Unter dem Stichwort Messtrupp-Einsatz geht es darum, die verschiedenen Möglichkeiten zu beschreiben, mit denen ein oder mehrere Trupps eine mehr oder weniger umfangreiche Kontamination der Umwelt messtechnisch untersuchen bzw. beproben können. Da dieses Thema bereits in mehreren allgemein bekannten und leicht zugänglichen Dokumenten beschrieben wurde, sollen hier nur die verschiedenen Aspekte eines solchen Einsatzes angerissen werden und dann der Verweis auf die weiterführende Literatur dem Leser ein vertiefendes Einarbeiten ermöglichen.

Sinnvollerweise wird bereits im Vorfeld eines möglichen Einsatzes die grundsätzliche Vorgehensweise für verschieden Szenarien überdacht und damit die Nachweis-Strategie festgelegt. Im konkreten Einsatzfall wird dann nach der gegebenen Lage die spezielle Vorgehensweise durch die Nachweis-Taktik bestimmt[9].

Bei der Planung eines Messeinsatzes ist auch immer zu beachten, dass die höheren Stufen (siehe Kapitel 1.2) einer möglichen Unterstützung, insbesondere wenn Einheiten des Bundes zum Einsatz kommen, immer die personelle und technische Logistik der darunter liegenden Stufen voraussetzt, um arbeitsfähig zu sein.

3.1 Planung eines Einsatzes

Grundsätzlich gilt die folgende Vorgehensweise:

Der Einsatzleiter erläutert seinem Abschnittsleiter Messen oder Fachberater Gefahrgut möglichst präzise die Informationen, die er benötigt, um eine ausreichende Lagebeurteilung durchführen zu können. Aus diesem Auftrag entwickelt der Abschnittsleiter Messen anhand der Schadenslage und den gegebenen Randbedingungen wie

- verfügbarer Zeitrahmen,
- Anzahl und Qualifikation der Kräfte,
- vorhandene Ausstattung,
- Wetterlage,

9 vfdb 10-05 T2, Kapitel 6, 7

- räumlichen Gegebenheiten und
- sonstige Randbedingungen

eine Einsatztaktik, die in Form eines Einsatzbefehls an die verfügbaren Trupps weitergegeben wird.

Zum Teil wurden sehr ausgeklügelte Ablaufschemata entwickelt, die für die verschiedensten Szenarienarten und Szenariengrößen ein genaues Vorgehen beschreiben, die sowohl die einzelnen messtechnischen Aufgaben als auch die daraus abzuleitenden Maßnahmen festlegen [15].

Während es bei Einsätzen mit Chemikalien üblicherweise darum geht, eine einzelne Substanz oder manchmal ein Stoffgemisch zu analysieren und gegebenenfalls zu quantifizieren, wird die Aufgabenstellung im Fall eines Brandes erheblich anspruchsvoller. Nachdem entsprechend Kapitel 2.5 geklärt wurde, ob eine analytische Untersuchung des Brandrauches überhaupt sinnvoll ist, müssen für den positiven Fall aus der vorliegenden Brandlast und der Brandphase die zu erwartenden Brandprodukte abgeschätzt werden [16]. In den meisten Fällen wird man sich in diesem Fall auf eine Leitsubstanz festlegen, um den Messaufwand noch in einem zu vertretenden Rahmen zu halten, insbesondere wenn nur Prüfröhrchen zur Verfügung stehen.

Die Messtaktik richtet sich oftmals auch nach der verfügbaren Ausstattung. Aber auch für Feuerwehren, deren messtechnische Ausstattung sich auf Prüfröhrchen und Ex-Messgeräte beschränkt, gibt es Anleitungen zur Optimierung eines solchen Einsatzes[10] [17].

3.2 Einsatzauftrag

Der Einsatzauftrag[11] für den jeweiligen Messtrupp enthält folgende Informationen:

- Erläuterung des Einsatzrahmens.
- Durchzuführende Messung und oder Probenahme.
- Festlegung der einzusetzenden Messgeräte (ggf. mit Details zur Durchführung der Messung) bzw. Festlegung der anzuwendenden Probenahmeverfahren (Art und Anzahl).
- Art und Umfang der Dokumentation sollte vordefiniert sein und keiner besonderen Hinweise bedürfen.
- Festlegung der Messpunkte inkl. gegebenenfalls weiterer Detailhinweise wie beispielsweise der Messpunkthöhe.
- Festlegung der Fahrtroute.

---

10 Messkonzept Südhessen Anlage 1: Vorgehensweise bei Nachweisen und Probenahmen sowie Messkonzept Südhessen Anlage 8 und 9: Prüfröhrchen Nachweisschema

11 vfdb-Richtlinie 10-05 T2, Kapitel 3 und 4

- Hinweis über die Lage des Dekonplatzes, sofern aufgrund des Einsatzauftrages mit einer Kontamination von Personal oder Gerät zu rechnen ist.

Bei großflächigen Schadenlagen sind je nach Art und Menge der freigesetzten Substanz verschiedene Formen der Erkundung möglich.[12] Einige dieser ursprünglich aus dem Militärischen stammenden Vorgehensweisen (Grenzmessung, Eintauchen, Durchstoßen oder Kreuzen) stoßen bei vielen Feuerwehren nicht ohne Grund auf eine gewisse Skepsis.

3.3 Persönliche Schutzausrüstung eines Erkundungstrupps

In Abhängigkeit von der Gefahrenanalyse für den Messtrupp und seinem Einsatzauftrag ist die optimale Schutzausrüstung festzulegen[13]. So wird es in unklaren Lagen bei der ersten Erkundung in den meisten Fällen zum Einsatz eines gasdichten Chemikalienschutzanzuges kommen. In dem Maß, in dem dann zunehmende Erkenntnisse eine genauere Gefährdungseinschätzung zulassen, ist es möglich, die Schutzstufe Lage und Aufgaben angemessen zu reduzieren.

3.4 Messtechnikausstattung und Probenahmeausstattung eines Erkundungstrupps

Sinnvollerweise ist die Ausstattung von Erkundungstrupps, die in einem Einsatz parallel eingesetzt werden, nach einheitlichen Standards festgelegt[14]. Es ist darauf zu achten, dass die Messbereiche der Geräte der Aufgabe angemessen sind, insbesondere bei Prüfröhrchen ist hier gegebenenfalls der optimale Messbereich über die Anzahl der Pumpenhübe festzulegen. Kommen Geräte zum Einsatz, die über eine Querempfindlichkeit verfügen (Prüfröhrchen, elektrochemische Zellen), ist das, sofern möglich, im Vorfeld der Messung abzuprüfen. Die Querempfindlichkeit kann sowohl von Vorteil sein, wenn damit Stoffe gemessen werden können, für die es sonst kein anderes Nachweisverfahren gibt. Es kann sich aber auch als Nachteil erweisen, wenn dadurch Substanzen vorgetäuscht werden, die vor Ort nicht vorhanden sind. Zur Auswahl der geeigneten Probenahme- und Messverfahren für die verschiedensten Einsatzlagen

---

12 vfdb-Richtlinie 10-05 T2 Kapitel 9 sowie ABC-Konzept NRW Kapitel 7

13 FwDV 500, Kapitel 1.1, 1.3.1, 2.2.2.1, 3.2.2.1, 4.2.2.1

14 ABC-Konzept NRW Kapitel 11, Anlage 1 und 2 sowie vfdb-Richtlinie 10-05 T1 Kapitel 4 und 5

kann ein Indikationskatalog hilfreich sein, in dem ereignisabhängige Nachweis- und Probenahmeverfahren in Tabellen angeführt sind[15].

3.5 Führung von Messtrupps

In Abhängigkeit vom Schadenausmaß und den verfügbaren Ressourcen ist der Aufgabenbereich Messen zu strukturieren[16]. Gegebenenfalls kann es bei großen Schadenlagen zu einem Führungssystem mit mehreren Hierarchieebenen kommen, in dem der Aufgabenbereich Messen als ein eigener Einsatzabschnitt mit einem eigenen Funkkanal geführt wird.

3.6 Zusammenarbeit mit anderen Fachbehörden

In Abhängigkeit vom Schadenszenario und den geltenden kommunalen/kreisweiten Vorgaben bzw. landesweiten Regelungen ist eine Zusammenarbeit mit den jeweiligen Behörden während und nach einem Einsatz vorzubereiten[17]. Insbesondere ist dabei zu beachten, dass je nach Schadenlage die Einsatzleitung von der Feuerwehr an die Fachbehörde übergehen kann.

3.7 Dokumentation

Sobald mehrere Feuerwehren bei einem Gefahrstoffeinsatz zusammengezogen werden, ist es unerlässlich, dass alle Einheiten eine einheitliche Dokumentation betreiben[18].

Bei der Dokumentation einer Probenahme muss der Schwerpunkt darauf liegen, dass die analysierende Stelle im benötigten Umfang und mit qualitativ hochwertigen Daten versorgt wird, um ein optimales Analysenergebnis abzuliefern bzw. um eine optimale Bewertung des Messergebnisses zu ermöglichen. Eine Kopie dieses Protokolls sollte immer bei den Einsatzunterlagen abgelegt werden, um die Informationen zu den gesammelten Proben und Messungen auch im Nachhinein noch dokumentieren bzw. nachverfolgen zu können.

Bei der Dokumentation der Messwerte ist aus zweierlei Gründen auf eine sorgfältige Datenerfassung bezüglich Qualität und Umfang zu ach-

15 Messkonzept Südhessen Anlage 3
16 ABC-Konzept NRW Kapitel 3, 4, 5, Anlage 4 sowie FwDV 500, Kapitel 1.5.4
17 vfdb-Richtlinie 10-05 T2 Kapitel 5 sowie FwDV 500, Kapitel 1.2.2.1
18 ABC-Konzept NRW Kapitel 9, Anlagen 7a bis 8b, vfdb-Richtlinie 10-05 T1 Anlage 1 sowie Messkonzept Südhessen Anlage 10

ten. Zum einen sind die Daten Grundlage für die aktuelle Schadenbewertung, zum anderen können sie auch dann noch von großer Bedeutung werden, wenn der Einsatz im Nachhinein juristisch untersucht wird bzw. wenn die Möglichkeiten des Umweltinformationsgesetzes ausgenutzt werden und die Medien oder interessierte Gruppen eine Freigabe der Messwerte verlangen, was rechtlich zulässig ist.

3.8 Lagedarstellung

Eine zeitnah geführte und auf die wesentlichen Fakten reduzierte Lagedarstellung[19] ist die Voraussetzung für den Einsatzleiter, um aus der Vielzahl an Detailinformationen, die im Laufe der messtechnischen Aufklärung gewonnen werden, eine optimale Einsatzentscheidung zu treffen.

Neben einer Darstellung des Ausbreitungsgebietes werden auch sinnvollerweise alle Punkte dokumentiert, an denen Proben entnommen und Messungen durchgeführt wurden. Es erleichtert die Übersichtlichkeit einer Lage, wenn die Messergebnisse der einzelnen Messpunkte durch einen Farbcode (z. B. mit kleinen, farbigen Magneten) dargestellt werden. Beispielsweise in der Form

Weiß = Konzentration unterhalb der Nachweisgrenze,
Grün = Konzentration unterhalb des Beurteilungswertes,
Gelb = Beurteilungswert erreicht,
Rot = Beurteilungswert erheblich überschritten.

Literatur

[15] ABC-Schutz-Konzept NRW, »Messzug NRW«, Innenministerium des Landes Nordrhein Westfalen, Juni 2009.
[16] vfdb-Richtlinie 10-03, Schadstoffe bei Bränden, Tabelle 4.4.1: Mögliche Verbrennungs- und Brandfolgeprodukte in den verschiedenen Brandphasen, Vereinigung zur Förderung des Deutschen Brandschutzes e. V., 2009-05.
[17] Denker S., Mussmann B.: Messstrategievorschlag zur Bewertung von Schadstoffkonzentrationen im Feuerwehreinsatz, Drägerheft 366, S. 31–34, Dezember 1997.

Weiterführende Literatur zu Kapitel 3

Saarländisches Hilfeleistungskonzept für den ABC-Einsatz, Feuerwehrschule des Saarlandes, April 2005.
Messkonzept Südhessen, Stand 30. Mai 2008.

19 ABC-Konzept NRW Kapitel 8

4 Beurteilungswerte

Gemäß der FwDV 500 stellt der Beurteilungswert einen Zusammenhang zwischen der Einwirkdosis eines ABC-Gefahrstoffes und der Gesundheitsgefahr für Einsatzpersonal ohne persönliche Schutzausrüstung und sonstige ungeschützte Personen her.

4.1 Definierte Grenzwerte

Bei der Verwendung von Grenzwerten ist zwischen Werten zu unterscheiden, die für die Verwendung an Arbeitsplätzen gedacht sind und Grenzwerten, die für den Einsatz im Schadenfall vorgesehen sind, von denen die gesamte Bevölkerung betroffen ist. Die Werte, die an Arbeitsplätzen zum Einsatz kommen, sind durch ihre Definition nur wenig für Feuerwehreinsätze geeignet. Die Vorschriften der Gefahrstoffverordnung bezüglich Einhaltung von Arbeitsplatzgrenzwerten gelten auch nicht für einen Feuerwehreinsatz, da ein Gefahrguteinsatz nicht als Tätigkeit im Sinne der Verordnung gilt.

Im Folgenden werden zuerst die einsatzrelevanten Werte besprochen, die Definition, der Anwendungsbereich, die dafür verantwortlichen Institutionen und die jeweiligen Originalfundstellen. Anschließend folgen einige Informationen, die im Einsatzfall zu einem besseren Verständnis im Umgang mit den Grenzwerten führen sollen.

4.2 Grenzwerte für den Schadenfall

4.2.1 AEGL-Werte

Ursprünglich stammten die AEGL-Werte (Acute Exposure Guideline Levels) von der US-Behörde EPA (Environmental Protection Agency). Sie werden dort als Planungsgrundlagen unter anderem für die Katastrophenschutzplanung herangezogen. In Deutschland dienen sie als Planungswerte für die sicherheitstechnische Auslegung von störfallrelevanten Anlagen (Störfall-Verordnung, 12. BImSchV), sie finden aber auch europaweit im Rahmen der Seveso II-Richtlinie (Richtlinie 96/82/EG)

Anwendung. Darüber hinaus können die Maßnahmen der Alarm- und Gefahrenabwehrplanung und der Katastrophenschutzplanung auf Grundlage der AEGL-Werte vorgesehen werden.

Die AEGL-Werte sind stoffbezogen und stellen toxikologisch begründete Luftkonzentrationen dar, mit Schwellenwerten für Wirkungen auf die menschliche Gesundheit. Die Konzentrationen werden für fünf verschiedene Expositionsdauern (10 Minuten bis 8 Stunden) und drei Schweregraden von Wirkung (zwischen wahrnehmbarer und lebensbedrohlicher Wirkung) abgeschätzt. Sie gelten für die gesamte Allgemeinbevölkerung inklusive empfindlicher Personengruppen bei Störfall-Expositionen.

Die einzelnen Stufen sind:

AEGL-1 (Schwelle zum spürbaren Unwohlsein)
ist die Luft getragene Stoff-Konzentration (ausgedrückt in ppm oder mg/m^3), bei deren Überschreiten die allgemeine Bevölkerung ein spürbares Unwohlsein erleiden kann. Luftgetragene Stoff-Konzentrationen unterhalb des AEGL-1-Wertes bedeuten Expositionshöhen, die leichte Geruchs-, Geschmacks- oder andere sensorische Reizungen hervorrufen können. Betroffene Personen sind jedoch nicht in ihrer Fluchtmöglichkeit eingeschränkt und erleiden keine dauerhaften oder langwierigen Einschränkungen ihrer Gesundheit.

AEGL-2 (Schwelle zu schwerwiegenden, lang andauernden oder Flucht behindernden Wirkungen)
ist die Luft getragene Stoff-Konzentration (ausgedrückt in ppm oder mg/m^3), bei deren Überschreiten die allgemeine Bevölkerung irreversible oder andere schwerwiegende, lang andauernde Gesundheitseffekte erleiden kann oder bei denen die Fähigkeit zur Flucht beeinträchtigt sein kann. Luftgetragene Stoff-Konzentrationen unterhalb des AEGL-2-Wertes aber oberhalb des AEGL-1-Wertes bedeuten Expositionshöhen, die spürbares Unwohlsein hervorrufen können.

AEGL-3 (Schwelle zur tödlichen Wirkung)
ist die Luft getragene Stoff-Konzentration (ausgedrückt in ppm oder mg/m^3), bei deren Überschreiten die allgemeine Bevölkerung lebensbedrohliche oder tödliche Gesundheitseffekte erleiden kann. Luftgetragene Stoff-Konzentrationen unterhalb des AEGL-3-Wertes aber oberhalb des AEGL-2-Wertes bedeuten Expositionshöhen, die irreversible oder andere schwerwiegende, lang andauernde Gesundheitseffekte hervorrufen oder die Fähigkeit zur Flucht beeinträchtigen können.

4.2.2 ERPG-Werte

Die ERPG-Werte (Emergency Response Planning Guidelines) stammen von der American Industrial Hygiene Association. Sie dienen als Richtwerte für die vorbeugende Gefahrenabwehr (Störfallvorsorge und Notfallplanung). Die ERPG-Werte sind Luftgrenzwerte, die auf die Allgemeinbevölkerung bei einstündiger Einwirkung anzuwenden sind. Es wird die Vermeidung gesundheitlicher Effekte auf fast alle Personen angestrebt. Der Wert ist kein sicherer Grenzwert für routinemäßige Arbeiten oder wiederholte Exposition. Er ist in der Bundesrepublik nicht rechtsverbindlich. Voraussichtlich werden die AEGL-Werte in den nächsten Jahren die ERPG-Werte ersetzen.

Es werden drei ERPG-Werte unterschieden:

ERPG-1: lediglich leichte, vorübergehende gesundheitliche Auswirkung möglich (z. B. leichte Reizung der Atemwege bei empfindlichen Personen).
ERPG-2: vorübergehende Reizung der Augen und Atemwege möglich, jedoch keine bleibenden oder schwerwiegenden gesundheitlichen Auswirkungen.
ERPG-3: gesundheitliche Beeinträchtigung möglich, jedoch keine lebensbedrohenden Auswirkungen.

4.2.3 Einsatztoleranzwert (ETW)

Die vfdb-Richtlinie 10-01 vom Juli 2005 ist als Bewertungs- und Entscheidungshilfe für Feuerwehreinsätze gedacht. Der ETW ist für eine zeitlich begrenzte Tätigkeit ohne Atemschutz (maximal vier Stunden) von Einsatzkräften vorgesehen. Sofern die Werte nicht überschritten werden, ist auch für die allgemeine Bevölkerung keine Gesundheitsgefährdung zu erwarten. Bei Konzentrationen oberhalb des ETW sind Einsatzmaßnahmen grundsätzlich unter Atemschutz durchzuführen.

Für 44 Stoffe (Gase, Dämpfe und Aerosole) wurden bisher ETW festgelegt. Voraussetzung dafür ist:

- der Stoff ist einsatztaktisch relevant,
- er ist mit einfachen Mitteln nachweisbar und
- es liegt eine toxikologische und/oder sicherheitstechnische Bewertungen vor.

Es ist vorgesehen in Zukunft AEGL-2-Werte als Einsatztoleranzwerte zu übernehmen, sobald sie verfügbar sind und allen ETW-Kriterien entsprechen. Eine Übersicht der Grenzwerte für den Schadenfall zeigt Tabelle 3.

Tabelle 3: Stoff- und Toleranzwertliste nach vfdb-Richtlinie 10-01

Stoffname	**CAS-Nr.**	**Stoff-Nummer**	**ETW [ppm]**	**100 % UEG [Vol.-%]**	**G**	**H**	**ABC-ErkKW**
Aceton	67-64-1	1090	500	2,5			*
Acrolein	107-02-8	1092	0,1	2,8			
Acrynitril	107-13-1	1093	20	2,8		*	
Ammoniak	7664-41-7	1005	110	15,4			*
Anilin	62-53-3	1547	3	1,2		*	*
Arsenwasserstoff	7784-42-1	2188	0,04	3,9			
Benzol	71-43-2	1114	20	1,2		*	*
Phosgen	75-44-5	1076	0,08	n.b.			*
Chlor	7782-50-5	1017	1	n.b.			*
Chlorbenzol	108-80-7	1134	100	1,3			*
Chlorcyan	506-77-4	1589	0,3	n.b.			
Chloroform	67-66-3	1888	44	n.b.		*	
Chlorwasserstoff	7647-01-8	1050	11	n.b.			
Cyanwasserstoff	74-90-8	1051/1614	3,5	5,4	*	*	*
Cyclohexylamin	108-91-8	2357	5,4	1,6		*	
Epichlorhydrin	106-89-8	2310	16	2,3		*	*
Essigsäure	64-19-7	2789	20	4,0			*
Ethanol	64-17-5	1170	3 000	3,1			*
Etylendiamin	107-15-3	1604	6,1	2,7			*
Ethylenoxid	75-21-8	1040	14	2,6		*	*
Fluor	7782-41-4	1045	2	n.b.		*	
Fluorwasserstoff	7664-39-3	1052	12	n.b.		*	
Formaldehyd	50-00-0	1198/2209	1	7,0			*
n-Hexan	110-54-3	1208	200	1,0			*
Hydrazin	302-01-2	2029	3,1	4,7	*		
Kohlenstoffdioxid	124-38-9	1013	10 000	n.b.			
Schwefelkohlenstoff	75-15-0	1131	10	0,6		*	
Kohlenstoffmonoxid	630-08-0	1016	33	11,3			*
Methanol	67-56-1	1230	720	6,0		*	
Methylmercaptan	74-93-1	1064	3	4,1			*
Phosphorwasserstoff	7803-51-2	2199	0,5	1,0			

Stoffname	CAS-Nr.	Stoff-Nummer	ETW [ppm]	100 % UEG [Vol.-%]	G	H	ABC-ErkKW
Salpetersäure	7697-37-2	2031/2032	3	n.b.			
Schwefeldioxid	7446-09-5	1079	1	n.b.			*
Schwefelwasserstoff	7783-06-4	1053	20	4,3	*		
Stickstoffdioxid	10102-44-0	1079	8,2	n.b.			
Styrol	100-42-5	2055	40	0,97	*		*
Tetrachlorethen	127-18-4	1897	120	n.b.		*	*
Tetrachlorkohlenstoff	56-23-5	1846	39	n.b.		*	
Toluol	108-88-3	1294	94	1,1			*
Toluoldiisocyanat	1321-38-6	2078	0,021	0,9			*
1,1,1-Trichlorethan	71-55-6	2831	380	8,0		*	*
1,1,2-Trichlorethan	79-00-5	3082	25	n.b.		*	*
Trichlorethen	79-01-6	1710	100	7,9		*	*
Vinylchlorid	75-01-4	1086	100	3,8	*	*	*

n.b. = nicht brennbar
G = Gefahr der Gewöhnung des Geruchssinnes
H = hautresorptiver Gefahrstoff
ABC-ErkKW = mit der Ausstattung des ABC-Erkundungskraftwagens erfassbar

4.3 Arbeitsplatzgrenzwerte

4.3.1 Arbeitsplatzgrenzwert (AGW)

Der AGW wird vom Bundesministerium für Arbeit und Soziales festgelegt. Die Werte selbst finden sich in der Technischen Regel für Gefahrstoffe (TRGS) 900. Der Arbeitsplatzgrenzwert ist die zeitlich gewichtete durchschnittliche Konzentration eines Stoffes in der Luft am Arbeitsplatz, bei der eine akute oder chronische Schädigung der Gesundheit der Beschäftigten nicht zu erwarten ist. Bei der Festlegung wird von einer in der Regel achtstündigen Exposition an fünf Tagen in der Woche während der Lebensarbeitszeit ausgegangen. Der Arbeitsplatzgrenzwert wird in mg/m^3 und ml/m^3 (ppm) angegeben. Der AGW wurde mit der Novellierung der Gefahrstoffverordnung eingeführt. Die Definition des AGW folgt der des bisherigen MAK-Grenzwertes (Maximale Arbeitsplatzkonzentration, siehe Kapitel 4.3.2). Bis die AGW aber in allen Technischen Regelwerken eingeführt sind, können MAK- und TRK-Werte (Technische Richtkonzentration, siehe Kapitel 4.3.3) für die Beurteilung einer Gefährdung am Arbeitsplatz weiterhin benutzt werden. Eine größere

Zahl von Luftgrenzwerten ist entfallen, da sie die Kriterien für Arbeitsplatzgrenzwerte im Sinne § 3 Abs. 6 GefStoffV nicht erfüllen. Sie werden mit dem Hinweis »Ehemaliger Grenzwert« (E-Wert) angegeben. Diese Konzentrationen sollten am Arbeitsplatz nach dem Stand der Technik auch heute noch mindestens erreichbar sein. Allerdings kann auch bei Einhaltung der Werte eine Gesundheitsgefährdung nicht ausgeschlossen sein.

4.3.2 Maximale Arbeitsplatzkonzentration (MAK)

In der TRGS 900 »Grenzwerte« sind für eine Vielzahl von Gefahrstoffen Grenzwerte als höchstzulässige Konzentration eines Arbeitsstoffes festgelegt, die nach dem heutigen Stand der Technik und Erkenntnissen bei täglich achtstündiger Exposition bei einer durchschnittlichen Wochenarbeitszeit von 40 Stunden im allgemeinen die Gesundheit der Beschäftigten nicht beeinträchtigt. Die Zahlenangabe des MAK-Wertes steht für den Acht-Stunden-Mittelwert. Da aber die aktuelle Konzentration im Verlauf einer Arbeitsschicht sehr stark schwanken kann, werden zusätzlich fünf Kategorien für die Höhe der Konzentrationsspitzen und deren Dauer und Häufigkeit pro Schicht festgelegt.

Seit dem 1. Januar 2005 existiert mit dem Inkrafttreten der neuen Gefahrstoffverordnung (GefStoffV) ein neues Grenzwertkonzept. In der neuen GefStoffV finden sich nur noch der Arbeitsplatzgrenzwert (AGW) und der Biologische Grenzwert (BGW). Die alten Begriffe sollen jedoch bis zur vollständigen Umsetzung der Verordnung als Richt- und Orientierungsgröße weiterverwendet werden.

4.3.3 Technische Richtkonzentration (TRK)

Für gefährliche Stoffe, für die keine toxikologisch-arbeitsmedizinisch begründeten maximalen Arbeitsplatzkonzentrationen aufgestellt werden können, die aber krebserzeugend sind oder im Verdacht stehen, Krebs zu erzeugen, legt man Technische Richtkonzentrationen fest, die nach dem Stand der Technik erreicht werden können (TRGS 900). TRK-Werte sollen helfen, das Risiko einer gesundheitlichen Beeinträchtigung zu minimieren, ohne es jedoch vollständig ausschließen zu können. Auch für TRK-Werte gilt, dass sie den Acht-Stunden-Mittelwert angeben. Sie werden als »Mindestens einhaltbare Konzentrationen« (MEK) angeführt, da sie einen Anhaltspunkt geben, welche Konzentrationen bisher zu unterschreiten waren und deshalb heute mindestens erreichbar sein sollten. Mit der Novellierung der Gefahrstoffverordnung von 2005 wurden die TRK ersatzlos abgeschafft.

4.3.4 IDLH-Wert

Der IDLH-Wert wurde vom US-amerikanischen National Institute for Occupational Safety and Health (NIOSH) aufgestellt und diente ursprünglich zur Auswahl von Atemschutzgeräten. Die Angabe erfolgt in ppm oder mg/m^3.

Der IDLH-Wert ist die Maximalkonzentration eines Stoffes in der Atmosphäre, bei der sich ein Arbeitnehmer bei Ausfall eines Atemschutzgerätes innerhalb von 30 Minuten aus der Expositionszone entfernen kann, ohne dass diese Flucht behindert wird oder dass irreversible Gesundheitsschäden auftreten. Der Wert kann daher zur Entscheidung herangezogen werden, ob eine ungeschützte Evakuierung betroffener Personen durch kontaminiertes Gebiet verantwortbar ist.

Der PEL-TWA-Wert[20] bzw. der REL-TWA-Wert[21], der OSHA[22] sowie die TLV-TWA-Werte[23] und der ACGIH[24] sind Arbeitsplatzgrenzwerte, vergleichbar mit den deutschen MAK-Werten. Sie sind in der Bundesrepublik jedoch nicht rechtsverbindlich. Die Werte beziehen sich auf die zeitlich gewichtete Luft getragene Durchschnittskonzentration für einen Acht-Stunden-Arbeitstag bei einer 40-Stunden Arbeitswoche, der nahezu alle Beschäftigten regelmäßig ohne nachteilige Wirkungen ausgesetzt werden können. Die Angabe erfolgt in ppm oder mg/m^3.

4.4 Konzentrationsangaben

Zuweilen werden die Grenzwerte in verschiedenen Maßeinheiten angegeben. Mit den folgenden beiden Formeln können die Werte ineinander umgewandelt werden. Die Umrechnung der Volumenkonzentration ppm (ml/m^3) und der Massenkonzentration (mg/m^3) erfolgt mithilfe der Molmasse (g/mol) nach folgenden Gleichungen:

$$\text{Massenkonzentration m} = \frac{\text{Molmasse} \times \text{n ppm}}{24{,}06}$$

$$\text{n ppm} = \frac{24{,}06 \times \text{Massenkonzentration m}}{\text{Molmasse}}$$

20 Permissible Exposure Limits – Time – Weighted Average
21 Recommended Exposure Limits – Time – Weighted Average
22 Occupational Safety and Health Administration
23 Threshold Limit Values – Time – Weighted Average
24 American Conference of Governmental Industrial Hygienists

4.5 Umgang mit Richtwerten und Grenzwerten

Bei der Bewertung von Messergebnissen im Zusammenhang mit Grenzwerten sind eine ganze Reihe von Randbedingungen zu beachten, wenn man zu einer sinnvollen Bewertung kommen will. Das Ganze beginnt mit der Gewinnung eines Messwertes. Man muss sich immer darüber im Klaren sein, dass in einem vierdimensionalen System gearbeitet wird. Zum einen legt man über drei Raumkoordinaten den Messpunkt fest und zum anderen ist der Messzeitpunkt durch den Augenblick der Messung definiert. Die Problematik einer Schadstoffwolke liegt nun darin, dass es sich um ein zeitlich und räumlich extrem dynamisches System handelt. Das bedeutet, bei konstantem Messpunkt können sich die Stoffkonzentrationen innerhalb kürzester Zeit um mehrere Größenordnungen verändern. Hier wäre die Lösung eine so genannte Mittelung des Messwertes über einen größeren Zeitraum, was aber nur bei kontinuierlich arbeitenden Systemen möglich ist, die eine elektronische Mittelwertbildung zulassen.

Neben der großen zeitlichen Varianz der Stoffkonzentration gibt es auch eine genauso große räumliche Varianz, da sich Schadstoffwolken nicht als homogenes Gebilde ausbreiten, sondern vielmehr sehr heterogen in ihrer Zusammensetzung sind, was wiederum dazu führen kann, dass es in geringer Entfernung zum Messpunkt zu einer erheblichen Abweichung von der gemessenen Stoffkonzentration kommen kann.

Neben den hier beschriebenen Problemen bezüglich der räumlichen und zeitlichen Varianz der Stoffkonzentration muss auch noch der jeweilige Fehler bedacht werden, der im Messverfahren selbst steckt. Insbesondere bei Prüfröhrchen darf die Streuung nicht vernachlässigt werden.

4.6 Toxikologische Randbedingungen

Zur Bewertung einer Gefährdung durch einen Stoff sind neben den messtechnischen Randbedingungen auch physiologisch bedingte Faktoren zu berücksichtigen. Dazu gehört z. B. der Aufnahmeweg einer Substanz in den Körper, die Bedeutung der Dosis bei der Frage nach der Wirkung, individuelle Effekte und synergistische Effekte beim gleichzeitigen Auftreten mehrerer Substanzen.

4.6.1 Aufnahmewege

Wesentlich für die Wirkung eines Stoffes ist der Weg, den die Substanz in den Körper nimmt. Als Aufnahmewege bieten sich verschiedene Resorptionswege beim Menschen an:

- die Oberfläche der ungeschützten Haut mit ca. 1,8 m^2 bis 2,2 m^2,

- das Lungengewebe, bei tiefer Einatmung mit einer Oberfläche von ca. 100 m^2,
- der Magen-Darm-Trakt mit ca. 100 m^2 bis 200 m^2.

Ein sehr eindrucksvolles Beispiel für die Bedeutung des Aufnahmeweges bei einer Vergiftung stellt das Quecksilber dar. Bei Aufnahme von dampfförmigem Quecksilber über die Atmung kommt es in den Alveolen zu einer 80-prozentigen Resorption. Bei einer Aufnahme über den Magen-Darm-Trakt hingegen nur zu einer Resorptionsquote kleiner 0,01 Prozent.

4.6.2 Atmung

Problematisch bei einer Aufnahme über die Atemwege und damit über die Lunge ist zum einen der kurze Weg über die Luftröhre und zum anderen die Tatsache, dass die Membran der Alveolen nur eine vergleichsweise dünne Barriere darstellt, nach deren Überwindung eine Substanz in den Organismus gelangen kann. Am kritischsten für die Aufnahme über die Lunge sind neben gasförmigen Stoffen und Dämpfen die Partikel mit einer Größe von kleiner 2,5 µm. Diese Partikel werden auch als lungengängig bezeichnet, da sie bis in die Alveolen gelangen können.

4.6.3 Verdauungstrakt

Nach dem Passieren der Speiseröhre findet eine mögliche Stoffresorption im Magen und anschließend im Bereich Zwölffingerdarm, Dünndarm, Dickdarm und Mastdarm statt. Durch die große Fläche und die gute Durchblutung der inneren Oberfläche dieser Organe kommt es auch hier zu einer vergleichsweise leichten Passage in den Blutkreislauf.

4.6.4 Haut

Die Haut stellt aufgrund ihrer vergleichsweise großen Dicke und ihrer Struktur üblicherweise eine gute Barriere dar. Die Durchdringung der Hautschicht bis zum Erreichen der Blutgefäße erfolgt daher nur langsam. Problematisch sind gut fettlösliche Substanzen wie die meisten organischen Lösungsmittel, diese passieren vergleichsweise leicht die Haut.

4.7 Konzentration und Dosis

Bei allen Messungen und Arbeiten mit Grenzwerten muss immer klar sein, dass man vor einem Bewertungsproblem steht, da Stoffkonzentrationen gemessen werden bzw. in den üblichen Ausbreitungsmodellen

Tabelle 4: Mittlere Atemraten des Menschen (Quelle: P. Bützer)

Tätigkeit	**Atemrate [l/h]**
Liegen	300
Sitzen	400
Stehen	600
Leichte Arbeit	1000
Mittlere Arbeit	1600
Schwere Arbeit	3000
Schwerste Arbeit	4000

auch überwiegend mit Konzentrationen gearbeitet wird. Das bedeutet, dass man sich ausschließlich mit Konzentrationen beschäftigt.

Um eine toxikologische Bewertung vornehmen zu können, muss auch der Zeitfaktor berücksichtigt werden. Konzentrationswert und Zeitdauer der Exposition definieren die Dosis. Das bedeutet, dass man die gefundene Konzentration in Zusammenhang mit der Dosis bringen muss, die ein Mensch letztendlich aufnimmt. Ein Ansatz, der ursprünglich für die Bewertung von Giftgasen entwickelt wurde, stammt von dem Chemiker Fritz Haber, der die nach ihm benannte Habersche Regel definierte:

Dosis (D) = Konzentration (c) × Zeit (t)

Die Dosis, also die aufgenommene Stoffmenge, ist sowohl von der Stoffkonzentration in der Atemluft als auch von der Zeit abhängig, in der der Stoff eingeatmet wird. Bei genauerer Betrachtung muss aber noch die Atemrate berücksichtigt werden. Die Atemrate (A) berücksichtigt die Atemfrequenz und die Atemtiefe. Ein Beispiel für die Größenordnung der Atemrate gibt Tabelle 4. Zusätzlich kann noch eine Stoffkonstante (k) einbezogen werden, die das Maß der Resorption berücksichtigt. Dadurch ergibt sich die erweiterte Habersche Regel in der Form:

$D = k \times c \times t \times A$

Das bedeutet: Die Wirkung eines Luft getragenen Schadstoffs ist im Wesentlichen abhängig von seiner Konzentration, der Einwirkungsdauer und der Atmungsintensität.

Einige Beispiele für die Größenordnungen, in denen sich die gefährlichen Mengen von Giften bewegen können, zeigt Tabelle 5. Es werden die halbletalen Dosen LD_{50} angegeben, die bei Versuchen an Ratten er-

Tabelle 5: Vergleich der Toxizität verschiedener Stoffe (Quelle: P. Bützer)

Verbindung	**LD_{50} mg/kg**
Natriumchlorid	3 200
DDT	150
Tetraethylblei	35
Kaliumcyanid	3
Bufotoxin (Krötengift)	0,4
Tetrodoxin (Jap. Kugelfisch)	0,008
Ricin (Toxin des Rizinus)	0,000 2
Diphtherietoxin	0,000 03
Botulinustoxin	0,000 000 03

mittelt wurden. Der LD_{50}-Wert gibt die Konzentration an, bei der 50 Prozent aller Versuchstiere starben. Die Angabe erfolgt in mg Wirkstoff pro Kilogramm Körpergewicht. Es handelt sich um einen statistischen Wert, so dass Abweichungen nach höheren und niedrigeren Werten möglich sind. Die in der Literatur angegebenen Werte stammen überwiegend von Tierversuchen. Eine direkte 1:1-Übertragung auf den Menschen ist aufgrund des unterschiedlichen Stoffwechsels nicht immer ohne weiteres möglich.

Auch unter den Menschen ist die Wirkung eines Giftes keineswegs gleich, da es eine Vielzahl von Faktoren gibt, die für die Wirkung einer Substanz auf einen Menschen entscheidend sind:

- individuelle Unterschiede (körperliche Konstitution, Körpergewicht),
- Geschlecht und ethnische Herkunft (hormonell und stoffwechselbedingt)[25],
- Gesundheitszustand,
- Tagesschwankung,
- Unterschiedliche Ernährung,
- Umweltbedingungen (Temperatur),
- Verhalten (Ruhezustand, Aktivität),
- Gewöhnung (Wirkungsverlust bei Drogenabhängigen),
- Expositionsweg (Atmung, Nahrung usw.).

25 Melton L.: His pain, her pain. New Scientist. 19 January 2002

4.8 Synergistische Wirkung

Vollends problematisch wird es, wenn ein Gemisch mehrerer giftiger Substanzen auf seine Wirkung hin beurteilt werden soll. So kann es zu einer Wirkungsverstärkung kommen. Das bekannteste Beispiel hierfür sind die im Brandrauch oftmals zusammen auftretenden Gase Blausäure und Kohlenstoffmonoxid. Hier erfolgt eine Potenzierung der Giftwirkung. Bei noch komplexeren Gasgemischen mit bis zu mehreren hundert nachweisbaren Substanzen, die übliche Situation bei Brandrauch, ist eine genaue Bewertung daher praktisch unmöglich.

Internet

www.umweltbundesamt.de/anlagen/AEGLWEB/Pages/Pages-De/index-d.html (AEGL-Werte auf der Internetseite des Umweltbundesamtes)
www.vfdb.de (Vereinigung zur Förderung des Deutschen Brandschutzes e.V.)
www.baua.de (Bundesanstalt für Arbeitsschutz und Arbeitsmedizin – BAuA)

Weiterführende Literatur zu Kapitel 4

Trepesch, D.: Probleme der Bewertung von Messergebnissen aus der Sicht der Feuerwehr, vfdb-Zeitschrift 4/1991, S. 187–189.
Uelpenich, G.: Grenzwerte und Richtwerte. Werte ohne Grenzen?, BRAND-Schutz/Deutsche Feuerwehr-Zeitung 8/1993, S. 570–574.
Technisch-Wissenschaftlicher Beirat der Vereinigung zur Förderung des Deutschen Brandschutzes e.V. – Referat 10 (Hrsg.): vfdb-Richtlinie 10-01 Bewertung von Schadstoffkonzentrationen im Feuerwehreinsatz, mit Korrekturen vom 6. Juni 2008.
Loh, K., Elstner, P., Stephan, U.: Fachlexikon der Toxikologie, 4. Auflage, Springer Verlag, 2009.
Marquardt, H., Schäfer, S. G. (Hrsg.): Lehrbuch der Toxikologie, 2. Auflage, Wissenschaftliche Verlagsgesellschaft, 2004.
Bützer, P.: Sachkenntnis Gefährliche Stoffe und Zubereitungen, PH St. Gallen, Skript, November 2006.

5 Probenahme

Nachdem Probenahmeverfahren erfahrungsgemäß einem stetigen Wandel unterliegen und die wesentlichen Verfahren mittlerweile gut dokumentiert und verfügbar sind, werden in diesem Kapitel nur die Punkte beschrieben, die üblicherweise in den vorhandenen Unterlagen zu kurz kommen. Dies sind erfahrungsgemäß allgemeine Grundlagen der Probenahme, detaillierte Informationen über die verwendete Probenahmeausrüstung, das taktische Vorgehen bei einer Probenahme und die fehlerfreie Dokumentation im Verlauf einer Probenahme.

5.1 Allgemeine Grundlagen der Probenahme

Üblicherweise sind alle Bereiche der Umweltanalytik, was die Methodik angeht, durch Vorgaben, die sich aus Gesetzen, Verordnungen, Richtlinien und Empfehlungen ergeben, geregelt. Für die Probenahme im Bereich Feuerwehr und Katastrophenschutz sind diese Vorschriften nicht anwendbar, da Feuerwehren aufgrund der äußeren Umstände (Einsatzbedingungen) mit auf die Belange der Notfallprobenahme angepassten Anleitungen arbeiten müssen. Die Entnahme von Proben stellt für die Feuerwehr in den meisten Fällen kein vertrautes Terrain dar, das nur in Zusammenarbeit mit Fachbehörden (Umweltamt usw.) und qualifizierten Labors zufrieden stellend bearbeitet werden kann.

Die Stärke der Feuerwehr für die Aufgabe Probenahme liegt darin, dass sie in kürzester Zeit jeden Punkt ihres Ausrückebereiches erreichen kann und über geeignete persönliche Schutzausrüstung verfügt, um eine Probenahme auch in einem kontaminierten Gebiet durchzuführen. Durch diesen Zeitvorteil ist es möglich, Proben zu gewinnen, die durch die klassischen Aufgabenträger unmöglich zu beschaffen sind.

5.1.1 Anforderungen an eine Probe

Bei der Entnahme von Proben ist eine Reihe der nachfolgend angeführten Faktoren zu beachten.

- Richtige Auswahl des Probenahmeortes und Probezeitpunkts: Die Probe muss für den Zustand des Probenortes zum Zeitpunkt der Entnahme repräsentativ sein. Das bedeutet, die Probe soll alle Substanzen in annähernd der Konzentration enthalten, die für den Ort und die Zeit galten, als die Probe genommen wurde.

- Einhaltung der Anleitungen zur Probenahme: Die Probe muss fachkundig entnommen werden, damit Fehler im Verlauf der eigentlichen Probenahme vermieden werden.
- Protokoll nach Anleitung vollständig und richtig ausfüllen: Es müssen alle wichtigen Parameter der Probenahme korrekt dokumentiert werden.
- Richtige Auswahl des Probenahmegefäßes und korrekte Lagerung der Probe: Die Probe darf im Nachhinein nicht verfälscht werden.

Die Zuverlässigkeit und Richtigkeit von Analysedaten ist im hohen Maße von der sachgerechten Probenahme abhängig, was der folgende Satz eines analytischen Chemikers treffend umschreibt: »*Unabhängig davon, ob es sich um eine Notfallprobenahme handelt oder um eine nach genormten Verfahren von Fachkräften genommene Probe, es ist immer davon auszugehen, dass bei der Probenahme die Fehler vor dem Komma verursacht werden, im Gegensatz zu den Fehlern, die im Rahmen der eigentlichen Analyse verursacht werden, diese spielen sich hinter dem Komma ab*«. Wichtig ist die Erkenntnis, dass Fehler, die bei der Probenahme gemacht wurden, bei der apparativen Analyse nicht oder meist nur unzureichend kompensiert werden können.

5.1.2 Fehlermöglichkeiten bei der Probenahme

Grundsätzlich unterscheidet man bei der Betrachtung von Fehlern im Zusammenhang mit Messungen und der Entnahme von Proben zwischen dem systematischen und dem zufälligen Fehler.

Systematischer Fehler
Der systematische Fehler tritt möglicherweise bei der Wartung des Messgerätes auf, z. B. das Gerät ist falsch kalibriert. Das heißt: Der Messfehler ist immer zu groß oder zu klein, je nach Kalibrierfehler! Ein vielleicht offensichtlicherer Vergleich ist das typische Schussbild einer falsch eingestellten Waffe (Bild 2). Die besondere Gefahr bei diesem Fehler ist die, dass er bei einer Messung oftmals nur schwer zu erkennen ist.

Zufälliger Fehler
Der zufällige Fehler entsteht zum Beispiel durch Streuung beim Ablesen einer Skala. Je nach persönlicher Abschätzung wird eine Strecke zwischen zwei Markierungen auf einem Maßstab unterschiedlich abgelesen. Das heißt: der Messwert ist manchmal zu groß und manchmal zu klein! Man spricht hier auch von der Fehlerstreuung. Bezogen auf unser Beispiel von

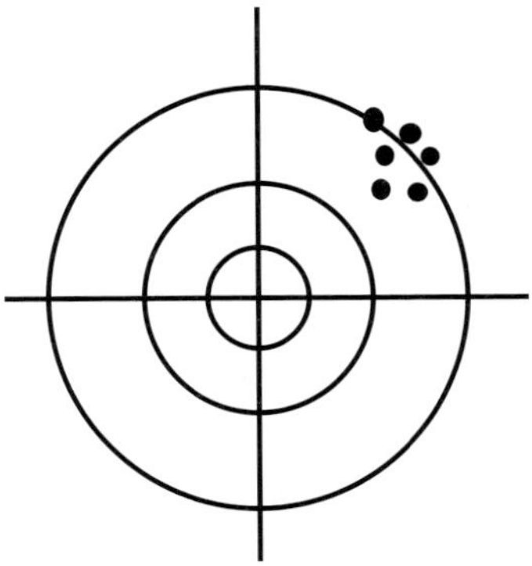

Bild 2: Zielscheibe mit einem Beschussbild als Folge eines systematischen Fehlers (Grafik: Mario König)

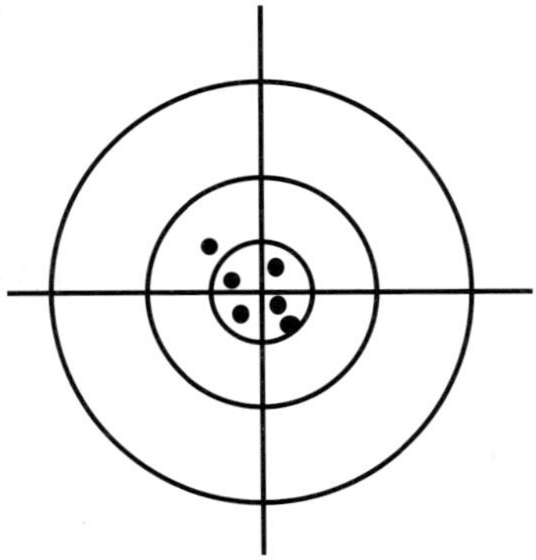

Bild 3: Zielscheibe mit einem Beschussbild als Folge eines zufälligen Fehlers (Grafik: Mario König)

oben mit der Zielscheibe haben wir es diesmal mit der zufälligen Streuung der Einschüsse um den Mittelpunkt der Zielscheibe zu tun (Bild 3).

5.2 Probenahmeausrüstung

Bei der Auswahl der verwendeten Probenahmeausrüstung sind einige Punkte zu beachten. Denn je nach dem verwendetem Material der Probenahmegefäße kann dies durch verschiedene Wechselwirkungen zwischen Gefäßmaterial und Probe erhebliche Auswirkungen auf die Qualität der Analyse haben.

5.2.1 Eintragung von störenden Stoffen

Mangelhaft gereinigte Probenahmegefäße haben zur Folge, dass ursprünglich nicht in der Probe vorhandene Substanzen auf diesem Weg in die Probe eingetragen werden können. Am besten kann dieses Problem durch den Einsatz von Einwegmaterial vermieden werden. Ähnliches kann durch verunreinigte Probenahmehilfsmittel passieren, durch die Verunreinigungen von einer Probe zur nächsten übertragen werden können. Diesen Fall nennt man Kreuzkontamination. Probenahmehilfsmittel wie z. B. Spatel müssen daher nach jedem Einsatz sorgfältig gereinigt werden. Gegebenenfalls ist hier auch Einwegmaterial zu verwenden. Der Abrieb von Probenahmegeräten selbst wird am ehesten durch den Einsatz von Edelstahl und Glas vermieden.

Der Aufnahme von Verunreinigungen über die Luft bei unsachgemäßem Transport und unsachgemäßer Lagerung kann dadurch abgeholfen werden, dass alle Gefäße dicht verschlossen werden. Vor allem bei den Tenax®-Probenahmeröhrchen ist es wichtig, dass sie immer in einem luftdicht verschlossenen Behältnis aufbewahrt und nach der Probenahme wieder dicht verschlossen werden. Auch darf die Lagerungsverpackung (kunststoffbeschichtete Aluminiumfolie) nicht beschädigt sein.

5.2.2 Die Austragung flüchtiger Stoffe

Dieses Problem entsteht hauptsächlich bei der Probenahme oder dem Umfüllen von Flüssigkeiten. Die Gefäße sollten daher turbulenz- und luftblasenfrei, mit möglichst geringer Fallhöhe und langsam gefüllt werden. Auch ist jedes unnötige Umfüllen zu unterlassen. Eine Diffusion von Substanzen in oder durch das Probenahmegefäß oder durch den Verschluss kann ebenfalls zu Fehlern führen.

Besonders problematisch sind Wasserproben in nicht völlig gefüllten Flaschen. In der Luftphase über der Probe reichern sich flüchtige Substanzen an, die unmittelbar nach dem Öffnen des Gefäßes im Labor verloren gehen. Durch den Einsatz geeigneter Gefäße und einer fachgerechten Befüllung der Flaschen können diese Fehlerquellen vermieden werden.

5.2.3 Flaschen

Bei Flaschen sollte immer darauf geachtet werden, dass sie fabrikneu sind, um eine weitgehende Kontaminationsfreiheit sicherstellen zu können. Sinnvollerweise werden alle Flaschen mit einem Siegel gesichert, um beim Einsatz sicher sein zu können, dass sie im Innenbereich nicht verunreinigt wurden. Im professionellen Laboreinsatz werden auch neue Flaschen vor der ersten Verwendung nochmals gereinigt. Dieser Aufwand ist aber im Bereich der Notfallprobenahme nicht zu leisten und aufgrund der zu erwartenden Konzentrationen auch nicht zwingend notwendig.

Grundsätzlich ist bei den Materialien zwischen Kunststoffflaschen (üblicherweise Polyethylen, PE) und Glasflaschen zu unterscheiden. Die Auswahl des Flaschenwerkstoffs richtet sich danach, welche Substanzen nachgewiesen werden sollen. Für Flüssigkeitsproben werden oft Enghalsflaschen, für Feststoffproben Weithalsflaschen verwendet. Bei Glasflaschen bieten Klarglasflaschen den Vorteil, dass sie eine Bewertung der Probenfarbe auch im eingefüllten Zustand zulassen. In Braunglasflaschen sind die Proben besser vor Licht geschützt, wenn sie nicht dunkel gelagert werden können. Sofern finanziell machbar, bietet es sich an, mit Kunststoff ummantelte Flaschen anzuschaffen. Diese haben den Vorteil, dass sie auch bei einem Sturz nicht zerbrechen. Diese Flaschen besitzen auch die hochwertigsten Verschlüsse.

5.2.4 Adsorptionsröhrchen

Gasförmige oder leicht verdampfbare Stoffe können einfach, mit hoher Wiederauffindungsrate und hohem Anreicherungsfaktor an verschiedene Trägermaterialien (Adsorbentien) gebunden werden. Die gasförmige Probe wird dazu über das Adsorptionsmittel gesaugt, das sich meistens in einem Glasröhrchen befindet. Ein Adsorptionsmittel, das für die Probenahme von Luftschadstoffen eingesetzt wird, muss folgende Anforderungen erfüllen:

- Es muss die zu analysierende Substanz möglichst vollständig aufnehmen.
- Es muss die gesammelten Stoffe bis zur Durchführung der Analyse unverändert speichern.
- Es muss den zu messenden Gefahrstoff für die Analyse definiert abgeben (Reproduzierbarkeit).
- Es muss von hoher analytischer Reinheit sein, damit bei der Analyse keine Stoffe, die nicht aus dem analysierten Gasgemisch stammen, nachgewiesen werden.

Aktivkohle-Röhrchen
Aktivkohle wird durch das Verkohlen von organischem Material (meist Kokosnussschalen) hergestellt und ist vom Prinzip her der Aktivkohle in Filtern sehr ähnlich. Die Aktivkohleröhrchen sind besonders für Lösungsmittel und flüchtige organische Verbindungen geeignet. Eine Desorption der zu analysierenden Substanzen ist nur auf chemischem Wege in einem stationären Labor möglich.

Silicagel-Röhrchen
Silicagel ist eine künstlich hergestellte, amorphe Kieselsäure, die speziell für polare organische Verbindungen ein geeignetes Adsorptionsmittel darstellt. Eine Desorption ist wie bei der Aktivkohle nur auf chemischem Wege möglich.

Tenax®-Röhrchen
Tenax® ist ein Polymermaterial, auf dessen Oberfläche sich eine sehr große Anzahl organischer Verbindungen anlagert. Im Gegensatz zu den beiden vorher genannten Materialien können die Substanzen, die sich auf der Tenaxoberfläche gebunden haben, durch einfaches Erhitzen wieder von dieser Oberfläche gelöst und mit einem Gasstrom in ein Messgerät, üblicherweise ein Gaschromatograph, transportiert werden. Diese Röhrchen kann man mehrmals verwenden, sofern sie ausreichend ausgeheizt und damit gereinigt werden.

Das Bild 4 zeigt die oben beschriebenen Adsorptionsröhrchen.

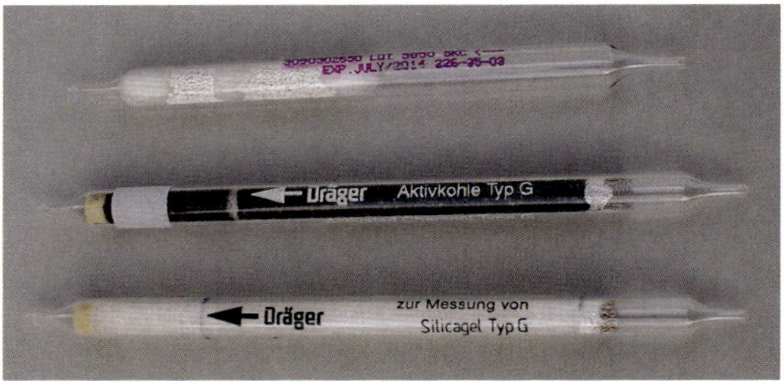

Bild 4:
Adsorptionsröhrchen mit den Trägermaterialien Tenax®, Aktivkohle und Silicagel (von oben nach unten, Foto: Mario König)

Die früher zur Gasprobenahme verwendeten Gasküvetten aus Glas, auch Gasmäuse genannt, sind sowohl aus praktischen als auch aus analytischen Gründen aus der Mode gekommen. Auch die im Bereich der professionellen Luftprobenahme eingesetzten Sammelbeutel, meist so genannte Tedlar®-bags sind im Bereich Feuerwehr und Katastrophenschutz praktisch nicht vorhanden, da sie mit den üblicherweise vorhandenen Gasspürpumpen nicht gefüllt werden können.

5.2.5 Wischproben bei Verdacht einer biologischen Kontamination

Zur Aufnahme von Verdachtsmaterial von Oberflächen gibt es im Bereich der Biologie eine Vielzahl von Möglichkeiten. Mit vergleichsweise geringem Aufwand erfolgt eine Probenahme mit einer sterilen Kompresse oder besser einem sterilen Watte-Tupfer. Beide Medien werden vor der Anwendung mit steriler, physiologischer Kochsalzlösung befeuchtet. Darüber hinaus gibt es auch die Möglichkeit, Tupfer zu verwenden, die zusammen mit einem Transportmedium, das sich in einem Röhrchen befindet, eingesetzt werden. Das Transportmedium verbessert die Überlebenschancen der Mikroorganismen nach der Probenahme. Für Bakterien und Viren gibt es verschiedene Nährmedien (siehe Bild 5).

5.2.6 Sonstiges Material zur Probenahme

Nachfolgend beschriebenen Ausrüstungsteile sind in den vorgegebenen Probenahmesets nicht immer vorhanden, sie sind aber erfahrungsgemäß bei einer Probenahme sehr hilfreich:

- Klemmbrett mit Probenahmevordrucken,
- Transportkoffer oder Rucksack zum Transport des Materials,
- Kühlbox mit 12-Volt-Stromversorgung,
- robuste Folie (ca. 0,5 m^2), um Material im kontaminierten Bereich ablegen zu können und
- Kunststoffspatel zu Aufnahme viskoser Stoffe.

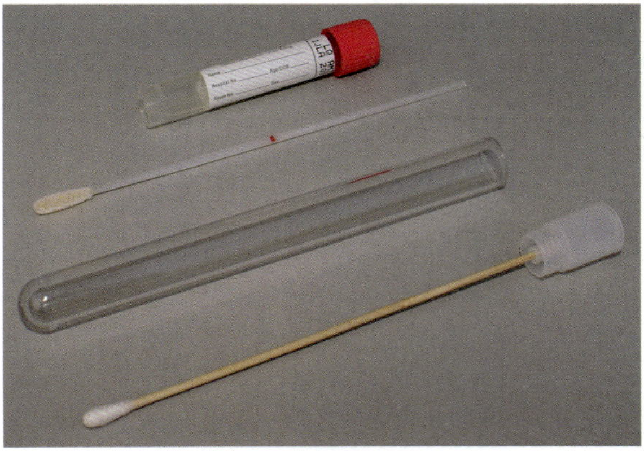

Bild 5:
Wischtest mit Nährmedium speziell für Bakterien und ein Wattetupfer mit seiner inneren Verpackung zur Wischprobe bei B-Lagen (Foto: Mario König)

Zur Entsorgung von kontaminiertem Abfall eignen sich stabile und geeignet gekennzeichnete Kunststoffbeutel. Am besten durchsichtig, damit der Inhalt zu erkennen ist. Verstärktes Klebeband kann zum Verschluss von Proben oder Abfallbeuteln verwendet werden. Als alternatives Verschlussmittel für Beutel bieten sich auch Kabelbinder oder ein Folienschweißgerät an.

Als Thermometer sollte ein elektrisches Thermometer und ein Alkoholthermometer für den Temperaturbereich von –20 °C bis +50 °C vorhanden sein. Die elektrischen Thermometer sind schneller und präziser in der Anzeige, bei Versagen der Batterie sollte aber eine Rückfallebene vorhanden sein.

Für die Entnahme von Bodenproben bieten sich kleine unlackierte Edelstahlschaufeln an, sofern nicht ein Klappspaten verwendet wird. Für kleine Stoffmengen sind Spatel aus Edelstahl hilfreich. Hier sollte einmal ein Löffelspatel zur Aufnahme größere Mengen vorhanden sein und ein schmaler Spatel, mit dem auch enge Räume erreicht werden können.

Zum Halten von Proben dienen am besten Pinzetten, hier sollte eine vergleichsweise große Pinzette und eine Tiegelzange für grobe Teile und eine kleine Hakenpinzette für feine Teile vorhanden sein.

Kunststoffspritzen sind optimal zur Aufnahme kleiner Flüssigkeitsmengen zum Beispiel aus Pfützen. Am besten eignen sich Spritzen mit einem Volumen von 10 ml bis 50 ml.

Pflanzenteile werden am besten mit einem Allesschneider geschnitten. Alternativ kann auch eine hochwertige Gartenschere verwendet werden.

Ein Kunststoffbecher mit Griff (0,5 Liter) kann zur Wasserprobenahme dienen. Durch den Griff kann der Becher in Verbindung mit einem Seil und einem Gewicht auch zur Probenahme in Schächten oder an Kaimauern eingesetzt werden. Für kurze Distanzen eignen sich auch teleskopierbare Stangen.

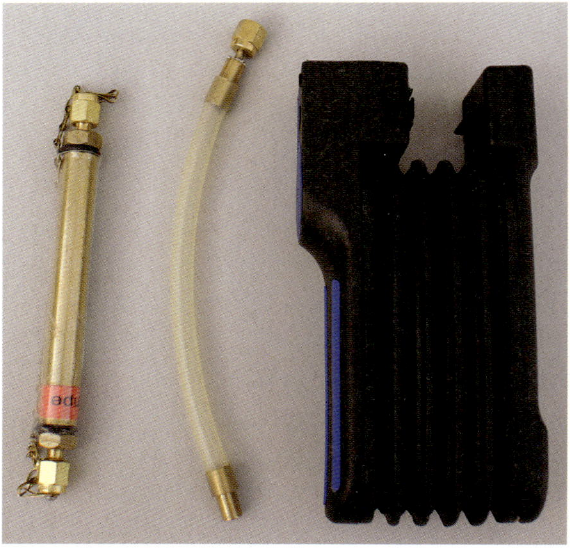

Bild 6:
Komplette Ausrüstung zur Luftprobenahme auf Tenax®, bestehend aus der Messingkartusche mit dem Adsorptionsröhrchen, dem Adapterschlauch und der Handpumpe (Foto: Mario König)

Für das Umfüllen von Flüssigkeiten und pulvrigen Stoffen sind bruchfeste Kunststofftrichter (Weithals und Enghals) praktisch. Es ist darauf zu achten, dass sie zur Öffnungsweite der verwendeten Flaschen passen.

Da es bei der Wischprobe sinnvoll sein kann, das Trägermaterial anzufeuchten, sollte ein Spritzflasche mit destilliertem Wasser und eine Spritzflasche mit Alkohol mitgeführt werden. Für biologische Wischproben ist eine sterile, 0,9-prozentige Kochsalzlösung hilfreich, die am besten in kleinen Kunststoffampullen mitgeführt wird. Für Wischproben eignen sich bei A- und C-Lagen am besten Filterpapiere für den Laborbedarf. Alternativ auch kleine Baumwollkompressen, die aber bevorzugt für B-Proben eingesetzt werden.

Zur Luftprobenahme können die gleichen Handpumpen eingesetzt werden, wie beim Einsatz von Prüfröhrchen. Beim Einsatz von Tenax®-Röhrchen, die in einer Messingkartusche verpackt sind, ist der Einsatz eines Adapterschlauches notwendig, um einen Übergang vom Gewinde der Kartusche auf die Handpumpe zu ermöglichen (Bild 6).

Zur Beschriftung der Probengefäße bieten sich vorgedruckte Klebeetiketten an. Neben Faser- und Kugelschreibern sollten auch Bleistifte in der Probenahmeausstattung vorhanden sein, da hier nicht die Gefahr des Eintrocknens besteht.

5.3 Taktisches Vorgehen bei einer Probenahme

Im Einsatzfall ist zuerst eine Lagebeurteilung und darauf aufbauend eine Einsatztaktik festzulegen. Dazu ist eine Bestandsaufnahme aller bekannten Fakten durchzuführen. Bevor es zur eigentlichen Auftragserteilung für eine Probenahme kommt, muss an Hand eines Probenahmeplans festgelegt werden, welche Proben wo und wie genommen werden. Für diese Entscheidung ist eine ganze Reihe von Randbedingungen zu berücksichtigen:

- Art des freigesetzten und zu bestimmenden Schadstoffes,
- Ausbreitungsweg,
- Personal- und Materialbedarf,
- Zeitaufwand, der benötigt wird, eine bestimmte Probe zu ziehen.

5.3.1 Allgemeine Vorgehensweise

Zu Beginn einer Probenplanung sollten erst folgende Fragen beantwortet werden:

- **Was ist passiert?**
  Gibt es von Seiten der Polizei Erkenntnisse über das Schadenereignis oder liegen aus medizinischer Sicht bereits Patienten mit einer verwertbaren Symptomatik vor.
- **Wann ist etwas passiert?**
  Der zeitliche Ablauf ist wichtig, um eventuelle Rückschlüsse auf den Erreger, die Chemikalie oder das radioaktive Material ziehen zu können (Symptome, Inkubationszeit).
- **Wo ist etwas passiert?**
  Diese Frage ist wesentlich für die Abgrenzung des kontaminierten Bereichs. Kann es in der Zwischenzeit eine Kontaminationsverschleppung gegeben haben?
- **Wie ist es passiert?**
  Bei künstlicher Ausbringung von z. B. biologischen Agenzien sind Informationen zum Umfang wie Explosion, Versprühen usw. wichtig. Bei einem Seuchengeschehen sind insbesondere Ausbreitungs- und Infektionswege zu klären.
- **Wie ist das Areal beschaffen?**
  Handelt es sich um ein geschlossenes Gebäude oder um ein Szenario im Freien.
- **Wie sind die Umweltbedingungen?**
  Wetter, Geländeform, Bebauung usw.

Bereits vor der Probenahme sollte die Erreichbarkeit und Einsatzbereitschaft eines kompetenten Labors und der Transport der Probe dorthin gesichert sein. Sinnvollerweise wird die geplante Probenahme, soweit möglich, mit einem Mitarbeiter des auswertenden Labors besprochen.

5.3.2 Auswahl des Verfahrens

Nach Ankunft an der Einsatzstelle werden an Hand der Art des Schadenereignisses und der freigesetzten Substanzen zunächst der Ausbreitungspfad und die Ausbreitungsrichtung bestimmt. Zu bedenken sind alle möglichen Ausbreitungspfade z. B. bei einem Brand über die Luft, aber auch Ausbreitungspfade wie das Löschwasser. Der Dynamik entsprechend sind zuerst Luft, dann Wasser und zuletzt Bodenproben zu entnehmen. In dieser Reihenfolge nimmt auch in nahezu allen Fällen das mögliche Gefährdungspotential für Menschen ab. Denn das Medium Luft ist nicht nur dasjenige, das einen Gesundheit gefährdenden Stoff am schnellsten transportiert, sondern es besitzt auch aufgrund der Aufnahme über die Lunge das größte toxische Potential.

Bei nicht sichtbarer Kontamination, beispielsweise bei einem Austritt von gasförmigen oder als Aerosol freigesetzten Substanzen, kann eine Probenahme direkt aus der Luft oder von eventuell beaufschlagten Oberflächen erfolgen.

Nach Berücksichtigung dieser Faktoren wird nun die Entscheidung getroffen, ob Luftproben, Wasserproben, Erdproben, Wischproben oder Sonderproben genommen werden müssen.

5.3.3 Auswahl des Ortes

Im nächsten Schritt ist zu klären, an welchen Stellen diese Proben entnommen werden. Der Dringlichkeit nach sind zuerst Proben in Bereichen gefährdeter Objekte zu entnehmen (Krankenhäuser, Kindergärten, Schulen, Altenheime usw.). Dabei sind zeitabhängige Besonderheiten zu beachten, so sind z. B. Schulen in den Nachtstunden nicht relevant. Als nächstes werden Wohngebiete beprobt und zuletzt Gewerbegebiete und Brachflächen.

Die Probenahme zur Untersuchung einer möglichen Oberflächenkontamination in berechneter Zugrichtung erfolgt nach folgender Überlegung: Geeignete Flächen liegen im berechneten Ausbreitungsbereich einer Wolke, unbeweglich, möglichst waagrecht und glatt und vor Sonne geschützt.

Die Luftprobenahme bei Bränden, insbesondere in der Nähe der Brandstelle, sollte möglichst im Bereich mit geringem Wasserdampfanteil durchgeführt werden.

Eine Probe sollte möglichst in unmittelbarer Nähe der Schadenstelle sichergestellt werden, optimal ist auch eine Probe des Reinstoffes. Üblicherweise werden die Proben auch möglichst auf dem Weg von Bereichen niedriger zu Bereichen höherer Konzentration genommen.

5.3.4 Sonstiges

Falls möglich sollten immer standardisierte Probenahmeverfahren verwendet werden. Nur in begründeten Ausnahmefällen und am besten nach Rücksprache mit dem analysierenden Labor sollte von den üblichen Verfahren abgewichen werden. Es kann für das untersuchende Labor, insbesondere wenn eine Spurenanalytik betrieben werden muss, zuweilen hilfreich sein, wenn vom Probenahmegefäß (Adsorptionsröhrchen, Wischtestmaterial, Glasflasche) ein leeres/unbeladenes Exemplar ins Labor mitgeschickt wird, um auf diesem Weg eine Bestimmung des Blindwertes zu ermöglichen. Eine unnötige Kontamination der Kartuschen, anderer Probenahmegefäße und Geräte bei einer Probenahme ist wo immer möglich zu vermeiden!

Aus technischen Gründen und wegen der erforderlichen Standardisierung der Probenahme sollten bei Luftproben pro Messpunkt grundsätzlich zwei Proben genommen werden. Zuerst eine Probe mit einem Hub und anschließend eine Probe, möglichst unter gleichen Bedingungen, mit zehn Hüben. Der Probenehmer stellt sich dabei mit seinem Spür- und Probenahmegerät in Blickrichtung zum Wind. Von größeren Gebäuden in Windrichtung ist ein ausreichender Abstand zu halten (ca. fünffache Gebäudehöhe). Bei einer Probenahme im Freien wird diese üblicherweise in etwa 1,5 Meter über Grund genommen. In abgeschlossenen Räumen ist in Abhängigkeit von der Dichte des Stoffes neben der üblichen Messhöhe von 1,5 Meter direkt über dem Boden oder unter der Decke zu beproben. Für den Fall, dass die zu beprobende Substanz mit einem kontinuierlich anzeigenden Messgerät wie PID oder IMS erfasst werden kann, sollte diese Möglichkeit genutzt werden, um Stellen erhöhter Konzentration zu detektieren.

Bei der Entnahme von Wasserproben ist in Fällen, in denen die zu bestimmende Substanz bekannt ist, vor der Probenahme zu überlegen, ob sie wasserlöslich ist. In diesem Fall wird sich die Substanz im Gewässerkörper verteilen. Wasserunlösliche Substanzen schwimmen je nach Dichte an der Oberfläche (Kohlenwasserstoffe mit Dichte kleiner 1 g/ml) oder sinken auf den Grund ab (Chlorkohlenwasserstoffe mit einer Dichte größer 1 g/ml).

5.4 Besonderheiten bei der Entnahme von biologischen Proben

Im Bereich der biologischen Probenahme gilt es einige Besonderheiten zu beachten. So besitzen Krankheitserreger die Möglichkeit der Vermehrung und Ausbreitung. Das Untersuchungsmaterial ist erheblich empfindlicher. Bei der Entnahme von Proben zur mikrobiologischen Untersuchung kommen für den Einsatzbereich der Notfallprobenahme nur Umweltproben in Frage. Zu den Umweltproben gehören:

- Lebensmittelproben,
- Tierkadaver,
- Proben von Oberflächen,
- Oberflächenwasserproben und
- Bodenproben.

Bei der Entnahme von Proben, die möglicherweise Krankheitserreger enthalten, müssen zusätzliche Sicherheitsmaßnahmen eingehalten werden. Insbesondere müssen alle Möglichkeiten der Kontaminationsverschleppung vermieden werden.

Bei der Entnahme von Pflanzenproben sollte immer die oberste Blattlage gewählt werden. Bevorzugt werden auch immer vor der Sonne geschützte Stellen ausgewählt, da hier die Austrocknungsgefahr und der Einfluss der UV-Strahlung geringer sind.

Um die Unversehrtheit der Proben sicherzustellen, sind folgende Vorgehensweisen zu beachten:

- Bei der Probenahme werden Pinzetten, Spatel, Zange usw. so eingesetzt, dass es nicht zu einer Kreuzkontamination kommt. Nach jeder Einzelprobe müssen die eingesetzten Instrumente geeignet desinfiziert werden, Einmalartikel sind wegzuwerfen.
- Beim Wechsel einer Probenahmestelle werden auch die Einweghandschuhe gewechselt, die als Kontaminationsschutz über den eigentlichen Schutzhandschuhen getragen werden.
- Die Proben werden möglichst so eingefüllt, dass die Außenwand der Probengefäße nicht berührt wird.
- Die entnommenen Proben sind grundsätzlich in kontaminationsfreien Transportbehältern und dann in Primär- und Sekundärverpackung zu verpacken.
- Nach dem Transport der Primärverpackung zum Dekonplatz wird deren Oberfläche durch Wischdesinfektion oberflächlich dekontaminiert.
- Die dekontaminierte Primärverpackung wird in eine Kunststofftüte gepackt, die von einem zweiten Helfer offen gehalten wird. Anschließend wird diese Tüte dicht verschlossen.

Sollte die Probe große Mengen Flüssigkeit enthalten, wird idealerweise soviel Bindemittel in die Transportverpackung gefüllt, dass das Probenvolumen bei einer Leckage vollständig aufgenommen werden kann. Die Proben sollten in gekühltem Zustand, am besten bei Temperaturen zwischen +4 °C und +10 °C schnellstmöglich ins Labor gebracht werden. Alle Proben sind möglichst doppelt zu nehmen, da ggf. Kontrollproben für ein zweites Labor benötigt werden. Weiterhin ist die Entnahme einer Probe außerhalb des Gefährdungsbereiches anzuraten, um eine Absicherung gegen falsch positive Laborbefunde zu haben. Die Probenzahl sollte nicht zu groß werden, damit keine Kapazitätsprobleme beim Ausschleusungsvorgang und bei der analytischen Auswertung im Analysenlabor auftreten.

5.4.1 Lagerung

Vom Augenblick der Probenahme an bis zum Zeitpunkt der Analyse befindet sich die Probe in einer permanenten Veränderung, was ihre Zusammensetzung angeht. Folgende Ursachen können für die Veränderung der Zusammensetzung einer Probe verantwortlich sein:

- Eintrag von störenden Stoffen in die Probe,
- Austragung von Stoffen aus der Probe,
- Veränderung der Probe durch chemische oder biochemische Reaktionen.

Chemischen und biochemischen Veränderungen kann durch gezielte Konservierungsmaßnahmen entgegen gewirkt werden. Chemische Konservierungsverfahren scheiden jedoch für die hier beschriebenen Probenahmeverfahren aus praktischen Gründen aus. Zu den physikalischen Methoden der Konservierung gehört das Kühlen bei 2 bis 5 °C (Kühlschrank) und das Aufbewahren der Proben im Dunkeln.

5.4.2 Probenverpackung und Transport

Für den sicheren Transport ist es unerlässlich, alle Proben korrekt zu verpacken. Es wird zwischen einer inneren Verpackung, einer Primärverpackung und einer Sekundärverpackung unterschieden.

Innere Verpackung
Die innere Verpackung besteht aus dem eigentlichen Probenahmegefäß. Dieses kann z. B. eine Flasche, ein Kulturettenröhrchen oder ein Beutel sein. Da die Probe im kontaminierten Bereich in die innere Verpackung gefüllt wird, ist ihre äußere Oberfläche bei einer Kontamination zu reinigen je nach Kontamination gegebenenfalls zu dekontaminieren, insbesondere bei einer B-Probenahme.

Primärverpackung
Die innere Verpackung, welche die Probe enthält, wird in eine Primärverpackung gegeben, die üblicherweise aus einem durchsichtigen Polyethylenbeutel besteht, der versiegelt wird. Dies erfolgt entweder direkt am Ort der Probenahme (biologische Probenahme) oder an der Grenze des kontaminierten Bereiches (A-/C-Lagen). Bei A-Lagen ist die Außenfläche der Primärverpackung auf Kontaminationsfreiheit zu prüfen. Die Kontaminationsfreiheit ist auf dem Beutel zu dokumentieren. Ebenso die an der Oberfläche des Beutels messbare Ortsdosisleistung.

Sekundärverpackung
Zum Versand in ein Labor wird bei biologischen Proben die Primärverpackung nach der Dekontamination auf der reinen Seite in eine Sekundärverpackung gegeben. Sinnvollerweise wird an dieser Stelle das Probenahmeprotokoll dazu gelegt. Die Sekundärverpackung ist eine formstabile Verpackung, die definierten Prüfansprüchen genügen muss und die als zusätzlicher Schutz für den Transport dient. Die Sekundärverpackung wird entweder selbst mit den notwendigen Gefahrgutkennzeichen versehen oder in einen entsprechend deklarierten Pappkarton verpackt.

Transportverpackung [18]
Da es sich bei den Proben in den meisten Fällen um gefährliche Güter handelt, gelten grundsätzlich die Vorschriften des ADR. Sofern der Transport der Proben der »Notfallbeförderung zur Rettung menschlichen Lebens oder zum Schutz der Umwelt« dient (ADR Teil 1: 1.1.3.1 e, Freistellung in Zusammenhang mit der Art der Beförderungsdurchführung), kann von den Vorschriften abgewichen werden, sofern alle Maßnahmen zur völlig sicheren Durchführung der Beförderung getroffen werden.

5.5 Dokumentation einer Probenahme

Durch eine korrekte und umfassende Dokumentation wird das untersuchende Labor in die Lage versetzt, die erhaltenen Messergebnisse zusammen mit den während der korrekten Probenahme vorhandenen Randbedingungen in eine einwandfreie Bewertung der Analysenergebnisse umzusetzen.

5.5.1 Beschriftung des Probenahmegefäßes

Die Beschriftung des Probenahmegefäßes dient der eindeutigen Zuordnung der Probe zu einem Protokoll und sollte folgende Informationen enthalten:

1. Probennummer,
2. Entnahmestelle,
3. Datum und Uhrzeit der Probenahme,
4. Name des Probenehmers,
5. Einheit.

Das Etikett zur Beschriftung des Probenahmegefäßes wird sinnvollerweise erst dann aufgeklebt, wenn die Probe eingefüllt und die Außenfläche des Gefäßes gereinigt worden ist. Die Nummer der Probe sollte sowohl direkt auf dem Probenahmegefäß als auch auf der Transportverpackung stehen, um diese nicht öffnen zu müssen, wenn diese nicht durchsichtig ist. Sinnvollerweise werden die Etiketten vorgedruckt. Dabei ist darauf zu achten, dass ein Laserdrucker verwendet wird, sonst könnte es leicht zu einem Verwischen des Drucks kommen. Bei längerer Lagerung sollte auch regelmäßig die Klebekraft der Etiketten überprüft werden.

5.5.2 Ausfüllen des Probenahmeprotokolls

Nachfolgend werden die verschiedenen Punkte besprochen, die üblicherweise in Probenahmeprotokollen enthalten sind. Je nach Art der vorgesehenen Probenahme kann das Protokoll auch kürzer gefasst werden bzw. es werden nicht alle Felder ausgefüllt. Als Hilfe beim Ausfüllen des Protokolls können Hinweise auf der Probenahmeanleitung dienen, die die zu dokumentierenden Informationen enthält.

Probennummer
Die Probennummer muss mit der Nummer auf dem Etikett des Probenahmegefäßes identisch sein. Zur Vergabe der Probennummer gibt es verschieden Möglichkeiten. Sofern es nur einen Probenahmetrupp gibt, kann die Nummer aufsteigend vergeben werden. Sind mehrere Trupps im Einsatz können Nummerngruppen je Trupp vorgegeben werden oder aber jeder Trupp erhält eine Nummer bzw. Kürzel, die einer laufenden Nummer vorangestellt wird.

Datum der Probenahme
Die Angabe erfolgt üblicherweise nach der deutschen Datumsangabe tt.mm.jjjj.

Uhrzeit von Beginn und Ende
Vor allem bei Luftproben mit großen Luftvolumina ist die Zeitspanne zu notieren, innerhalb der die Probenahme stattfand, da sich diese über einen längeren Zeitraum hinziehen kann. Die Angabe erfolgt hier sinnvollerweise nach dem Schema: hh:mm – hh:mm.

Einsatzstelle
Die Einsatzstelle gibt den Ort an, der im Einsatzbericht als Schadenstelle dokumentiert ist.

Entnahmestelle
Möglichst genaue Beschreibung der Entnahmestelle, üblicherweise durch Straße und Hausnummer. Alternativ können bei Verwendung eines GPS-Systems auch die UTM-Koordinaten angegeben werden. Gegebenenfalls ist auch eine Lageskizze auf der Rückseite des Protokolls hilfreich. Bei Flüssen ist die Angabe der Uferseite (Himmelsrichtung) und des Flusskilometers üblich.

Probe
Hier wird angegeben, aus welchem Medium die Probe gezogen wurde. Dabei wird meistens zwischen Luft, Boden, Reinstoff, Wasser, Abwasser oder Schnee unterschieden. Proben, die sich in keine dieser Rubriken einordnen lassen, z. B. Kadaver oder Pflanzenproben, werden mit einer kurzer Beschreibung eingeordnet.

Zahl der Pumpenhübe/Probevolumen
Bei Luftproben wird das Volumen angegeben, das durch das Probenahmeröhrchen gezogen worden ist. Falls die Luftprobe mithilfe einer Spürpumpe genommen wurde, muss die Zahl der Hübe mit 0,1 multipliziert werden, um das Volumen in Liter zu erhalten.

Probenahmeverfahren
Hier ist zu notieren, ob nach einem standardisierten Probenahmeverfahren vorgegangen worden ist. Dadurch erübrigt sich eine genauere Beschreibung bzw. die Anleitung, nach der gearbeitet wurde, kann dem Protokoll beigelegt werden.

Probeneigenschaften
Bei Probeeigenschaften sind alle Fakten zu erfassen, die die Auswertung einer Analyse erleichtern können und die sich durch eine Lagerung verändern könnten.

Vermutete Inhaltsstoffe
Falls Informationen über Inhaltsstoffe vorhanden sind, sollten diese notiert werden, da solche Informationen für das analysierende Labor eine wesentliche Hilfe darstellen. Gegebenenfalls ist die Quelle zu vermerken, aus der die Information stammt, eventuell kann die Kopie von Frachtpapieren usw. beigefügt werden.

pH-Wert
Der pH-Wert sollte bei jeder wässrigen Probe mindestens mit pH-Papier gemessen werden, besser wäre ein pH-Meter. In diesem Zusammenhang ist auch die Temperatur interessant, bei der der pH-Wert gemessen wurde.

Farbe
Hier sollten ungewöhnliche Verfärbungen der Proben notiert werden.

Geruch der Probe
Es können hier einige Geruchsrichtungen vorgegeben werden, die aber immer nur eine beschränkte Auswahl darstellen. Nicht vordefinierte Gerüche können unter »Sonstiges« möglichst genau beschrieben werden. Da die Geruchsempfindung sehr subjektiv ist, sollten hier zwei Probenehmer ein Urteil fällen.

Intensität des Geruchs
Die Intensität gibt die Stärke eines Geruchs an. Es sollten hier die Abstufung keiner, gering, stark, sehr stark verwendet werden. Auch hier spielt die Subjektivität des Probenehmers eine erhebliche Rolle.

Meteorologische Angaben
Bei der Probenahme ist darauf zu achten, dass nicht bei jeder Probenart alle Wetterparameter gemessen werden müssen. Bei Luftproben und Wischproben sind Windstärke, Windrichtung, Lufttemperatur, Luftfeuchtigkeit bzw. Informationen zum Niederschlag anzuführen. Bei Wasserproben wird die Angabe der Wassertemperatur benötigt und bei Bodenproben erfolgt die Angabe der Bodentemperatur.

Windstärke
Die Windstärke ist in m/s anzugeben, ein Messgerät dazu ist das Handanemometer. Werte von entfernten stationären Wetterstationen sollten nicht genommen werden, da hier bereits im kleinräumigen Bereich erhebliche Differenzen auftreten können. Falls kein Anemometer verfügbar ist, kann auch die Beaufortskala als Ersatz verwendet werden.

Windrichtung
Es wird die Richtung angegeben, aus der der Wind weht. Die Angabe erfolgt entweder in Grad oder durch Angabe der Himmelsrichtung. Die Informationen dazu werden üblicherweise mithilfe einer Windfahne in Kombination mit einem Kompass oder einer Landkarte erhalten. Die Windrichtung ändert sich üblicherweise mit der Höhe über Grund. Daher sollten keine Abgasfahnen all zu hoher Kamine zur Richtungsbestimmung herangezogen werden.

Luftfeuchtigkeit
Es ist hierfür nicht immer ein Messgerät vorhanden. Der ABC-Erkundungskraftwagen des Bundes verfügt über ein Kombigerät aus Thermometer und Hygrometer. Ansonsten sind hier auch nur beschreibende Angaben möglich wie z. B. Regen, Nebel.

Lufttemperatur
Angabe in °C. Die Messung wird im Schatten mit einem trockenen Thermometer etwa ein bis zwei Meter über dem Boden durchgeführt. Beim Ablesen ist darauf zu achten, dass die Temperatur konstant bleibt. Je nach Thermometertyp ist das nach ein bis fünf Minuten der Fall. Elektronische Thermometer sind hier weniger träge als die herkömmlichen Quecksilber-/Alkoholthermometer.

Wassertemperatur
Angabe in °C. Die Wassertemperatur wird sofort in der frisch gezogenen Wasserprobe gemessen.

Lageskizze
Eine Lageskizze soll der möglichst genauen Angabe des Probenahmeortes dienen. Dabei wird der ungefähre Maßstab notiert, in dem die Skizze gezeichnet wurde. Als Ersatz kann auch eine definierte Strecke in die Skizze eingezeichnet werden. In Ergänzung mit einer Photodokumentation ist damit eine gute Rekonstruktion der Probenahmestelle möglich.

Bemerkungen
An dieser Stelle des Protokolls sind alle Wahrnehmungen zu notieren, die sonst im Protokoll nicht dokumentiert wurden. Dazu gehören außergewöhnliche Geruchswahrnehmung am Ort der Probenahme, jedoch nicht der Geruch der Probe selbst! Beobachtungen aus dem Umfeld des Probenahmeortes wie verendete Tiere, Rauch, auffällige Merkmale wie Ölfilme, Schaumbildung, ungewöhnliche Färbung des Wassers oder Bodens, Algenmassenentwicklung oder Ähnliches. Handelt es sich um eine Löschwasserprobe, sollten hier Informationen über das Brandgut und den Einsatz von Schaumlöschmitteln, Löschpulver usw. festgehalten werden.

Protokollführer/Probenahmeteam/Einheit
Hier sollten in einer Unterschriftenleiste der Protokollführer und Probenehmer durch Unterschrift dokumentiert werden. Sinnvollerweise werden an dieser Stelle auch die Einheit, der die Probenehmer angehören, und das Probenahmeteam eindeutig und leserlich dokumentiert.

Feuerwehr, Telefon, Telefax
Hier sollte die Erreichbarkeit der Feuerwehr angegeben werden, die die Proben entnommen hat, um dem Analysenlabor die Möglichkeit einer Rückfrage zu geben.

Eine Fassung des Protokolls begleitet die Probe, eine zweite Fassung verbleibt beim Probenahmeteam.

Literatur

[18] Bachmann, Bieberbick et al.: Empfehlungen für die Probenahme zur Gefahrenabwehr im Bevölkerungsschutz, Hrsg.: Bundesamt für Bevölkerungsschutz und Katastrophenhilfe, Bonn, 2010.

Weiterführende Literatur zu Kapitel 4

Niederwöhrmeier, B., Derakshani, N., Uelpenich, G., Finke, E. J., König, M.: Probenahme und initiale Bewertung bei biologischen Lagen, In: Biologische Gefahren I, Handbuch zum Bevölkerungsschutz, Hrsg.: Bundesamt für Bevölkerungsschutz und Katastrophenhilfe, Bonn, S. 131–148, 2007.

6 Dokumentation

Auf die Dokumentation ist beim Gefahrstoffnachweis an Feuerwehreinsatzstellen ganz besonderen Wert zu legen. Interessanterweise geht die FwDV 500 auf diesen Aspekt nur in einem Nebensatz ein. Lediglich die Erfassung der an einem Strahlenschutzeinsatz beteiligten Einsatzkräfte wird genauer geregelt und mit einem Muster für ein Erfassungsblatt dargestellt. Ansonsten macht die FwDV 500 aber die wichtige Vorgabe, dass besondere Vorkommnisse während eines ABC-Einsatzes zu dokumentieren und mindestens 30 Jahre aufzubewahren sind[26]. Da es hier um den Gesundheitsschutz der beteiligten Einsatzkräfte geht, muss auf diesen Punkt in jeder Feuerwehr ganz besonderen Wert gelegt werden. Am Ende einer ehrenamtlichen oder hauptberuflichen Feuerwehrlaufbahn sollte immer noch nachvollziehbar sein, an welchen ABC-Einsätzen eine Einsatzkraft in welcher Funktion und unter welchen Rahmenbedingungen (Schutzkleidung, Art und Konzentration der freigesetzten Gefahrstoffe) beteiligt war. Oftmals ergeben sich Rückfragen zu Gefahrstoffeinsätzen erst mit großem zeitlichem Abstand zu den Einsätzen. Unter diesem Aspekt ist daher auch besonders wichtig zu dokumentieren, wenn keine Messungen durchgeführt wurden. Die Gründe für diese einsatztaktische Entscheidung sollten auch Jahre später noch nachvollziehbar sein.

Es ist nahe liegend, die Dokumentation von Gefahrstoffeinsätzen an die feuerwehrinterne Dokumentation von Atemschutzeinsätzen organisatorisch zu koppeln. Auch im Teil 3 der vfdb-Richtlinie 10-05 sind Aussagen unter Ziffer 5.5.1 über die Dokumentation der Messergebnisse zu finden. Allerdings beschränkt sich dieses Regelwerk auf die Aufzählung allgemeiner Punkte, die in jedem Protokoll enthalten sein müssen:

- Name der Feuerwehr,
- Datum des Einsatzes,
- Uhrzeit des Einsatzes,
- Nummer des Einsatzes,
- Ort des Einsatzes,
- Name und Unterschrift des Protokollführers,

26 FwDV 500, Ziffer 1.5.3.8

- Nummer des Protokolls und Seitenzahl,
- Einheitsbezeichnung des Messtrupps.

Im Anhang 2 des dritten Teiles der vfdb-Richtlinie 10-05 findet man Muster für die Gestaltung einfacher Formulare.

Nur wenige Bundesländer verfügen über landeseinheitliche Formulare für die Dokumentation. Beispielhaft werden in diesem Kapitel die Länder Hessen und Sachsen erwähnt, in denen es einheitliche Formulare gibt, die im Internet zu finden sind. Für Hessen sind diese Formulare auf den Internetseiten der hessischen Landesfeuerwehrschule oder auf der Internetseite des südhessischen Messkonzeptes zu finden. Im Land Sachsen sind die Formulare auf einer Seite zu finden, die durch den Landesfeuerwehrverband betrieben wird. Dort findet sich auch ein Übergabeprotokoll für Einsätze mit Gefahrstoffen – ein interessanter Denkansatz. Die Beschreibung eines bundeseinheitlichen Ansatzes bei Probenahmeprotokollen findet man in der Literatur zu Kapitel 5.5.2.

Praxistipp:
Probennahme- und Messprotokolle werden häufig im Freien direkt vor Ort ausgefüllt. Hier lohnt es sich, die Formulare mit einem Laserdrucker auf wasserfestem Papier zu drucken, die sich auch bei Nässe handschriftlich sehr gut ausfüllen lassen.

6.1 Umweltinformationsgesetze

Zur Umsetzung einer EU-Richtlinie aus dem Jahr 2003 existieren auf Bundes- und Landesebene Gesetze, die den rechtlichen Rahmen für den freien Zugang zu Umweltinformationen bei informationspflichtigen Stellen schaffen [19, 20, 21]. Obwohl ein Teil dieser Gesetze schon seit mehreren Jahren galten, rückten deren Auswirkungen auf die Feuerwehren erst in die Diskussion in Feuerwehr-Fachkreisen [22], als im Jahr 2008 die Stadt Köln erstmals im Zusammenhang mit einem medienwirksamen Großbrand in einem Chemiebetrieb Anfragen auf der Grundlage der Umweltinformationsgesetzgebung bearbeiten musste [23].

Die Feuerwehren (öffentlich und nichtöffentlich) gelten als informationspflichtige Stellen. Die Werkfeuerwehren sind unter Umständen auch informationspflichtig, da sie im Zusammenhang mit der Umwelt öffentliche Aufgaben wahrnehmen und dabei der Kontrolle der Behörden unterliegen (siehe § 2, Abs. 1 Ziffer 2 HUIG [20]). Es ist sinnvoll, wenn sich alle informationspflichtigen Stellen der Behörden und Unternehmen sowie die Verantwortlichen für die Presse- und Öffentlichkeitsarbeit vorab über eine standardisierte Verfahrensweise abstimmen. Dabei sind insbesondere die Form der Beantragung, die Fristen und die Kosten zu regeln und allgemein bekannt zu geben. Generell besteht für den Antragsteller kein Anspruch auf eine ungeprüfte Herausgabe von Rohdaten. Die Umweltinformationsgesetze zwingen die Feuerwehren noch mehr zu einer sehr guten, nachvollziehbaren und lückenlosen Dokumentation des Einsatzablaufes und der Messergebnisse.

Internet

www.grossschadenslage.de (Portal zum Thema Katastrophenschutz)
www.hlfs.hessen.de (Hessische Landesfeuerwehrschule)
www.messkonzept-suedhessen.de (Messkonzept der Region Südhessen)

Literatur

[19] Umweltinformationsgesetz (UIG) vom 22. Dezember 2004 (BGBl. I S. 3704).
[20] Hessisches Umweltinformationsgesetz (HUIG) vom 14. Dezember 2006 (GVBl. I S. 659).
[21] Umweltinformationsgesetz Nordrhein-Westfalen (UIG NRW) vom 29. März 2007 (GV.NRW. S. 142, 658).
[22] Fischer, R.: Weitgehend unbekannt: das Umweltinformationsgesetz, Der Feuerwehrmann 10/2008, S. 273f.
[23] Neuhoff, S., Feyrer, J.: Gravierender Störfall in einem Chemiebetrieb in Köln, BRANDSchutz/Deutsche Feuerwehr-Zeitung 8/2008, S. 592ff.

7 Fahrzeuge, Ausrüstung und Hilfsmittel

7.1 Fahrzeugausstattung nach Norm

Die feuerwehrtechnische Beladung der Fahrzeuge mit Messgeräten ist nur in wenigen Normen festgelegt:

- DIN 14507-2:2008-03 Einsatzleitwagen ELW 1,
- DIN 14530-11:2004-11 Löschgruppenfahrzeug 20/16,
- DIN 14555-12:2005-04 Rüstwagen und Gerätewagen, Gerätewagen Gefahrgut GW-G.

Die Auflistung der Messgeräte findet sich bei der feuerwehrtechnischen Beladung der Gruppe 8, »Handwerkzeug und Messgerät«. Die Zusammenstellung für den ELW 1 und das (H)LF 20/16 besteht aus:

- Prüfröhrchen-Pumpe mit definiertem Durchfluss und mindestens 3 000 Millimeter langem Prüfschlauch und einem Prüfröhrchensatz für halbquantitative Messungen, der sich an der vfdb-Richtlinie 10-01 orientiert. Nach lokalen Gegebenheiten kann die Ausstattung mit weiteren Prüfröhrchen ergänzt werden, beispielsweise erweitert mit einem Satz quantitativ anzeigender Prüfröhrchen, vorwiegend für organische Verbindungen.
- Tragbares Handmessgerät für den Explosionsschutz; zugelassen nach BGI 518; Messbereich 0 bis 50 Prozent UEG oder 0 bis 100 Prozent UEG; mit Tragriemen, Ladegerät, Prüfschlauch, Sonde, Flüssigkeitsabscheider und Kfz-Ladegerät.
- Dosisleistungswarngerät, für die Feuerwehr geprüft und zugelassen.

Auf das Mitführen der Messausstattung auf dem ELW 1 kann verzichtet werden, wenn sichergestellt ist, dass diese bei Bedarf rechtzeitig an der Einsatzstelle zur Verfügung steht. Bei Löschfahrzeugen (z. B. LF oder HLF) ist die Beladung ebenfalls nur fakultativ vorgesehen. Ergänzend zur möglichen Ausstattung des ELW 1 bzw. von Löschfahrzeugen sieht die Beladung des GW-G folgende Messgeräte vor:

- Fernthermometer,
- halbquantitativ anzeigender Prüfröhrchensatz für Leitsubstanzen im Brandrauch,

- explosionsgeschützter, tragbarer Photoionisationsdetektor (PID) zum Aufspüren von gas- und dampfförmigen Gefahrstoffen, temperatur- und feuchtekompensiert, UV-Lampe mit 10,6 eV, Messbereich von 0 ppm bis 2 000 ppm.

7.2 Messkoffer

Messkoffer werden von vielen Herstellern in den unterschiedlichsten Ausführungen angeboten. Man kann die Normausstattung oder auch individuell zusammengestellte Ausstattungen für die verschiedenen Anwendungsgebiete (Messung von Gasen und Dämpfen, Wasseranalyse, Strahlenschutz) bekommen. Was genau beschafft wird, ist von der am Standort vertretenen Philosophie und den Beschaffungsmodalitäten abhängig. Manchmal kann weniger mehr sein.

7.3 Probenahmematerial

Nur in der Norm für den Gerätewagen-Gefahrgut (DIN 14555-12:2005-04 Rüstwagen und Gerätewagen, Gerätewagen Gefahrgut) wird eine Ausrüstung mit Probenahmematerial festgelegt. Dieser Gerätesatz für die Probenahme besteht aus:

- Universal-Indikatorpapier pH 1 bis pH 14,
- Kaliumiodid-Stärkepapier zum Nachweis oxidierender Substanzen,
- Wassernachweispaste,
- Öl-Testpapier zum Nachweis von Öl,
- Lecksuchspray,
- 10 Probeflaschen, 100 ml Volumen, aus Glas (vorzugsweise braun),
- 3 Spatel, verschiedene Größen,
- Behälter mit 1 Liter destilliertem Wasser,
- 5 Weithalsflaschen, 250 ml Volumen, PE weich,
- 5 Weithalsflaschen, 1 000 ml Volumen,
- Packung Filterpapier 110 mm Durchmesser, 100 Stück für Wischtest,
- Luftsammelröhrchen: Zur Probe eignen sich handelsübliche Aktivkohle-, Silicagel- oder Tenax®-Sammelröhrchen, die durch eine Gasspürpumpe mit der Probe wie ein Prüfröhrchen beladen und in fachlich geeigneten Einrichtungen aufbereitete und ausgewertet werden können. Es ist nur einwandfreies Material, das nicht überlagert ist, zu verwenden[27];

27 Bei der Vorhaltung von Tenax®-Röhrchen ist darauf zu achten, dass die verwendeten Röhrchen zu den später zum Einsatz kommenden Analysegeräten kompatibel sind.

- Probenahme für flüssige Stoffe nach vfdb-Richtlinie 10-05: Für die direkte Probenahme in Reinstoffen, Gemischen oder Zubereitungen wird die Verwendung von handelsüblichen Einwegspritzen (5 ml) empfohlen. Für die Entnahme von Gewässerproben wird die Verwendung von Klarglasflaschen (1 Liter), Weithals mit Schraubverschluss, empfohlen. Bei der Anwendung von Klarglasflaschen kann das Aussehen der Probe (Farbe, Trübung) besser beurteilt werden. Allerdings muss dann durch eine lichtundurchlässige Verpackung sichergestellt werden, dass sich die Probe aufgrund des Umgebungslichtes nicht verändern kann. Hierzu eignen sich handelsübliche Styroporverpackungen, die gleichzeitig einen Transportschutz sicherstellen;
- Probenahmematerial: Am besten eigenen sich stabile Kunststoffbeutel mit Clip oder Kunststoff- bzw. Glasflaschen mit großer Öffnung und mindestens 0,5 Liter Volumen. Die Flaschen sollten möglichst dichte Schraubverschlüsse besitzen;
- Probenahmelöffel,
- 100 Stück Beschriftungsetiketten, selbstklebend 100 mm × 40 mm,
- Signierstift (wasserunlöslich),
- Kunststoff-Schaufel,
- Trichter,
- Pulver-Trichter,
- Becherglas, 250 ml,
- Abfallbeutel,
- Thermometer,
- wasserfester Filzstift,
- Klebeband,
- Schreibmaterial,
- Gliedermaßstab (Zollstock) oder Bandmass,
- Vordrucke für die Dokumentation,
- Reinigungsmittel und -geräte.

Verschiedene Ergänzungen und Maßnahmen sollten bei dieser Normausstattung zur Probenahme noch gemacht werden. Als Probenahmegefäße sollte ausschließlich fabrikneue Ware verwendet werden. Alle Gerätschaften, die der Probenaufnahme dienen oder mit der Probe in Berührung kommen, sollten in Kunststoffbeutel eingeschweißt oder mit einem Siegel versehen sein und erst unmittelbar vor Gebrauch geöffnet werden, da sie sonst durch lange Lagerung bereits verunreinigt sein können.

7.4 Besondere Fahrzeugkonzepte

Für den Aufgabenbereich Messtechnik wurde mittlerweile eine ganze Reihe von Sonderfahrzeugen entwickelt. Dabei handelte es sich oft um

Bild 7: GW-Mess auf Basis eines handelsüblichen Fahrgestells (Foto: Mario König)

Einzelanfertigungen, meist auf Basis eines Transporters (Bild 7) oder eines Lkw-Fahrgestelles, wobei die letztere Lösung bisher ausschließlich von Berufsfeuerwehren gewählt wurde. In einigen Bundesländern wurden von den Innenministerien Fahrzeugserien für Messfahrzeuge aufgelegt, die dann an die Kreise verteilt wurden. Ein Beispiel dafür sind die Mef-G des Landes Rheinland-Pfalz. Das Konzept besteht in diesem Fall aus Transportern mit der Besatzung 1/2/3, funktechnischer Ausstattung, Absperrmaterial und verschiedene Formen der persönlichen Schutzausrüstung. Die messtechnische Ausstattung entspricht bei den Gasmessgeräten und der Probenahmeausstattung der Beladung des GW-G und einer Ausstattung zur Strahlenschutzmessung (Dosisleistungsmessgeräte, Teletektorsonde, Alarmdosimeter).

Von Seiten des Bundes wurde im Rahmen der ABC-Schutzausstattung für alle Bundesländer bisher 371 Erkundungskraftwagen beschafft, die zur flächendeckenden ABC-Aufklärung vorgesehen sind. Die Details dieser Fahrzeuge werden nachfolgend näher beschrieben (siehe Kapitel 7.5). Um das ABC-Erkundungskonzept rund zu machen, wurde von Seiten des BBK ein Forschungsprojekt zur Entwicklung von so genannten Messleitkomponenten (MLK) initiiert. Aufgabe der MLK soll es sein, bis zu fünf Erkundungskraftwagen zu führen, die dort gewonnenen Daten auszuwerten, aufzubereiten und sie der Einsatzleitung auf einer grafischen

Bild 8: Prototyp einer mobilen Messleitkomponente (MLK) des Bundesamtes für Bevölkerungsschutz und Katastrophenhilfe (Foto: Mario König)

Oberfläche zur Verfügung zu stellen. Den Prototyp einer mobilen Messleitkomponente zeigt Bild 8.

Beispielhaft sind hier noch drei weitere Sonderfahrzeuge angeführt.

Gefahrstoffmessfahrzeug, BF Frankfurt a. M.
Seit 1991 wird bei der Berufsfeuerwehr Frankfurt a. M. ein spezielles Fahrzeug eingesetzt, das als Führungsfahrzeug des Sonderdienstes Umweltschutz ausschließlich Messtechnik transportiert und der aus zwei Mann bestehenden Fahrzeugbesatzung als witterungsunabhängiger Arbeitsplatz dient. In dem Fahrzeug ist ein mobiles Massenspektrometer (MM-1) der Firma Bruker Daltonics fest eingebaut. Weiterhin werden eine Vielzahl unterschiedlichster Messgeräte und weitere Spezialausrüstung sowie Einsatzunterlagen mitgeführt.

Abrollbehälter Spüren und Messen, BF Hamburg
1995 wurde durch die Berufsfeuerwehr Hamburg einen Abrollbehälter »Spüren und Messen« in Dienst gestellt (Bild 9), der mit einer umfangreichen Messgeräteausrüstung zur schnellen Vor-Ort-Analytik ausgestattet ist. Herzstück ist das Massenspektrometer EM 640 der Firma Bruker Daltonics. Das Gerät ist auf einer Krankentrage befestigt und ist somit auch leicht mit anderen Einsatzmitteln zu transportieren. Weiterhin gehören zur festen Ausstattung unter anderem ein Datenverarbeitungs-

Bild 9: Abrollbehälter Spüren und Messen der Feuerwehr Hamburg (Foto: Feuerwehr Hamburg)

system mit verschiedenen Gefahrstoffdatenbanken, eine meteorologische Messstation mit PC-Anschluss, Kommunikationseinrichtungen, Klimaanlage, Kühl- und Wärmeschrank, Frisch- und Abwasserbehälter und ein Laborarbeitsplatz.

GW-Mess, BF Mannheim

Das im Jahr 2000 in Dienst genommene Fahrzeug bot erstmals die Möglichkeit, Messungen auf mögliche Schadstoffe in der Luft mithilfe von IMS und PID bereits während der Anfahrt durchzuführen. Dazu sind die im Führerhaus installierten Messgeräte über Teflonleitungen mit der Umgebungsatmosphäre verbunden. Auch ist eine erste Recherche in Datenbanken bzw. eine erste Ausbreitungsabschätzung mit dem in der Fahrerkabine installierten Notebook möglich. Das im Kofferaufbau eingebaute GC-MS ist analog zu dem Hamburger Gerät Luft verlastbar montiert worden. Weitere Besonderheiten stellen unter anderem eine eingebaute Luftmesssonde und eine mobile Glovebox[28] zum sicheren Umgang mit besonders kritischen Substanzen dar (Bilder 10 und 11).

28 Eine Glovebox ist ein mit Schleuse, Begasungseinrichtung und anmontierten Handschuhen versehener geschlossener Behälter.

Bild 10: Das im Kofferaufbau des GW-Mess der Berufsfeuerwehr Mannheim luftverlastbar eingebaute GC-MS und der Arbeitsplatz mit der Glovebox (Foto: Mario König)

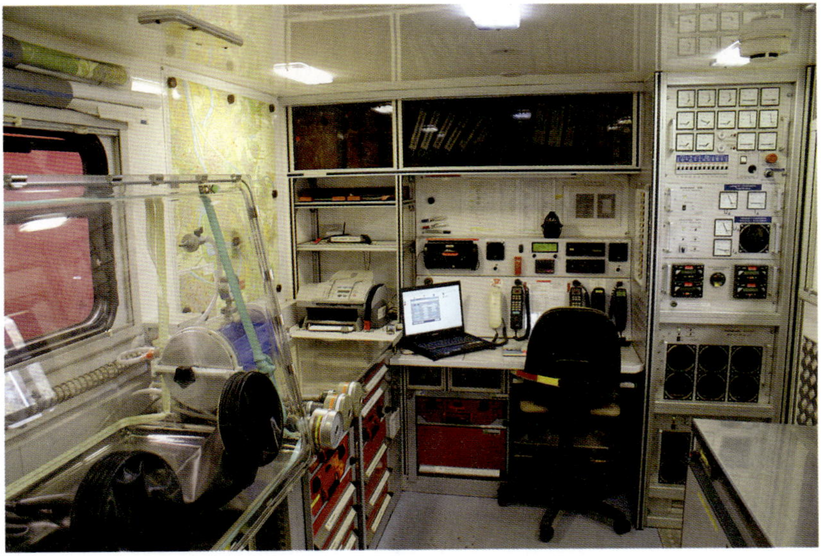

Bild 11: Führungsarbeitsplatz und Laborarbeitsplatz im GW-Mess der Berufsfeuerwehr Mannheim (Foto: Mario König)

7.4.1 Anregungen zu einem Messfahrzeug

Die hier beschriebenen Anregungen sind ein Vorschlag für die Konstruktion und Ausstattung von Fahrzeugen, die umfangreiche messtechnische Aufgaben im ABC-Bereich erfüllen sollen. Für den Konzeptionsvorschlag ist es zunächst nicht wichtig, ob die Geräte in einem Wechselladeraufbau oder einem eigenständigen Fahrzeug untergebracht sind. Beide Möglichkeiten bieten Vor- und Nachteile und sind zunächst nur von der am Standort vertretenen Philosophie abhängig. Die Erfahrung der vergangenen Jahre zeigen aber, dass die Vorteile eines Fahrzeuges überwiegen.

Konstruktive Merkmale:
- begehbarer Innenraum mit ausreichender Stehhöhe,
- Innenbeleuchtung mit geeigneter Tageslichtfarbe,
- eigene Stromversorgung durch ausreichend leistungsstarke Batterien mit Sinuswechselrichter. Das Fahrzeug sollte mehrere Stunden autark arbeiten können;
- schallgedämpfter Stromerzeuger und Möglichkeiten der Fremdeinspeisung,
- Standheizung, Klimaanlage,
- ausreichende Anzahl an Steckdosen im Arbeitsbereich,
- Kühlschrank für Testsätze, Prüfröhrchen und zur Lagerung von Proben,
- Fenster, verdunkelbar zum Schutz vor direkter Sonneneinstrahlung (Bildschirmarbeit) und aufdringlichen Medienvertretern,
- Chemikalien und mechanisch beständige Arbeitsfläche zur Aufarbeitung von Proben,
- Nassbereich mit Frisch- und Abwasser,
- geeignete Entsorgungsmöglichkeiten für normalen und kontaminierten Abfall,
- Mast für meteorologische Messungen,
- Arbeitsplatz zur Dokumentation, Auswertung und Fernmeldebetrieb ggf. zur Führung nachgeordneter Fahrzeuge,
- beschreibbare Magnettafeln für Besprechungen und Einsatzunterlagen,
- mit Folien überzogenes Kartenmaterial, das beschrieben werden kann,
- je nach vorgesehener Einsatztaktik muss über eine eventuelle Schutzbelüftung nachgedacht werden.

Sonstige Ausstattung:
- Personalcomputer oder Notebooks mit Internetzugang,
- Schadstoffausbreitungsprogramm,
- Gefahrstoffdatenbanken,

- Technische Ausstattung zur Nutzung von 1 × 2-Meter- und 2 × 4-Meter-Funkkanälen,
- Mobiltelefon mit Faxanschluss,
- Möglichkeit einer breitbandigen Datenübertragung,
- Anschlussmöglichkeit an ein stationäres Telefonnetz (ISDN-tauglich),
- Kartenmaterial gedruckt und digital,
- umfangreiches Probenahmematerial,
- Schutzkleidung für die Fahrzeugbesatzung (einschließlich der Atemschutzgeräte),
- Ausrüstung für mehrere Messtrupps (Windmesser, Prüfröhrchenpumpe, Kompass),
- Nachschlagewerke (Hommel, Römpp-Chemielexikon, Chemikalienkataloge usw.),
- Einsatzpläne für besondere Liegenschaften,
- Büromaterial,
- Einbau von Anschlussvorrichtungen, mit denen bereits während der Anfahrt Messungen der Außenluft durchgeführt werden können.

Messtechnik:
Die Messgeräte sind entweder in ihren besonderen Koffern untergebracht oder befinden sich in einem genormten Aufbewahrungssystem (Boxen), das eine sichere Unterbringung und den leichten Transport der Ausrüstung an der Einsatzstelle gewährleistet. Im Idealfall ist dieses System kompatibel zu anderen Fahrzeugkomponenten:
- Prüfröhrchen,
- elektronische und elektrochemische Messgeräte für UEG und Einzelstoffe,
- Wasseranalyse,
- Kernstrahlungsmesstechnik,
- Sondermesstechnik,
- meteorologische Messgeräte für den Wettermast.

7.5 ABC-Erkundungskraftwagen (ABC-ErkKW)

Die ab dem Jahr 2001 bundesweit in Dienst gestellten ABC-Erkundungskraftwagen (Fiat Ducato-Maxi L2B 2.8 TD, Bild 12) stellten den Ersatz der Erkundungskraftwagen auf Basis VW-Transporter bzw. VW 181 des ehemaligen ABC-Zuges dar. Das Fahrzeug verfügt über ein zulässiges Gesamtgewicht von 3,5 Tonnen, wurde mit einem Allradantrieb ausgestattet und ist im Sinne der DIN 1846 geländefähig. Allzu schweres Gelände sollte jedoch aufgrund der Einschränkungen durch das Fahrgestell vermieden werden.

Bild 12: ABC-Erkundungskraftwagen (ABC-ErkKW) des Bundes (Foto: Bundesamt für Bevölkerungsschutz und Katastrophenhilfe – BBK)

Problematisch ist die geringe Nutzlastreserve bei einer Besatzung mit vier Einsatzkräften zu je 90 Kilogramm. Es bleibt dann noch eine Reserve von 80 Kilogramm, die vergleichsweise schnell ausgeschöpft ist, wenn das Fahrzeug, wie allgemein üblich, noch mit zusätzlicher lokaler Beladung nachgerüstet wird. Eine Auflastung des Fahrzeugs ist mit relativ geringem Aufwand möglich. Es sind dann aber die veränderten Zulassungsbedingungen zu beachten.

Zum Betrieb des Fahrzeuges ist eine Besatzung von vier Personen vorgesehen. Die Beladung umfasst Messgeräte, die in einem Messcontainer eingebaut sind, aber auch abgesetzt verwendet werden können. Zusätzlich werden noch Hilfsmittel zur Kennzeichnung, Probenahmematerialien, Funktechnik und persönliche Schutzausrüstung für alle Einsatzkräfte mitgeführt.

Eine wesentliche Innovation bestand darin, dass es erst mit Einführung dieser Fahrzeuge möglich war, in der Fläche eine Untersuchung auf Kontamination durch radioaktives Material durchzuführen, wobei durch Einsatz eines GPS-Systems gleichzeitig die Fahrtroute und die gemessenen Ortsdosisleistungswerte dokumentiert werden konnten. Auch war es mit der alten Katastrophenschutzausstattung der ABC-Züge nicht möglich, bereits während der Fahrt zu messen bzw. kontinuierliche Messungen im C-Bereich durchzuführen, was jetzt möglich ist. Mittlerweile wurden die ABC-ErkKW und der Messcontainer weiterentwickelt, so dass auch nun bei C-Lagen gleichzeitig die Fahrtroute und die Werte der Messgeräte dokumentiert und über den PC ausgegeben werden können.

7.5.1 Aufgaben des ABC-ErkKW

Im Rahmen einer ABC-Erkundung benötigt ein Einsatzleiter umfangreiche Informationen über das Vorliegen von ABC-Gefahren. Dies beginnt mit der Frage, welche Arten von ABC-Gefahren vorliegen, wie sieht es mit der räumlichen Ausdehnung der ABC-Gefahren aus, wer könnte betroffen sein und wie wird sich die Lage entwickeln? All diese Fragen sollten auch bei großen Flächenlagen möglichst schnell beantwortet werden. Die wesentlichen Aufgaben des ABC-ErkKW sind im Einzelnen:

- Messen, Spüren und Melden radioaktiver und chemischer Kontaminationen,
- Suchen radioaktiver Strahler,
- Kennzeichnen und Überwachen kontaminierter Bereiche,
- Sammeln von Boden-, Wasser- und Luft-Proben zur weiteren Untersuchung bei ABC-Lagen,
- Durchführen und Dokumentieren einfacher meteorologischer Messungen,
- Datenfernübertragung von Messwerten an eine übergeordnete Führungsstelle.

Daneben kann das Fahrzeug aufgrund seiner technischen Ausstattung auch für Lautsprecherdurchsagen eingesetzt werden.

7.5.2 Technische Ausstattung

Die Ausstattung des ABC-ErkKW gliedert sich in die Gruppen:

- Probenahme für ABC-Proben,
- Messtechnik zur AC-Detektion,
- Funkkommunikation mit FuG 8b-1 und zwei FuG 11b,
- Persönliche Schutzausstattung,
- ABC-Markierungsausstattung, bestehend aus Trassierband und Warnfolien,
- Meteorologische Grundausstattung: Handanemometer, Thermometer/Hygrometer, Marschkompass, Fernglas,
- Dekontaminationsausstattung mit einem Sprühgerät,
- Außenlautsprecher mit digitaler Sprachaufzeichnung zur Durchführung von Warnungen,
- 12-Kanal-Differential GPS-System.

Sofern kein GPS-Signal vorliegt, kann die Orientierung über eine Koppelnavigation erfolgen. Dazu ist im Ortungssystem neben dem GPS-System eine Kopplungskomponente eingebaut. Diese Koppelkomponente liefert aus Beschleunigungssensoren und Tachogeneratorimpulsen permanent einen errechneten Koppelort. Dadurch ist es möglich, Positionsbestimmungen auch bei zeitweiligem Ausfall des GPS-Systems, wie zum Beispiel bei Tunneldurchfahrten, zu gewährleisten. Der Positionsfehler des Systems liegt unterhalb von fünf Metern.

Mit der meteorologischen Grundausstattung können lokale Wetterdaten mit den Parametern Lufttemperatur, Windrichtung, Windstärke und Luftfeuchtigkeit erfasst werden. Diese Informationen werden wiederum für Modelle zur Ausbreitungsabschätzung benötigt.

7.5.3 Probenahmeausstattung

Die Probenahmeausstattung ist für die Entnahme fester, flüssiger und gasförmiger Proben bei Verdacht auf radioaktive, oder chemische Kontamination und eingeschränkt auch bei biologischer Kontamination vorgesehen. Die Ausstattung ist in zwei Kunststoffkoffern verlastet und umfasst die in Tabelle 6 angeführten Ausstattungsgegenstände.

Tabelle 6: Beladung des Probenahmekoffers des ABC-ErkKW (Quelle: BBK)

1 Büchse mit Spürpulver	4 Probenflaschen Polyethylen Weithals (250 ml)
12 Klarglasflaschen (500 ml)	2 Rollen Indikatorpapier
1 Pinzette	2 Pkg. Spürpapier (für C-Kampfstoffe)
1 Schöpfkelle	1 Rolle Alu-Folie
2 Spritzflaschen dest. Wasser/Ethanol	2 x 50 PE-Beutel für Proben
2 Aufsätze für Spritzflaschen	50 Latexhandschuhe
48 Klebeetiketten	1 Rolle Küchenkrepp
1 Messer	20 Sammelbeutel für ABC-Proben
1 Löffelspatel	1 PE-Enghalsflasche (500 ml)
1 Tiegelzange	1 Wasserprobenahmegerät
Prüfröhrchen (CO, Phosgen)	Sammelröhrchen (Silicagel, Aktivkohle)

7.5.4 Messcontainer

Das Kernstück des ABC-ErkKW ist der so genannte Messcontainer (Bild 13), der in das Fahrzeug eingeschoben wird und folgende Komponenten enthält:

- Elektronische Versorgungseinheit, bestehend aus einem Bleiakku mit dazugehörender Ladetechnik. Dadurch ist der Container für mehrere Stunden autonom arbeitsfähig. Die Ladung kann entweder über das Bordnetz erfolgen oder über eine 230 V AC-Versorgung.

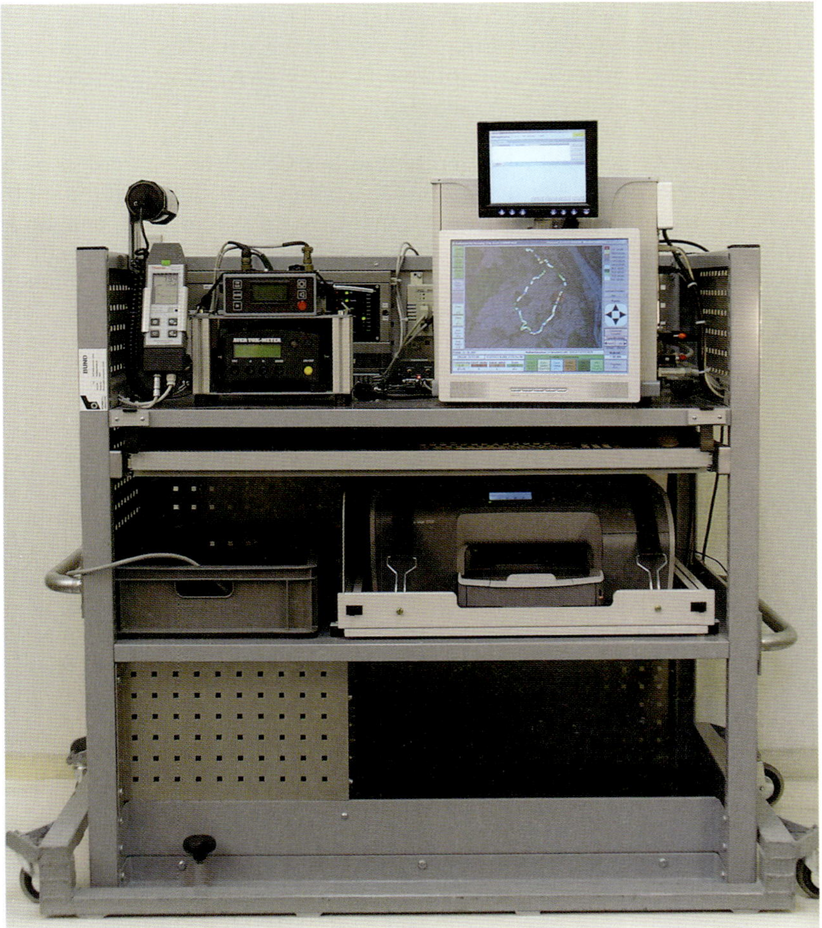

Bild 13: Messcontainer im ABC-ErkKW (Foto: Bundesamt für Bevölkerungsschutz und Katastrophenhilfe – BBK)

- Rechner zur Auswertung der GPS-Signale und der radiologischen und chemischen Messkomponenten.
- Drucker.
- Radiologische Messkomponente. An das Dosisleistungsmessgerät ist eine Szintillationssonde zur Erhöhung der Messempfindlichkeit angeschlossen.
- Chemische Messkomponenten, bestehend aus einem Photoionisationsdetektor und einem Ionenmobilitätsspektrometer.
- Satelliten-Navigationssystem zur Korrelation der gewonnenen Messdaten mit einem Messpunkt und einer exakten Uhrzeit[29].
- Schnittstelle zur Datenfernübertragung. Da es in der Bund-Länder-Abstimmung zu keiner Einigung auf ein einheitliches System kam, wird die Schnittstelle nach lokalen Bedürfnissen bzw. Möglichkeiten genutzt.

Die Messdaten der A/C-Messgeräte und des GPS-Sensors werden über eine serielle Schnittstelle in den Rechner eingelesen und mithilfe einer Software ausgewertet. Die Datenausgabe ist entweder über den Bildschirm oder einen angeschlossenen Drucker möglich. Durch seinen autarken Betrieb kann der Container jederzeit auf ein ähnliches Fahrzeug umgeladen und weiter betrieben werden. Das hat zur Folge, dass ein technischer Defekt des Trägerfahrzeuges noch lange nicht ein Ausfall der vorhandenen Messtechnik bedeutet.

7.5.5 Radiologische Messkomponenten

Die radiologische Ausstattung besteht aus dem Dosisleistungsmessgerät FH 40 G der Firma Eberline, das im Fahrzeug mit einer am Container angebauten Kunststoffszintillationssonde FHZ 672-2 betrieben wird. Bei der verwendeten Szintillationssonde handelt es sich um eine **N**atural-**B**ackground-**R**eduction-Sonde (NBR-Sonde). Diese Technik ermöglicht es, künstliche Strahlenquellen auch vor einem stark schwankenden Hintergrund an natürlichen Strahlern zu erkennen. So können künstliche Strahler bereits erkannt werden, wenn ihre Strahlungsintensität erst 20 Prozent der natürlichen Strahlung beträgt. Es ist mit der radiologischen Ausstattung sowohl eine Punktquellensuche möglich als auch die Vermessung großer Flächen. Mit der mitgeführten Messtechnik kann eine Ortsdosisleistung von 10 nSv/h bis 1 Sv/h erfasst werden.

29 Seit September 2004 nur noch GPS-System, da die Differenzial-Einheit Langwellenkorrektur-Signal abgeschaltet wurde.

Technische Daten des Dosisleistungsmessgeräts FH 40 G

- Detektortyp: Proportionalzählrohr
- Dosisleistungsmessbereich: 0,1 µSv/h bis 0,99 Sv/h
- Energiebereich (Eichgrenzen): 36 keV bis 1,3 MeV

Technische Daten der NBR-Sonde FHZ-672-2

- Detektorvolumen: 2,2 Liter Plastikszintillator
- Dosisleistungsmessbereich: 10 nSv/h bis 100 µSv/h
- Energiebereich (Arbeitsbereich): 60 keV bis 2 MeV
- Empfindlichkeit: 10^4 Imp/s pro µSv/h bei 661 keV
- Erkennungsgrenze »künstlich«: 10 nSv/h bei 661 keV
- Gesamtdosisleistung: 50 nSv/h (20 Prozent)
- Fehlerwahrscheinlichkeit für die Erkennung »künstlich«: kleiner 10^{-4}, bei t < 5s

Die Speicherung und Auswertung der Messwerte erfolgt über den angeschlossenen Rechner, der die Messwerte auf mehrere Arten darstellen kann. Sie können dabei entweder als Funktion der Zeit oder des Weges in einem Diagramm dargestellt werden. Zur Erleichterung der Bewertung bei Flächenkontaminationen ist aber auch die Darstellung der Fahrtroute auf einer Landkarte möglich. Die gemessenen Werte werden dazu in einen Farbcode umgesetzt. Bei einer Überschreitung von voreingestellten Grenzwerten (Dosis oder Dosisleistung) alarmiert das System optisch und akustisch die Einsatzkräfte. Wird das Dosisleistungsmessgerät FH 40 G abgesetzt betrieben, können die Messdaten nach Rückkehr zum Fahrzeug in den Rechner eingelesen werden.

7.5.6 Kontaminationsmessung

Mit der ausgelieferten Zusatzsonde FHZ 732 GM (**M**esserweiterung **R**adiologie MER-1) ist es möglich, in Kombination mit dem Grundgerät FH 40 G α- und β-Kontamination nachzuweisen. Die Ausstattung des Koffers besteht aus der eigentlichen Kontaminationssonde, einer Probeaufnahmevorrichtung und Hilfsmaterial zur Aufarbeitung der Proben. Die Messbereichsgrenzen reichen von 0,1 Imp/s bis 10 000 Imp/s. Die zu untersuchenden festen oder flüssigen Proben bzw. Wischproben müssen vor der eigentlichen Untersuchung in den meisten Fällen erst aufbereitet werden. Die Messung findet dann in einem Messingabschirmbehälter statt, der einen Teil der Umgebungsstrahlung abschirmt.

7.5.7 Chemische Messkomponenten

Die Komponenten zur chemischen Analytik bestehen in erster Linie aus einem Ionenmobilitätsspektrometer und einem Photoionisationsdetektor, die sowohl in das Fahrzeug eingebaut als auch abgesetzt betrieben werden können. Die Wirkungsweise der verbauten Geräte (Tox-Meter PID der Firma MSA Auer, RAID 1 der Firma Bruker) wird in den Kapiteln 15 und 17 näher beschrieben. Die Messgeräte sind dafür vorgesehen, chemische Kampfstoffe (IMS) genauso wie Industriechemikalien (IMS und PID) detektieren zu können. Im CWA-Modus[30] detektiert und identifiziert das IMS

- VX,
- Sarin,
- Soman,
- Tabun,
- S-Lost,
- N-Lost sowie
- α-, β- und γ-Lewisit.

Im ITOX-Modus[31] detektiert und identifiziert das genutzte IMS

- Ammoniak,
- Chlor,
- chlorierte Kohlenwasserstoffe,
- Blausäure,
- Schwefeldioxid,
- Essigsäure und
- Toluoldiisocyanat.

Neben diesen Stoffen werden vom genutzten IMS noch eine Vielzahl anderer Stoffe detektiert, jedoch nicht identifiziert, weil sie nicht in den Bibliotheken abgelegt sind. Der PID detektiert eine Vielzahl von Industriechemikalien und ergänzt das IMS. Im Gegensatz zur früheren Ausstattung, bei der ausschließlich Prüfröhrchen vorhanden waren, ist jetzt eine kontinuierliche Detektion möglich. Die Messdaten können durch den auswertenden Rechner entweder als Grafik oder in Tabellenform und als Fahrspur in einer elektronischen Karte dargestellt werden.

Um auch während der Fahrt Messungen der Außenluft durchführen zu können, werden von beiden Detektoren Teflonschläuche ins Freie geführt. Bei dieser Art der Messung muss allerdings die Trägheit des Messsystems berücksichtigt werden, die durch die Länge der Schläuche entsteht. Sinnvollerweise wird nicht schneller als 10 bis 20 km/h gefahren.

Für Substanzen, die als relevant betrachtet wurden, aber mit den elektronischen Detektoren nicht nachgewiesen werden können, wurden vom

30 CWA = Chemical warfare agent, chemische Kampfstoffe
31 ITOX = Industrial toxicants, giftige Industriechemikalien

BBK Prüfröhrchen für Phosgen und Kohlenstoffmonoxid beschafft. In einigen Bundesländern kam es durch eine zentrale Beschaffung zu einer erweiterten Ausstattung mit Prüfröhrchen und einem Explosionsgrenzenwarngerät.

7.5.8 Einsatztaktik

Eine sinnvolle Führung eines oder bei großen Schadenlagen mehrerer Erkundungskraftwagen setzt die Verfügbarkeit entsprechend ausgestatteter Führungskomponenten voraus. Ein Weg, um diese Führungsaufgabe optimal wahrzunehmen zu können, wurde mit der Entwicklung der Messleitkomponente (MLK) durch das BBK eingeschlagen. Von der Konzeption her kann eine Messleitkomponente einen eigenen Einsatzabschnitt führen.

Das Einfahren von Erkundern in ein kontaminiertes Gelände ist nicht vorgesehen, daher wurde auch die Ausstattung der Fahrzeuge mit einer Überdruckbelüftung als entbehrlich betrachtet. Das bedeutet aber letztendlich, dass mit den Fahrzeugen nur die Randbereiche eines gefährdeten Gebietes eingegrenzt werden können. Aufgrund der empfindlichen Messtechnik ist es sowohl im A- wie im C-Einsatz extrem unwahrscheinlich, dass ein ABC-ErkKW aus Versehen in einen kontaminierten Bereich einfährt. Das bedeutet, dass eine Aufklärung mit dem Durchstoßungsverfahren ausscheidet. Der Schwerpunkt wird vielmehr beim Umgehungsverfahren liegen.

Sofern eine Aufklärung in einem kontaminierten Bereich unumgänglich ist, kann dies nur mit abgesessenen Einsatzkräften realisiert werden. In einem solchen Fall ist dann auch die Auswahl der geeigneten Schutzkleidung, das korrekte Anlegen der Schutzkleidung und die Mitnahme geeigneter Messtechnik (z. B. Personendosimetrie), eine Atemschutzüberwachung und das Vorhandensein eines Dekonplatzes zu beachten.

Der Schwerpunkt des Fahrzeugs wird aufgrund der beschriebenen Einschränkungen in der Überwachung einer Fläche auf Kontamination liegen. Um hier optimale Ergebnisse zu erhalten, sollten folgende Punkte beachtet werden:

- Vor Beginn der Fahrt ist die Messtechnik in Betrieb zu nehmen und es sind die Nullwerte zu dokumentieren.
- Während der gesamten Fahrt sollten die Messparameter permanent kontrolliert werden, um eine Veränderung ohne Zeitverzug zu erkennen.
- Zur Sicherheit sollten nach Einsatzende alle elektronischen Daten auf einem externen Datenträger abgespeichert werden. Der Gerätespeicher ist anschließend zu leeren.

Der Einsatz eines ErkKW bei Bränden ist genau zu prüfen. Ein Einsatz bei Klein- und Mittelbränden ist aus taktischer Sicht nicht sinnvoll. Bei Großbränden darf ein Einsatz nur im Außenbereich einer Brandgasimmission erfolgen, da Brandrauch in höheren Konzentrationen sehr schnell das IMS unbrauchbar macht. Die Instandsetzung nach einer entsprechenden Kontamination ist langwierig und kann zum Teil auch kostenintensiv werden.

7.5.9 Persönliche Schutzausstattung

Die persönliche Schutzausstattung, welche Bestandteil der Fahrzeugbeladung ist, lässt einen abgestuften Schutz der Einsatzkräfte zu. Für zwei Einsatzkräfte ist eine Ausstattung mit einem Chemikalienschutzanzug Auer Typ Vautex Elite 3S-L (entspricht Typ 1b-ET gem. EN 943-2) möglich. Je nach Erfordernissen, die an den Atemschutz gestellt werden, ist der Einsatz von ABEK2 P3-Filtern oder aber von umluftunabhängigem Atemschutz über einen Pressluftatmer möglich. Zusätzlich gehören noch zwei Reserveflaschen zur standardmäßigen Fahrzeugbeladung. Für alle vier Einsatzkräfte steht die im ABC-Dienst als Standardausstattung vorgehaltene PSA zur Verfügung:
- Overgarment,
- Butylhandschuhe mit Baumwoll-Innenhandschuhen,
- Gummistiefel und
- Atemschutzmaske mit ABEK2 P3-Filter.

In Abhängigkeit von der Einsatzlage kann über den Overgarment ein Tyvek F-Anzug als Spritzschutz angezogen werden.

7.5.10 Ausbildung

Die Komplexität der in dem Fahrzeug verbauten Technik macht es im Gegensatz zu seinen Vorgängern unabdingbar, die Einsatzkräfte, die das Fahrzeug bedienen sollen, intensiv zu schulen und auch permanent im Training zu halten. An den Landesfeuerwehrschulen wird aus diesem Grund der Sonderlehrgang »ABC-Erkundung« angeboten.

Ebenso bedürfen auch die Messgeräte, allen voran das IMS, einer wesentlich intensiveren Wartung als die bisher im ABC-Schutz vorgehaltene Messtechnik. Um insbesondere auf technische Fragen schnell Antworten geben zu können, wurde vom BBK sowohl eine Telefon-Hotline eingeführt als auch auf der Homepage umfangreiche Informationen über das Fahrzeug und die darin verbaute Technik angeboten.

Internet

www.bbk.bund.de (Bundesamt für Bevölkerungsschutz und Katastrophenhilfe – BBK)
www.abc-gefahren.de (Portal zum Thema ABC-Gefahren)

Weiterführende Literatur zu Kapitel 7

Technische Richtlinie Nr. 7 »Gerätewagen Messtechnik GW-Mess (RP)«, Ministerium des Innern und für Sport Rheinland-Pfalz, 13. Oktober 2005.
DIN Deutsches Institut für Normung (Hrsg.): DIN 14555-12:2005-04 »Rüstwagen und Gerätewagen – Teil 12: Gerätewagen Gefahrgut GW-G«.
DIN Deutsches Institut für Normung (Hrsg.): DIN 14530-11:2004-11 »Löschfahrzeuge – Teil 11: Löschgruppenfahrzeug LF 20/16, Hilfeleistungs-Löschgruppenfahrzeug HLF 20/16«.
DIN Deutsches Institut für Normung (Hrsg.): DIN 14507-2:2008-03 »Einsatzleitfahrzeuge – Teil 2: Einsatzleitwagen ELW 1«.
Bundesverwaltungsamt, Zentralstelle für Zivilschutz: Ausstattungssatz, Beladeplan und Typenblatt für ABC-Erkundungskraftwagen, Dezember 2003.

Teil A: Nachweis ionisierender Gefahrstoffe

8 Kernstrahlungsmesstechnik[32] (Volker Lich)

8.1 Detektionsarten

Wenn Kernstrahlung Materie durchstrahlt, kommt es zu Wechselwirkungen zwischen den α-/β-Teilchen und γ-Photonen mit den Molekülen der entsprechenden Materie. Hieraus resultieren nachweisbare physikalische oder chemische Veränderungen in der Materie, deren Ausmaß sich proportional zur Strahlungsstärke verhält. Folgende Nachweismethoden sind im Feuerwehreinsatz mobil verfügbar.

8.1.1 Photoemulsion

Dies ist die älteste Methode zum Nachweis von Kernstrahlung. In eine photographische Emulsion, einem nicht entwickelten Photofilm entsprechend, fällt Strahlung ein und führt dort Ionisationen aus. Unter anderem geschieht dies auch mit den Silberbromidmolekülen in dieser Emulsion, worauf Silberionen entstehen. Durch Einfangen freier Elektronen bilden diese Ionen wieder Silberatome, welche sich nun in einer Kristallgitterstruktur anordnen. Diese Kristalle können so groß wachsen, dass sie in Form einer Schwärzung in der Emulsion optisch erkennbar werden. Das Ausmaß der Schwärzung ist proportional der Strahlungsstärke.

8.1.2 Gasionisationsdetektoren

Als simples Beispiel für einen Gasionisationsdetektor soll eine so genannte Ionisationskammer dienen (Bild 14). Sie besteht aus einem gasdichten Raum, der mit einem geeigneten Messgas gefüllt ist. In diesem Raum be-

32 Das Kapitel Kernstrahlungsmesstechnik setzt Kenntnisse aus dem Strahlenschutzlehrgang der Stufe I für Feuerwehren voraus.

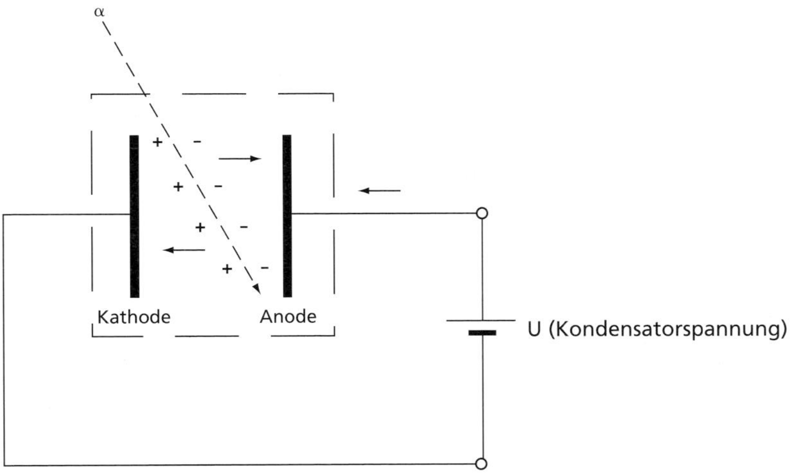

Bild 14: Prinzipieller Aufbau einer Ionisationskammer (Grafik: Verlag W. Kohlhammer)

finden sich zwei Elektroden (Anode und Kathode), an welchen eine Hochspannung angelegt ist. Da das Gas elektrisch nicht leitend ist, fließt kein Strom zwischen den Elektroden, es handelt sich quasi um einen Hochspannungskondensator. Kernstrahlung ionisiert auf ihrem Weg durch die Kammer einzelne Messgasmoleküle zu positiv geladenen Ionen, die ebenso wie die freigesetzten negativen Elektronen zu den Elektroden angezogen werden. Der aus deren Auftreffen resultierende schwache Stromimpuls ist der Strahlungsstärke direkt proportional und kann mit einer empfindlichen Auswerteelektronik angezeigt werden. Ob die gezählten Stromimpulse als Impulsrate, Dosis oder Dosisleistung ausgegeben werden, ist eine Frage der Gerätekalibrierung.

Zum praktischen Einsatz kommen lediglich Varianten der Ionisationskammer, die sich im Wesentlichen durch die Höhe der angelegten Hochspannung unterscheiden. Es handelt sich um Geiger-Müller-Zählrohre mit hoher Nachweisempfindlichkeit und Proportionalzählrohre, die zwischen α- und β-Strahlung unterscheiden können.

8.1.3 Szintillationsdetektoren

Anstelle einer Ionisation kommt es auch vor, dass ein getroffenes Elektron nur auf ein höheres Energieniveau in der Elektronenhülle angehoben wird. Man bezeichnet diesen Vorgang als Anregung. Aus diesem Energieniveau fällt das Elektron schnell wieder auf den alten Zustand zurück unter Ausstrahlung der überschüssigen Anregungsenergie in Form eines Lichtstrahls. Diese Lichtblitze verhalten sich proportional zur Ener-

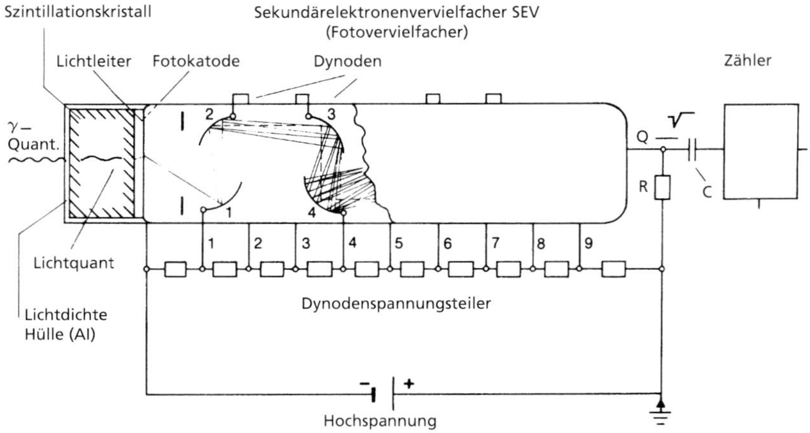

Bild 15: Aufbau eines Szintillationsdetektors (Quelle: BG Feinmechanik und Elektrotechnik)

gie der einfallenden Strahlung. Sie lösen in einer Photokathode Elektronen aus, welche wiederum in einem Sekundärelektronenvervielfacher (SEV) kaskadenartig in ein messbares Stromsignal verstärkt werden. Die hohe Nachweisempfindlichkeit dieser Szintillatoren (Bild 15) basiert auch auf der Verwendung von Feststoffen mit ihrer größeren Dichte als Reaktionsmedium gegenüber von Messgasen. Standardmaterialien für Szintillatoren sind talliumdotierte Natriumjodidkristalle [NaJ (Tl)] oder auch Kunststoffe auf Polymerbasis. Szintillationsdetektoren eignen sich besonders gut, um sehr niederenergetische γ-Strahlung zu messen.

8.2 Geräte zur Bestimmung und Überwachung der Personendosis

8.2.1 Filmdosimeter

Als »amtliches Dosimeter« nach FwDV 500 dient das Filmdosimeter zur Dokumentation der von jeder Einsatzkraft im Gefahrenbereich aufgenommenen persönlichen Äquivalentdosis gegenüber der zuständigen Überwachungsbehörde. Hier kommt das zunächst anachronistisch wirkende Prinzip der Photoemulsion zur Anwendung, da es im Gegensatz zu elektronischen Geräten ein nachträglich nicht löschbares Ergebnis liefert. Zudem kann die Messwertbestimmung nur durch ein externes, amtlich anerkanntes Auswerteinstitut erfolgen. Im Gehäuse des auch als Filmplakette bezeichneten Systems sind zusätzlich noch verschiedene Metallplättchen als Strahlungsfilter eingesetzt (Bild 16). So lassen sich

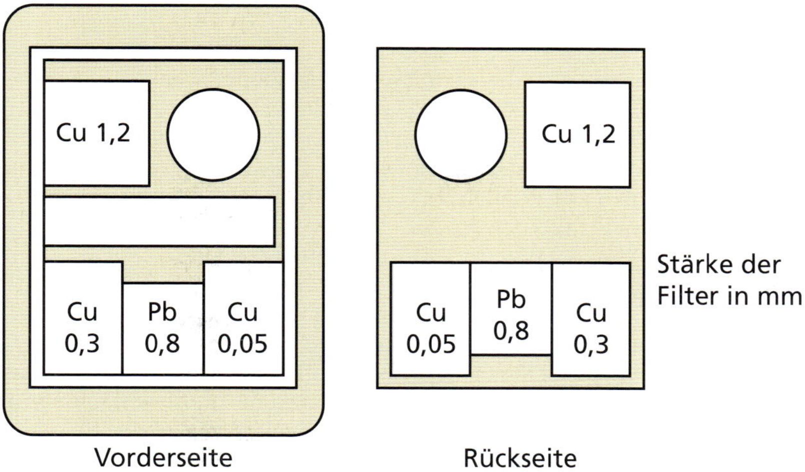

Bild 16: Anordnung der Metallfilter in einer Filmplakette (Grafik: Verlag W. Kohlhammer)

aufgrund der unterschiedlichen Schwärzungsgrade unter diesen Filtern Aussagen über die Strahlungsart und deren Einfallrichtung treffen. Die Filme müssen jährlich über die Auswertungsstelle getauscht werden, da sie der natürlichen Umgebungsstrahlung ausgesetzt sind.

8.2.2 Dosiswarngeräte

Dosiswarngeräte verwenden Geiger-Müller-Zählrohre und können aufgrund ihrer Bauform ausschließlich γ-Strahlung wahrnehmen. Sie haben lediglich die Aufgabe, ihren Träger zu warnen, wenn der für die jeweilige Einsatzsituation zulässige Dosisrichtwert erreicht ist. Alle zugelassenen Geräte bieten zudem die sinnvolle Funktion, die aufgenommene Äquivalentdosis auch anzuzeigen, sodass nicht das Ergebnis der Filmdosimeterauswertung abgewartet werden muss.

8.3 Dosisleistungswarngeräte und Dosisleistungsmessgeräte

Dosisleistungswarngeräte und Dosisleistungsmessgeräte arbeiten üblicherweise mit Geiger-Müller-Zählrohren. Auch bei ihnen dringt bauformbestimmt nur γ-Strahlung bis in den Detektor vor.

8.3.1 Dosisleistungswarngeräte

Dosisleistungswarngeräte dienen ausschließlich dem Zweck der Markierung der Gefahrenbereichsgrenze. Da nach FwDV 500 außerhalb des Gefahrenbereichs keine Dosisleistung über 25 µSv/h herrschen darf, sind diese Geräte fest auf diesen Wert eingestellt. Bei dessen Erreichen geben sie akustisch Alarm und erleichtern so die Arbeit, die auch mit Dosisleistungsmessgeräten erfüllbar wäre.

8.3.2 Dosisleistungsmessgeräte

Die Messung der Dosisleistung ist neben der Überwachung der Personendosis wichtiger Teil der Strahlenschutzüberwachung und somit des Schutzkonzepts im Strahlenschutzeinsatz. Sie dient zunächst zur Festlegung des Gefahrenbereichs. Sie kann weiter zur überschlägigen Abschätzung der zulässigen Einsatzdauer anhand des vorgegebenen Dosisrichtwerts herangezogen werden. Messungen an beschädigten Transportverpackungen geben im Vergleich mit den Informationen der Gefahrzettel möglicherweise Hinweise auf eine Beschädigung der Abschirmung. Bei der Strahlersuche weist die Zunahme der Dosisleistung zwangsläufig den Weg zum Strahler. Ein Beispiel für ein Dosisleistungsmessgerät zeigt Bild 17. Moderne Dosisleistungsmessgeräte können durch Anschließen diverser Zusatzsonden in wahre Multitalente für unterschiedlichste Messaufgaben verwandelt werden. Auf dem Gebiet der Dosisleis-

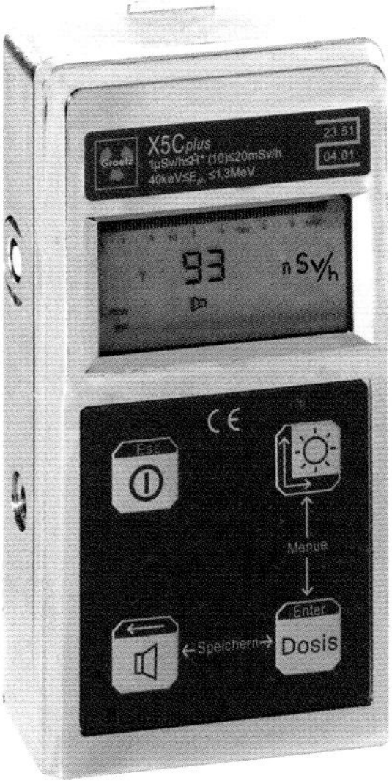

Bild 17: Dosisleistungsmessgerät X5C plus (Werkfoto: Graetz Strahlungsmesstechnik GmbH)

tungsmessung ergeben sich so Erweiterungen des Messbereiches und Verbesserung der Handhabung und des Spürbereichs, ggf. verbunden mit geringerer Dosisbelastung für die Messenden. Zum reinen Stromversorger und Anzeigegerät mutiert ein Dosisleistungsmessgerät auch in Verbindung mit einer Kontaminationsnachweissonde. Der positive Effekt für den Anwender liegt besonders in der weitgehend einheitlichen Gerätebedienung.

8.3.3 Teletektoren

Teletektoren sind Dosisleistungsmessgeräte in einer besonderen Bauform. Ihr Detektor ist an einem Ende einer auf vier Meter Länge ausziehbaren Teleskopstange befestigt, während sich die Anzeige- und Bedienelemente am anderen Ende befinden (Bild 18). Diese Konfiguration ermöglicht es, den Detektor zum Messen nahe an einen Strahler zu bringen und das Bedienpersonal gemäß der Regel des Quadratischen Abstandsgesetzes einer erheblich niedrigeren Dosisleistung auszusetzen, als sie am Detektor selbst herrscht. Neben dieser reinen Schutzfunktion erleichtert das Gerät auch die Absuche großer Flächen nach vermissten Strahlern. Besonders empfehlenswert sind Gerätekombinationen aus einem Dosisleistungsmessgerät mit adaptierter Teletektorsonde.

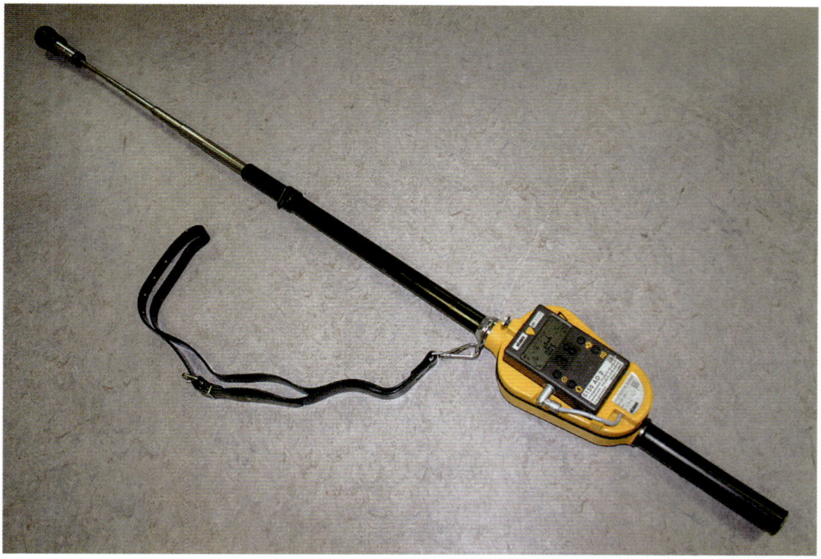

Bild 18: Teletektor, bestehend aus Dosisleistungsmessgerät 6150 AD 2 mit Teletektorsonde AD-t (Foto: Armin Taubert)

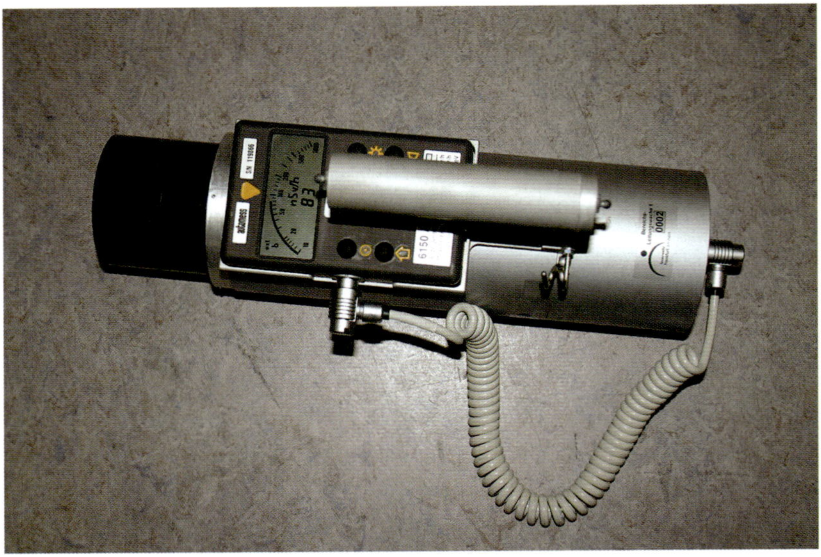

Bild 19: Szintillationssonde AD-b kombiniert mit einem Dosisleistungsmessgerät 6150 AD 6 (Foto: Armin Taubert)

8.3.4 Szintillatoren

Szintillationsdetektoren (Bild 19) als Dosisleistungsmessgeräte dienen insbesondere zum Ausmessen besonders energieschwacher Gammaquellen. Aufgrund ihres hohen Preises, ihrer Unhandlichkeit und der mechanischen Empfindlichkeit des SEV sind sie bisher nur für besondere Messaufgaben geeignet und nicht für normale Feuerwehranwendungen.

8.4 Kontaminationsnachweisgeräte

Der Nachweis von Oberflächenkontaminationen erfolgt lediglich über den Vergleich der am Objekt gemessenen Impulsrate mit dem zuvor ermittelten Nulleffekt, also dem ständig vorhandenen Untergrundwert aus der natürlichen Umgebungsstrahlung. Erreicht oder überschreitet der Messwert den dreifachen Nulleffekt, muss davon ausgegangen werden, dass Kontamination vorliegt. Im Anzeigebereich »$\alpha+\beta+\gamma$« beträgt der Nulleffekt bei den meisten Geräten ca. 5 Ips bis 10 Ips[33] und im Anzeigebereich »α« ca. 0,01 Ips bis 0,05 Ips. Um hierzu zwischen α- und β-Strahlung unterscheiden zu können, verfügen Kontaminationsnach-

33 Ips = Impulse pro Sekunde. Eine andere Schreibweise ist Imp/s oder auch 1/s.

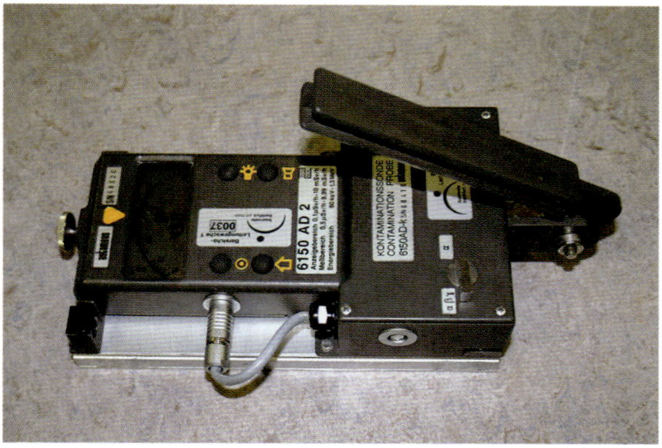

Bild 20:
Kontaminationsnachweissonde AD-k mit Dosisleistungsmessgerät 6150 AD 2
(Foto: Armin Taubert)

weisgeräte über Proportionalzählrohre. Bei dem Detektor handelt es sich hier um ein flaches kastenförmiges Gebilde mit einem großen Strahleneintrittfenster von meist 100 cm^2 bis 170 cm^2 Fläche (Bild 20). Damit auch α- und β-Strahlung über das Fenster in den Detektor gelangen kann, besteht dieses nur aus einer dünnen Aluminiumfolie, die zum mechanischen Schutz mit einem Metallgitter abgedeckt ist.

Grundsätzlich gibt es Detektoren mit Flüssiggasfüllung, überwiegend Butan, und solche mit Edelgasfüllung, meist Xenon. Flüssiggas-Zählrohre haben den Nachteil, dass sie vor jedem Messeinsatz und bei längerem Betrieb zwischendurch mit frischem Messgas aus Kartuschen gespült werden müssen. Darüber hinaus können sie aufgrund der physikalischen Eigenschaften von Butan nicht bei Temperaturen unter +5 °C eingesetzt werden. Edelgassonden verbrauchen ihr Messgas nicht und sind für Temperaturen bis –10 °C gut geeignet. Falls jedoch die Folie des Strahleneintrittfensters beschädigt wird, ist ein Werksaufenthalt unumgänglich, während bei der Flüssiggassonde der Anwender selbst die Folie tauschen und neues Messgas einfüllen kann. Mittlerweile stellen Kontaminationsnach-

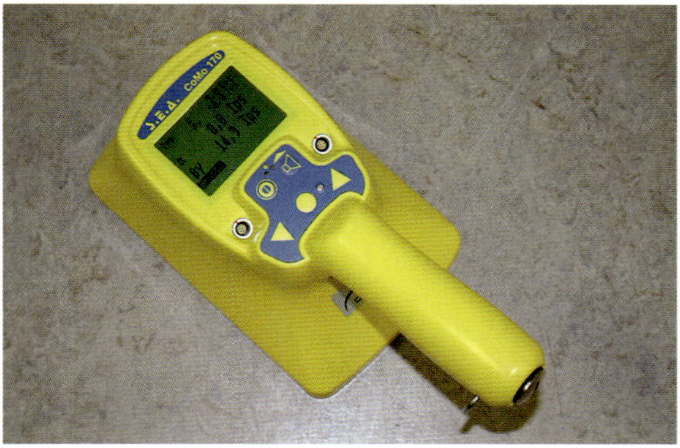

Bild 21:
Kontaminationsnachweisgerät COMO 170
(Foto: Armin Taubert)

weisgeräte mit einem Szintillationsdetektor, wie das Gerät COMO 170, eine interessante, nachweisempfindliche Alternative zu den üblichen Gasionisationsdetektoren dar (Bild 21).

8.5 Gammaspektrometer und Neutronendetektoren

Besondere Messaufgaben wie das Identifizieren von Nukliden durch Aufzeichnung der Energieverteilung ihrer Gammastrahlung oder das Detektieren und Ausmessen von Neutronenstrahlung gehören nicht zum primären Aufgabenspektrum von Feuerwehren im Strahlenschutzeinsatz. Ungeachtet dessen können solche Maßnahmen wichtig in der Reaktion auf Einsätze mit illegalem Hintergrund oder an besonderen Objekten sein. In Anbetracht der zeitlichen Verzögerung, mit der die zuständigen Fachbehörden entsprechende Technik und Sachverstand verfügbar machen können, ist für Feuerwehren mit entsprechendem Anforderungsprofil ein Blick auf die technische Entwicklung interessant. Eine handliche Kombination aus Messung von Dosis, Dosisleistung und Energiespektrum von Gammastrahlung mit Detektion von Neutronenstrahlung stellt das Gerät Identifinder der Firma ICX-Radiation dar (siehe Kapitel 23.10).

8.6 Funktionsprüfung, Kalibrierung, Eichung

Geräte, von deren korrekten Funktion die Sicherheit von Menschen abhängt, bedürfen der regelmäßigen Funktionskontrolle. Neben dem äußeren Zustand und der einwandfreien Funktion der Bedien- und Anzeigeelemente kommt bei Kernstrahlungsmessgeräten der Frage besondere Bedeutung zu, ob der angezeigte Messwert auch mit der Realität übereinstimmt. Dies ist nur durch Vergleichsmessungen an geeigneten Prüfstrahlern festzustellen. Erfolgt diese Prüfung über den gesamten Messbereich hinweg, z. B. durch den Hersteller, und schließt sie im Bedarfsfall eine Neujustierung der Anzeige ein, spricht man von Kalibrierung. Prüft die Eichbehörde die Übereinstimmung der Anzeige mit den tatsächlichen Werten, handelt es sich um eine amtliche Eichung. Die Kernstrahlungsmessgeräte der Feuerwehr mit ihren spezifischen Messzwecken unterliegen nicht der Eichpflicht. Die Pflicht zu regelmäßigen Funktionsprüfungen durch den Anwender einschließlich radiologischer Prüfung mit einfachen Kontrollmessungen bleibt jedoch bestehen.

Unter Punkt 1.3.3 – Instandhaltung – sagt die FwDV 500 aus, dass

- die Sonderausrüstung neben sorgfältiger Behandlung zu warten und regelmäßig zu prüfen ist,
- die Prüffristen nach Herstellerangaben zu beachten sind,

- entsprechende Prüf- und Checklisten anzulegen sind,
- die Gerätewarte entsprechend zu qualifizieren sind.

Ebenso allgemein bleibt auch die Strahlenschutzverordnung von 2001 in § 67 – Strahlungsmessgeräte. Hier ist u. a. zu entnehmen, dass:
- Strahlungsmessgeräte regelmäßig auf Funktionstüchtigkeit zu prüfen und zu warten sind.
- Zeitpunkt und Ergebnis der Prüfungen und Wartungen aufzuzeichnen und für zehn Jahre aufzubewahren sind.

Zu den Prüfintervallen sind keine konkreten Vorgaben gesetzt, man kann sich aber an den straffen Regeln der abgelösten FwDV 9/2 orientieren, welche halbjährliche Prüfungen forderte. Schwieriger stellt sich die Frage dar, ab welchen Werten die Kontrollmessung als nicht bestanden gilt. Während es für geeichte Geräten klare Verkehrsfehlergrenzen gibt, geben Hersteller für Kontrollmessungen meist nur einen Sollmesswert für die Nutzung eines bestimmten Prüfstrahlertyps an. Eine zulässige Abweichung wird entweder nicht benannt oder mit ± 30 Prozent sehr weit gesetzt, da z. B. Abweichungen in der jeweiligen Prüfstrahleraktivität pauschal nicht genauer bewertet werden können. Es ist daher empfehlenswert, ein neues Gerät nach Übernahme unmittelbar mit einem Prüfstrahler zu prüfen und den Messwert als Bezugswert für alle weiteren Messungen mit immer dem gleichen Prüfstrahler zu verwenden. Die Drift der Anzeige über die Zeit überschreitet erfahrungsgemäß nicht zehn Prozent. Reproduktionsfehler in der Prüfanordnung liegen bei Verwendung geeigneter Prüfvorrichtungen, des gleichen Prüfstrahlers und Einrech-

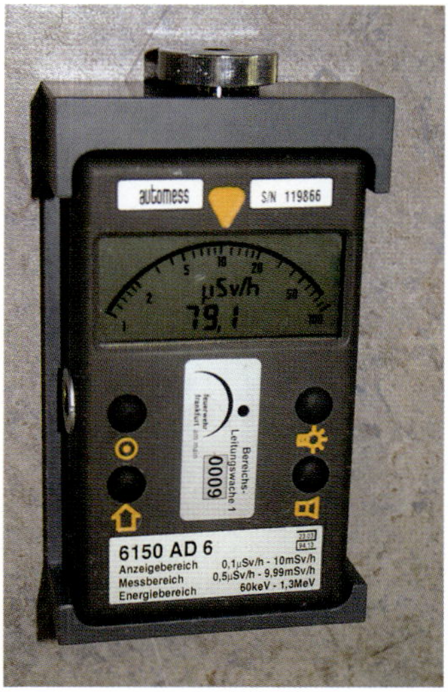

Bild 22: Kontrollvorrichtung mit eingeschraubtem Prüfstrahler für das Dosisleistungsmessgerät 6150 AD 6 (Foto: Armin Taubert)

nung des Aktivitätsverlusts des Prüfstrahlers nicht über fünf Prozent, sodass sich eine akzeptable Abweichung von ± 15 Prozent vom ersten Bezugswert ergibt. Bei Überschreitung sollte mit dem Hersteller geklärt werden, ob eine Kalibrierung im Werk sinnvoll ist. Erfolgt eine Abweichung nahe 15 Prozent jedoch nicht in langsamer Drift über Jahre, sondern von einer Prüfung zur nächsten, kann dies dennoch bereits einen Gerätefehler anzeigen.

Beispiel für eine halbjährliche radiologische Kontrollmessung in Anlehnung an Herstellerempfehlungen für das Dosisleistungsmessgerät 6150 AD (Bild 22):

Nummer des zu verwendenden Prüfstrahlers: ________________
Bezugsdatum (der ersten Kontrollmessung
mit o. a. Prüfstrahler): ________________
Korrekturfaktor für Aktivitätsverlust
aus Prüfstrahlerunterlagen: ________________
Bezugsmesswert in Prüfanordnung
zum Bezugsdatum: ____________ µSv/h
Unterer zulässiger Prüfmesswert
=> (Bezugsmesswert – 0,15 × Bezugsmesswert): ____________ µSv/h
Oberer zulässiger Prüfmesswert
=> (Bezugsmesswert + 0,15 × Bezugsmesswert): ____________ µSv/h

Durchführung der radiologischen Kontrollmessung:
1. Dosisleistungsmessgerät in ausgeschaltetem Zustand in die Prüfvorrichtung einsetzen.
2. Prüfstrahler in die Prüfvorrichtung einschrauben, bis dieser am Dosisleistungsmessgerät anliegt.
3. Dosisleistungsmessgerät einschalten und auf die Anzeige »Mittelwert« stellen.
4. Eine Bestrahlungsdauer von mindestens zehn Minuten abwarten.
5. Nach der Mindestbestrahldauer den Prüfmesswert mit dem Korrekturfaktor für Aktivitätsverlust des Prüfstrahlers multiplizieren und beide Werte protokollieren.
6. Prüfen, ob der mit dem Korrekturfaktor korrigierte Prüfmesswert zwischen unterem und oberem zulässigem Prüfmesswert liegt.

Abgelesener Prüfmesswert: __________ µSv/h
Korrigierter Prüfmesswert: __________ µSv/h

Radiologische Kontrollmessung erfolgreich? ○ ja ○ nein

8.7 Übungsmöglichkeiten

Je seltener die realen Einsätze stattfinden, desto wichtiger sind Übungen und der regelmäßige Umgang mit der vorhandenen Ausrüstung. Die Übungsmöglichkeiten für Strahlenschutzeinsätze sind leider begrenzt. Ohne echte Strahlenquelle bleiben reale Messwerte sowie das spezifische Ansprechverhalten der Geräte aus und damit der Lerneffekt gering. Mit verschiedenen Hilfsmitteln lassen sich gute Ausbildungsdarstellungen und Übungseffekte erzielen, Aufwand und Kosten sind jedoch nicht zu vernachlässigen.

8.7.1 Simulationssonde

Die Firma automess bietet eine sehr interessante Simulationslösung für den Kontaminationsnachweis an. Eine auf den ersten Blick der originalen Kontaminationsnachweissonde AD-k ähnlich sehende Simulationssonde mit der Bezeichnung AD-k/M simuliert eine nicht vorhandene Kontamination auf Wunsch direkt am lebenden Objekt. Der Trick: die Sonde reagiert nicht auf Kernstrahlung sondern auf bestimmte magnetische Felder. Diese werden in unterschiedlicher Stärke per Magneten erzeugt, welche mittels Klettband an beliebigen Stellen fixierbar sind. Die Sonde simuliert auch ohne Magnet einen völlig überzeugenden Nulleffekt. Per Fernbedienung ist zudem die Empfindlichkeit reduzierbar, um beim Auskleiden den Durchschlag der Kontamination auf die Unterkleidung zu simulieren. Mit dem Sender in der Hand des Ausbilders kann auch der Nulleffekt auf Null gesetzt werden, um den Sondenausfall einzuspielen. Setzt der Übende versehentlich die Sonde auf die zu prüfende Oberfläche auf, erzeugt ein Drucksensor eine deutliche Erhöhung des Nulleffekts und somit Sondenkontamination.

8.7.2 Prüfstrahler und Übungsstrahler

Letztendlich gibt es keinen Ersatz für das Ausmessen eines realen Strahlers. Ein ohnehin zur radiologischen Kontrolle erforderlicher γ-Prüfstrahler, meist Cs-137 mit 333 kBq, hat zwar keine nennenswerte Reichweite, macht aber zumindest die Schwierigkeit der Detektion aktivitätsschwacher γ-Strahler und die unterschiedliche Empfindlichkeit von Dosisleistungsmessgeräten und Kontaminationsnachweisgeräten deutlich. Interessant zum Trainieren der Strahlersuche in größeren Bereichen ist ein umschlossener Übungsstrahler Cs-137 mit wenigstens 10 MBq bis 50 MBq Aktivität. Unbedingt zu beachten ist hier aber, dass bei Überschreitung der Aktivitäts-Freigrenze nach Strahlenschutzverordnung eine Umgangsgenehmigung und üblicherweise die Bestellung eines Strahlenschutzbeauftragten mit entsprechendem Fachkundenachweis erforderlich ist.

8.7.3 Natürliche radioaktive Stoffe

In der Natur lassen sich einige Materialien finden, die Radionuklide in schwachen Aktivitäten beinhalten. Deren Besitz bedarf keiner Genehmigung, sie erzeugen in kleinen Mengen an einem Kontaminationsmonitor jedoch schon Impulsraten um und über dem dreifachen Nulleffekt. Solche Stoffe sind zum Beispiel:

- Kalium: es besteht pro Gramm aus ca. 0,12 mg radioaktivem Kalium-40.
- Kaliumhaltige Pottasche ist als Triebmittel für Gebäck um Weihnachten in Drogerien erhältlich.
- Granit enthält häufig Spuren von Uran und Thorium.
- Glühstrümpfe aus älteren Gaslampen.
- Alte Dekorfliesen enthalten gelegentlich uranhaltige Pigmente.

Internet

www.bfs.de (Bundesamt für Strahlenschutz – BfS)
www.fs-ev.de (Fachverband für Strahlenschutz e. V.)
www.helmholtz-muenchen.de (Helmholtz Zentrum München)
www.ssk.de (Strahlenschutzkommission – SSK)

Weiterführende Literatur zu Kapitel 8

Bayerisches Staatsministerium für Umwelt, Gesundheit und Verbraucherschutz (Hrsg.): Radioaktivität und Strahlungsmessung, 8. Auflage, München, 2006.
Berufsgenossenschaft Energie Textil Elektro – Institut für Strahlenschutz (Hrsg.): Strahlenbiologie und Strahlenschutz (6/01).
Feuerwehr-Dienstvorschrift (FwDV) 500 »Einheiten im ABC-Einsatz«, Stand 2003.
Griesbach, M.: Regelmäßige Geräteprüfung ist ein Muss, Florian Hessen 11/1993, S. 4f.
Strahlenschutzverordnung vom 20. Juli 2001, BGBL. I Nr. 38 S. 1714 (2002, 1459), zuletzt geändert durch Art. 2 G v. 29. August 2008 I 1793.
Zimmermann, G.: Strahlenschutz, 3. Auflage, Verlag W. Kohlhammer, Stuttgart, 1993.

9 Unfälle in der Umgebung kerntechnischer Anlagen

Die bei Unfällen in kerntechnischen Anlagen geplanten Maßnahmen erfolgen in Zuständigkeit der jeweiligen Bundesländer. Sie orientieren sich an den bundesweiten Rahmenempfehlungen für den Katastrophenschutz in der Umgebung kerntechnischer Anlagen. Für jede kerntechnische Anlage wird von der zuständigen Behörde ein besonderer Katastropheneinsatzplan erstellt und für bestimmte Aufgaben (Einrichtung von Notfallstationen, Ausgabe von Kaliumjodid-Tabletten usw.) können pro Anlage zusätzlich mehrere Anschlusspläne vorliegen. Aufgaben für den Bereich Messtechnik ergeben sich beim Einsatz in Notfallstationen, als Strahlenspürtrupps und im Bereich der Sammelstellen.

9.1 Notfallstationen

Im Rahmen der Vorplanung von Schadenereignissen in Kernkraftwerken sind die Notfallstationen, die sich außerhalb des 25 Kilometer Radius von Kernkraftwerken befinden müssen, dazu vorgesehen, die evakuierte und gleichzeitig möglicherweise kontaminierte Bevölkerung zu dekontaminieren. Aus Sicht der Messtechnik sind hier insbesondere die Bereiche der Kontaminationskontrolle interessant.

Gleich nach dem Betreten einer Notfallstation im Eingangsbereich werden die eintreffenden Personen mit einer Kontaminationsvorprüfung untersucht. Dazu stellt sich die zu messende Person mit einem Meter Abstand vom Messgerät auf. Weitere zu untersuchende Personen müssen mindestens fünf Meter Abstand halten. Als Messgeräte sind hier Dosisleistungsmessgeräte vorgesehen. An dieser Stelle soll eine Trennung von kontaminierten und nicht kontaminierten Personen erreicht werden.

Die gleiche Messanordnung gilt für die genaueren Messungen kontaminierter Personen im Inneren der Station bzw. nach der Dekontamination. Hier sollen bevorzugt Kontaminationsmonitore zum Einsatz kommen. Um im Katastrophenfall die Empfindlichkeit der Kontaminationsmonitore zu reduzieren, damit Kontaminationen der Haut im Bereich von 0,4 kBq/cm^2 bis 40 kBq/cm^2 und darüber noch erfasst werden können, wird der Anbau einer 3 mm starken Aluminiumplatte empfohlen.

Eine weitere Aufgabe, bei der die Messtechnik zum Einsatz kommt, ist die Abschätzung der Schilddrüsendosis. Für diese Messung wird ein Dosisleistungsmessgerät direkt unterhalb des Kehlkopfes aufgesetzt, um die Dosisleistung zu bestimmen, aus der über eine Tabelle die Schilddrüsendosis grob abgeschätzt werden kann.

9.2 Strahlenspürtrupps

Messungen in der Umgebung der Kernkraftwerke erfolgen gemäß der Richtlinie zur Emissions- und Immissionsüberwachung kerntechnischer Anlagen (REI) sowie ggf. durch weitere Messdienste. Als Messdienste stehen Messtrupps und Strahlenspürtrupps zur Verfügung. Nach der REI werden die Messtrupps der Betreiber in der Zentralzone (Radius von zwei Kilometern um die kerntechnische Anlage) und in einem 90°-Sektor (beaufschlagtes Gebiet mit benachbarten Sektoren) der Mittelzone (Radius von zehn Kilometern um die kerntechnische Anlage) tätig. Messtrupps unabhängiger Messstellen und fachkundiger Organisationen sind für das übrige Gebiet der Mittelzone und mindestens fünf Sektoren der Außenzone (Radius von 25 Kilometer um die kerntechnische Anlage) zuständig. Die Strahlenspürtrupps des Katastrophenschutzes und zuweilen auch die der Polizei werden hauptsächlich im übrigen Gebiet eingesetzt. Diese Trupps bestehen aus jeweils drei Personen 1/2/3.

Die Strahlenspürtrupps haben die Aufgabe, an vorher festgelegten Messpunkten in definierten Sektoren die Ortsdosisleistung zu bestimmen, Kontaminationsmessungen durchzuführen und anhand vorgegebener Verfahren Proben (Boden-, Bewuchs- und Wasserproben) zu entnehmen. Die Details sind in den Richtlinien der Innenministerien für Strahlenspürtrupps der Feuerwehren in der Umgebung kerntechnischer Anlagen geregelt.

9.3 Probensammelstellen und Sammelplätze

Die Aufgabe der Probensammelstellen und Sammelplätze[34] liegt darin, die Strahlenspürtrupps zu führen, die Messergebnisse zu registrieren, die von den Strahlenspürtrupps gesammelten Proben zu erfassen und an die jeweiligen Untersuchungsstellen weiterzuleiten.

34 Mit Einführung der neuen Rahmenempfehlungen für den Katastrophenschutz in der Umgebung kerntechnischer Anlagen 2008 wurde die ursprüngliche Bezeichnung »Sammelstelle« in »Probensammelstellen und Sammelplätze« umgewandelt. Der Begriff »Sammelstelle« wird nun anderweitig verwendet. Die Begrifflichkeiten sind im Anhang »Begriffserläuterungen zu den Rahmenempfehlungen« dargestellt [24].

Internet

www.verwaltungsvorschriften-im-internet.de/bsvwvbund_27102008_RSII515 93013.htm (Rahmenempfehlung des Bundes für den Katastrophenschutz in der Umgebung kerntechnischer Anlagen vom 12. November 1999, GMBl. Nr. 28/29)
www.ssk.de (Strahlenschutzkommission – SSK)

Literatur

[24] Rahmenempfehlungen für den Katastrophenschutz in der Umgebung kerntechnischer Anlagen, Stand 21. September 2008, amtliche Fassung veröffentlicht im GMBl Nr. 62/63, Dezember 2008.

Weiterführende Literatur zu Kapitel 9

Strahlenschutzkommission: Medizinische Maßnahmen bei Kernkraftwerksunfällen, Leitfaden für Ärztliche Berater der Katastrophenschutzleitung, Ärzte in Notfallstationen, Ärzte in der ambulanten und stationären Betreuung; Veröffentlichungen der Strahlenschutzkommission, Band 4, 3. Auflage, H. Hoffmann Fachverlag, 2007.

Strahlenschutzkommission: Notfallschutz und Vorsorgemaßnahmen bei kerntechnischen Unfällen; Klausurtagung der Strahlenschutzkommission, 7./8. November 1991; Veröffentlichungen der Strahlenschutzkommission, Band 25, H. Hoffmann Fachverlag, 1993.

Strahlenschutzkommission: Leitfaden für den Fachberater Strahlenschutz der Katastrophenschutzleitung bei kerntechnischen Notfällen; Berichte der SSK, Heft 37, 2004.

Strahlenschutzkommission: Erläuterungsbericht zum Leitfaden für den Fachberater Strahlenschutz der Katastrophenschutzleitung bei kerntechnischen Notfällen – Begründungen, Modelle, Daten und Programme; Berichte der SSK, Heft 38, 2004.

Strahlenschutzkommission: Radiologische Grundlagen für Entscheidungen über Maßnahmen zum Schutz der Bevölkerung bei unfallbedingten Freisetzungen von Radionukliden – Empfehlung der Strahlenschutzkommission (Redaktionelle Überarbeitung der gleichnamigen Veröffentlichung aus dem Jahr 1999) mit »Rahmenempfehlungen für den Katastrophenschutz in der Umgebung kerntechnischer Anlagen« und »Leitfaden zur Information der Öffentlichkeit in kerntechnischen Notfällen«, Empfehlung der Strahlenschutzkommission; Berichte der SSK, Heft 61, 2009.

Teil B: Nachweis biologischer Gefahrstoffe

10 Nachweis biologischer Gefahren

10.1 Einleitung

Der Nachweis biologischer Gefahren wurde im Bereich des klassischen Zivil- und Katastrophenschutzes erst mit der Veränderung der globalen Sicherheitslage interessant, da auch außerhalb der bisher angedachten kriegerischen Szenarien der Einsatz pathogener Mikroorganismen, insbesondere unter dem Aspekt der asymmetrischen Kriegsführung, denkbar wurde. Im letzten Jahrhundert hatte es auch bereits eine ganze Reihe von Ereignissen gegeben, bei denen Mikroorganismen als Waffe zum Einsatz kamen, was aber, mit Ausnahme der Anschläge durch Anthraxbriefe in den USA, der breiten Öffentlichkeit nicht so richtig zu Bewusstsein gekommen ist. Den Wenigsten dürften noch der Anschlag von Anhängern des Bagwan Shree Rajineesch präsent sein, bei dem im September 1984 im Staat Orgeon mehrere hundert Menschen durch die Ausbringung des Erregers *Salmonella typhimurium* geschädigt wurden[35].

Das größte Aufsehen erregte mit Sicherheit der Einsatz von Briefen mit Milzbrand-Erregern gegen US-Amerikanische Einrichtungen im Jahr 2001 und einer Vielzahl von Nachahmungstätern in Europa. Als Folge dieser Erkenntnisse setzte ab 2002 ein wahrer Boom auf die Entwicklung tragbarer und feldtauglicher Analysengeräte zur Detektion von Mikroorganismen ein. In welchem Umfang diese Technik letztendlich flächendeckend für den Feuerwehreinsatz von Bedeutung ist und Verwendung findet, bleibt abzuwarten. Bei der augenblicklichen Analyse relevanter B-Agenzien gilt das »Schmutzige Dutzend« als die Gruppe von Erregern und Toxinen, für die die meisten Tests entwickelt werden. Dazu gehören:

35 Judith Miller et al.: Virus. Droemer Verlag. 2002

- Bakterien: Anthrax, Pest, Tularämie, Brucellose, Q-Fieber, Rotz.
- Viren: Pocken, Ebola, Venezuelanische Pferde Enzephalitis, Ebola.
- Toxine: Botulin, Ricin, Staphylokokken-Enterotoxin.

Bei allen analytischen Nachweisverfahren ergibt sich das Problem der geeigneten Probenahme. Während die Verfahren der Beprobung bei lebenden Organismen wie Menschen und Tiere erprobt sind und die Probenahme üblicherweise von Fachleuten wie Medizinern oder Mikrobiologen vorgenommen werden, bestehen bei einer absichtlichen Freisetzung die Probleme darin, den geeigneten Probenahmeort und das geeignete Probenahmeverfahren auszuwählen. Darüber hinaus müssen diese Proben dann auch noch von Einsatzkräften durchgeführt werden, die über eine eher geringe Erfahrung in der Entnahme von Proben zur mikrobiologischen Untersuchung besitzen. Einige Details zu diesem Thema werden im Kapitel 5 behandelt.

10.2 Nachweisverfahren

Bei der Tauglichkeit der Nachweisverfahren muss beachtet werden, dass der Nachweis biologischer Gefahren in erster Linie die Gruppe der Bakterien und Viren, aber auch der Toxine umfasst. Da sich diese Gruppen in ihrer Nachweisbarkeit sehr unterscheiden, existiert kein Verfahren, mit dem alle Gruppen sicher identifiziert werden können. Für die Aufgabenstellung, wie sie sich im Katastrophenschutz stellt, werden an die Nachweisverfahren folgende Anforderungen gestellt:

- Sensitivität: d. h. auch Nachweis kleinster Mengen.
- Spezifität: das bedeutet der Nachweis muss eindeutig sein, falsch positive Ergebnisse müssen vermieden werden.
- Robustheit: der Einfluss von Störkomponenten muss minimiert werden und
- Schnelligkeit: der analytische Zeitaufwand ist zu minimieren.

Mittlerweile stehen neben den traditionellen Verfahren der Laboratoriumsdiagnostik für die Analytik vor Ort molekularbiologische Methoden wie immunologische und genetische Verfahren zur Verfügung. Vom grundsätzlichen analytischen Vorgehen her ist ein dreistufiges Konzept denkbar. In einer ersten Stufe kommt es zu einem unspezifischen Monitoring der Atmosphäre. Hierzu werden LWIR-LIDAR-Systeme[36], auf Fluoreszenz basierende Verfahren oder das später beschriebene CBMS eingesetzt (siehe Kapitel 10.6). In der zweiten Stufe, der Identifikations-

36 Long Wave Infrared Light Detection and Ranging

phase werden Immunoassays und PCR-Geräte angewendet, mit denen genommene Proben innerhalb kurzer Zeit auf eine beschränkte Anzahl an Mikroorganismen oder Toxinen (hier auch mittels GC-MS) untersucht werden können (siehe Kapitel 10.5). In der dritten Stufe kommen dann die klassischen mikrobiologischen Untersuchungsverfahren zum Einsatz, die mit einem entsprechenden Zeitaufwand eine exakte Bestimmung praktisch aller Mikroorganismen zulassen.

Als Schnelldetektoren für den Nachweis von Mikroorganismen werden auch immer wieder Testverfahren angeboten, die auf dem ATP-Nachweis[37] lebender Zellen mit dem Enzym Luciferase beruhen. Im Verlauf des Testes kommt es zu einer Leuchterscheinung, die mit einem Photometer ausgewertet wird. Das Verfahren ist aber sehr unspezifisch, da es auf alle Bakterien reagiert, ebenso wie auf ATP aus anderen Quellen. Toxine und Viren hingegen können mit diesem Test nicht erkannt werden. Somit eignet sich dieses Verfahren ausschließlich für die Voruntersuchung einer Probe.

10.3 Klassische Untersuchungsverfahren

Das älteste Verfahren zum Nachweis von Mikroorganismen besteht in der Anzucht von Kulturen der Erreger. Dazu werden diese auf verschiedenen, zum Teil sehr selektiven Nährmedien vermehrt, um eine ausreichende Menge an Untersuchungsmaterial für die weiterführende Untersuchung zur Verfügung zu haben. Bereits bei der Kultivierung kann durch die Auswahl mehr oder weniger spezifischer Nährmedien und Wachstumsvoraussetzungen eine erste Unterscheidung getroffen werden. Nach der Anzuchtphase erfolgt eine Untersuchung mit dem Lichtmikroskop und der Einsatz verschiedener Färbeverfahren, um die Erreger auf Grund ihrer Größe, Gestalt, Beweglichkeit und Färbeverhaltens bestimmten Klassen zuzuordnen. Bei Viren findet die Untersuchung mithilfe eines Elektronenmikroskops statt. Diese Untersuchungsverfahren sind allerdings sehr zeitaufwändig (über 24 Stunden) und sie können nur in einem stationären Labor durchgeführt werden. Biologische Toxine können auf diesem Weg grundsätzlich nicht nachgewiesen werden.

Im Fall der Analytik von Bakterien besteht noch zusätzlich die Möglichkeit, durch den Einsatz von Indikatormedien Besonderheiten des Stoffwechsels zu erkennen. Dabei handelt es sich um Nährböden mit spezifischen Substraten, die mit bestimmten Bakterienstämmen eine optisch auswertbare Farbreaktion erzeugen.

---

37 ATP = Adenosintriphosphat

10.4 Immunologische Verfahren

Bei den immunologischen Methoden beruht der Nachweis von Bakterien, Viren oder Toxinen auf der Identifizierung von molekularen Oberflächenstrukturen. Es werden die spezifischen Erkennungs- und Bindungsfähigkeiten von Antikörpern ausgenutzt. Als erstes muss bei diesem Verfahren ein selektiver Antikörper für die Substanz (Antigen) gewonnen werden. Der Antikörper erkennt die Zielstruktur und bindet sich an diese an. Zur praktischen Anwendung wird der Antikörper auf einem Trägermaterial, wie z. B. einem Teststreifen, verankert. In einem Folgeschritt muss dieser Bindungsvorgang dann noch über ein chemisches oder physikalisches Verfahren nachgewiesen und ausgewertet werden. Meist wird dazu ein weiterer Antikörper eingesetzt, der sich an den fixierten Antikörper-Antigenkomplex bindet. Dieser zweite Antikörper trägt z. B. ein Enzym oder einen Farbstoff. Diese für die Markierung verwendeten Enzyme katalysieren in der Regel eine chemische Reaktion mit einem

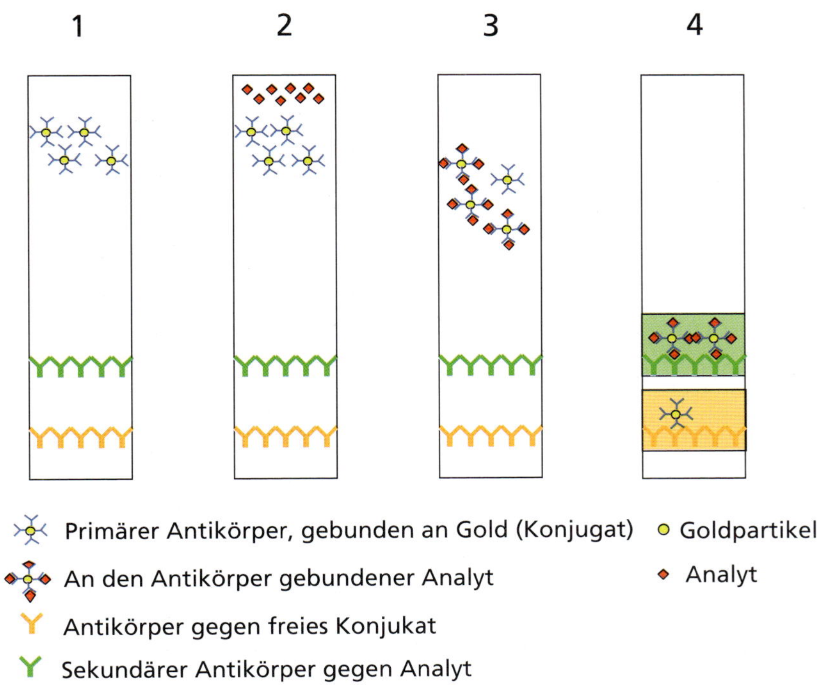

Bild 23: Prinzipieller Verfahrensablauf einer Identifikation über eine Antigen-Antikörperreaktion: Nach Aufgabe des Analyten (2) bindet sich dieser an den passenden Antikörper (3). Die gebundenen Analyten und die freien Antikörper werden dann in den entsprechenden Testfeldern gebunden (4) und erzeugen eine Farbreaktion. (Grafik: Mario König)

Substrat, bei der es zu einem sichtbaren Farbumschlag in einer Lösung kommt, der optisch ausgewertet werden kann (Bild 23). Immunologische Verfahren stellen im Augenblick die einzige Möglichkeit dar, in einem feldtauglichen Verfahren sicher Toxine nachzuweisen.

Die klassischen, immunologischen Laborverfahren sind relativ zeitaufwändig und benötigen einen erheblichen apparativen Aufwand. Für den schnellanalytischen Einsatz werden zur Zeit zwei Wege beschritten. Zum einen werden sehr einfache Test-Kits erstellt, die an Stäbchentests zur Wasseranalytik erinnern, zum anderen wurden in den letzten Jahren apparative Verfahren mit einem hohen Automatisierungsgrad entwickelt, deren endgültige Bewährung aber noch aussteht.

Im einfachsten Fall wird das Messprinzip auf den mittlerweile von mehreren Herstellern angebotenen Schnelltests realisiert. Dabei wird die mit physiologischer Kochsalzlösung aufgenommene Probe auf ein Trägermaterial getropft, das mit spezifischen Antikörpern belegt ist. Sind in der zu untersuchenden Probe die passenden Erreger/Toxine vorhanden, kommt es zu einer Farbreaktion (Bild 24).

Neben technisch einfachen Ansätzen gibt es auch ausgeklügelte technische Geräte. Eines der High-Tech-Systeme basiert auf dem Einsatz eines elektrischen Silizium-Biochips. Der Nachweis erfolgt nach dem ELISA-(**E**nzyme **L**inked **I**mmunosorbent **A**ssay)-Prinzip. Toxine werden dabei direkt in einer Antigen-Antikörperreaktion gebunden, die Bindung von Viren und Bakterien erfolgt durch DNA-gestützte Verfahren. In einem ersten Schritt erfolgt bei diesem Messgerät die Bindung des Toxins/Erregers an den Antikörper auf der Chip-Oberfläche. Das gebundene Antigen wird über einen Detektionsantikörper mit einer Enzym-Markierung versehen. Das Enzym wiederum bewirkt durch eine Reaktion mit einem Substratmolekül eine Veränderung des Redoxpotenzials, was letztendlich zu einem auswertbaren elektrischen Signal führt. Der Vorteil dieser Systeme liegt im vollautomatischen Betrieb und in der Möglichkeit, bis zu 32 Substanzen gleichzeitig detektieren zu können.

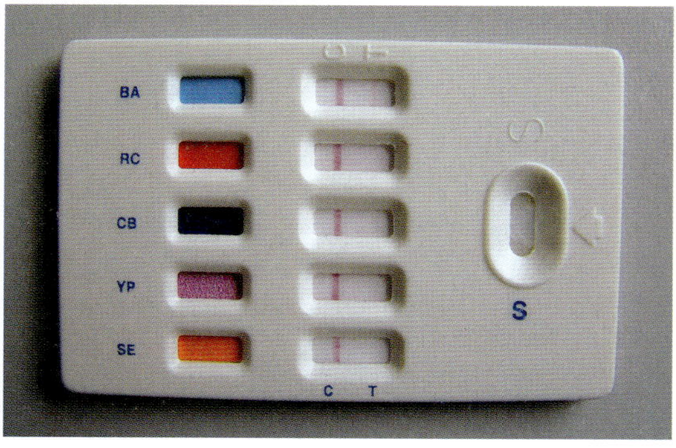

Bild 24:
Bio-Agent Simultantest-Kit der Firma Dräger
(Foto: Mario König)

10.5 Genetische Verfahren

Die Identifizierung von Organismen erfolgt bei dieser Methode über die Analyse des Erbgutes, der DNA. Es müssen dazu im Erbgut spezifische Genabschnitte gefunden und vervielfältigt werden. Dieses Verfahren wird auch angewendet, wenn von der Gewinnung des genetischen Fingerabdrucks gesprochen wird. Die hierfür verwendete Methode ist die Polymerase-Kettenreaktion (Polymerase Chain Reaktion, PCR). Dabei wird aus Organismen bzw. Zellen gewonnenes Erbgut verwendet. Durch Datenbanken sind viele Genabschnitte von Organismen bekannt, die gezielt durch kleine DNA-Segmente (die so genannten Primer mit ca. 30 Basenpaaren) gefunden werden können. Die Lücken zwischen den Primern können gezielt aufgefüllt werden. Die so gewonnenen, wieder kompletten DNA-Stränge, werden dann anschließend mit bekannten Strängen in Datenbanken verglichen und können so identifiziert werden. Bei der PCR werden die DNA-Abschnitte in mehreren Zyklen (20 bis 40) jeweils verdoppelt. Jeder Zyklus lässt sich bei einer Standard-PCR in drei Einzelschritte, die durch Temperaturänderungen für wenige Minuten durchlaufen werden, unterteilen. Nachfolgend die einzelnen Schritte einer PCR:

1. Denaturierung
In diesem Schritt wird eine Lösung aus DNA, Primern, Nukleotiden und Enzym sowie Salzen stark erwärmt. Dabei trennt sich die DNA in ihre zwei Einzelstränge, indem die Bindungen der Basenpaare, die die Stränge zusammenhalten, aufgebrochen werden. Die DNA denaturiert (Bild 25).

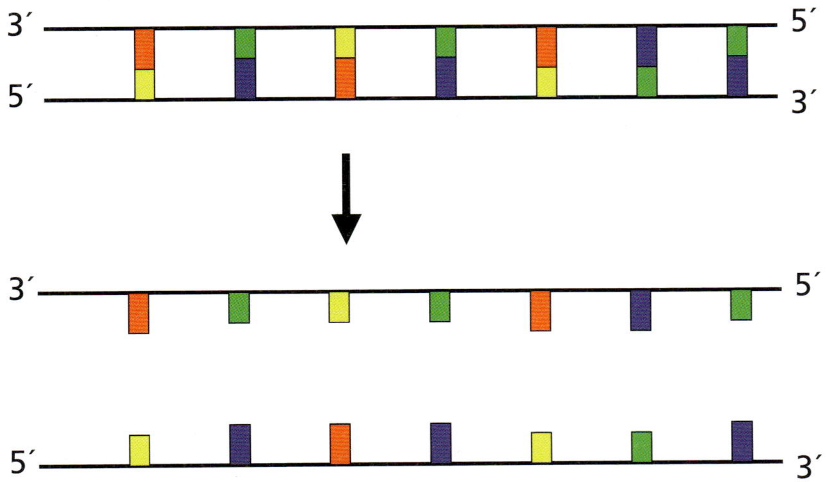

Bild 25: Spaltung von DNA-Strängen durch Erwärmung (Grafik: Mario König)

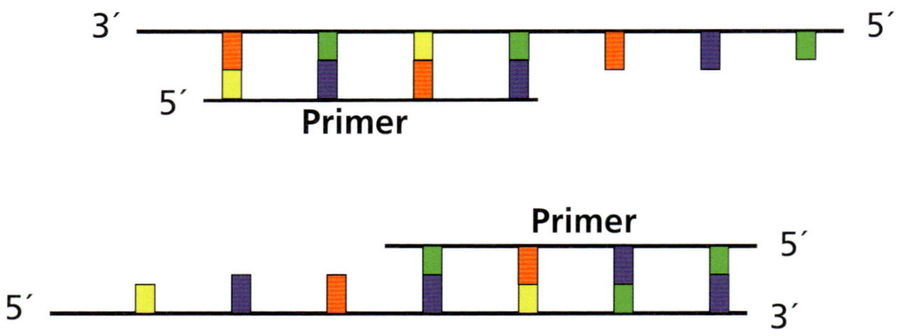

Bild 26: Anlagerung von Primermolekülen (Grafik: Mario König)

2. Hybridisierung
Nach der Abkühlung lagern sich die Primermoleküle an den passenden Stellen der DNA an (Bild 26).

3. Verlängerung
Als nächstes wird erneut die Temperatur erhöht. Das Enzym Polymerase ergänzt nun die fehlenden Bausteine des DNA-Stranges. Dazu wird jeder Einzelstrang, von der mit dem Primer markierten Stelle beginnend, mit den jeweils passenden Bausteinen zu einem dem Einzelstrang passenden Gegenstrang in einer Art »Reißverschlussverfahren« zusammengebaut. Da dieser Prozess an beiden DNA-Strängen gleichzeitig abläuft, hat sich nach dem Durchlauf des dritten Schrittes die Menge an DNA-Strängen verdoppelt. Nach zwanzig Durchläufen sind so aus einem Strang nahezu eine Million Stränge entstanden (Bild 27).

Aufgrund der Zeitersparnis wird im Bereich der Schnellanalytik meist die Real-Time-PCR verwendet. Bei diesem Verfahren werden die gebildeten DNA-Stücke bereits während der laufenden Zyklen beobachtet. Durch die Verwendung von mit einem Farbstoff markierten Primern kann aus der Stärke der Fluoreszenz auf die Menge an gebildeten DNA-Molekülen geschlossen werden. Dies ist eines von mehreren möglichen Verfahren.

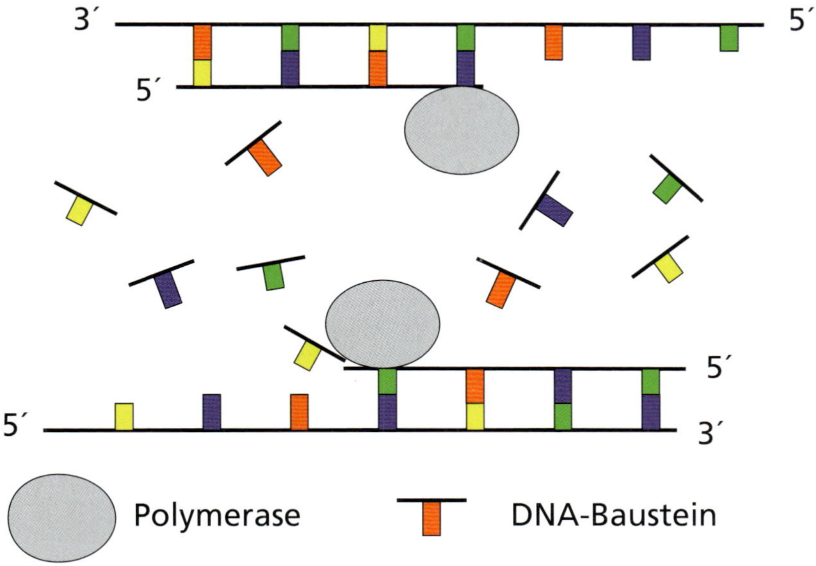

Bild 27: Auffüllen von noch fehlenden DNA-Bausteinen durch ein Enzym (Grafik: Mario König)

10.6 Massenspektrometrie

Im Augenblick befinden sich zwei massenspektroskopische Verfahren in der Erprobung. Zum einen das MALDI-TOF Massenspektrometer (Bruker Daltonics), bei dem die in eine Matrix eingebundene Probe (Matrix Assisted Laser Desorption/Ionisation) durch Laserbeschuss ionisiert wird. Die Auswertung der Fragmente erfolgt dann in einem so genannten Flugzeit-Massenspektrometer (Time of Flight). Mit diesem System können Massen bis zu 10^6u bestimmt werden. Der Nachweis der einzelnen Mikroorganismen erfolgt durch die Identifikation charakteristischer Proteinfragmente.

Alternativ wird das Chemisch-Biologische-Massenspektrometer (CBMS, Bruker Daltonics), ein militärisch gehärtetes Massenspektrometer, kombiniert mit einer Luftsammelvorrichtung und einem System zur Pyrolyse der Probe eingesetzt. Das Gerät ist speziell zu Detektion biologischer Kampfstoffe entwickelt worden. Innerhalb von drei Minuten soll das Gerät biologische Agenzien erkennen und in die Gruppen Bakterien (Zellen), Sporen oder Toxine einteilen können. Der Nachweis bzw. die Identifikation von biologischem Material erfolgt auch bei diesem Verfahren über die Untersuchung von Fragmenten der spezifischen Proteine.

Aufgrund der Kosten und der nicht ganz einfachen Bedienung haben diese Geräte bisher nur im militärischen Bereich Anwendung gefunden.

Weiterführende Literatur zu Kapitel 10

Schwedt, G., Schreiber, J.: Taschenatlas der Analytik, 3. Auflage, Wiley-VCH, 2007.

Domke, J.: »ABC-Einheiten« im Katastrophenschutz – Ist die Detektion biologischer Agenzien vor Ort bald möglich?, 112 Magazin 6/2009, S. 27ff.

Bannert, N., Biederbick, W., Brockmann, S. et al.: Diagnostik von Infektionserregern und Toxinen, In: Biologische Gefahren I, Handbuch zum Bevölkerungsschutz, 3. Auflage, Bundesamt für Bevölkerungsschutz und Katastrophenhilfe (Hrsg.), Bonn, 2007.

Kayser, F., Böttger, E., Zinkernagel, R.: Taschenlehrbuch Medizinische Mikrobiologie, 11. Auflage, Thieme Verlag, 2005.

Richter, S.: Schnelltest-/Screening-Methoden zum Nachweis von biologischen Kampfstoffen/Krankheitserregern, Instituts-Bericht 451, Institut der Feuerwehr Sachsen-Anhalt, März 2009.

Teil C: Nachweis chemischer Gefahrstoffe

11 Prüfröhrchen

Prüfröhrchen sind nach wie vor ein wichtiges und bei den Feuerwehren weit verbreitetes Hilfsmittel bei der Gefahrenbeurteilung. In vielen Einsatzsituationen sind sie das einzige Nachweisverfahren, um überhaupt Aussagen über eine gefährliche Gaskonzentration in der Umgebungsluft oder über unbekannte Inhaltsstoffe in Gebinden machen zu können. Ein Prüfröhrchen kann ohne aufwändige Vorbereitung sofort eingesetzt werden und liefert schon nach relativ kurzer Zeit quantitative, halbquantitative oder nur qualitative Informationen. Bei falscher Handhabung sind die erzielten Ergebnisse jedoch mit sehr großen Fehlern behaftet und dadurch oft unbrauchbar. Der Umgang mit Prüfröhrchen erfordert viel Erfahrung, gute Kenntnisse des verwendeten Systems und chemisches Grundlagenwissen, um die Prüfröhrchenanzeigen nach einer Messung richtig zu interpretieren.

Das Messprinzip beruht darauf, dass sich Chemikalien in den Füllschichten innerhalb eines Glasröhrchens charakteristisch verfärben, wenn sie mit dem in der Umgebungsluft nachzuweisenden Gas oder Dampf in Berührung kommen. Die Auswertung erfolgt entweder nur qualitativ oder quantitativ mithilfe aufgedruckter Markierungen und Skalenteilen. Die Auswertung muss sofort erfolgen, da sich die Verfärbung im Laufe der Zeit wieder verändert.

11.1 Geschichtliche Entwicklung

Das erste Prüfröhrchen wurde für den Bergbau entwickelt. 1919 erhielten zwei Amerikaner das erste Patent für ein Prüfröhrchen mit dem der qualitative Nachweis von Kohlenstoffmonoxid möglich wurde [25].

Die Entwicklung geeigneter Prüfröhrchen war auch für militärische Anwendungen interessant, da man dadurch Kampfstoffe in der Luft und in Feststoffproben nachweisen konnte (Auer Gasspürgerät von 1938 [26]).

Nach dem zweiten Weltkrieg begann man mit der Neuentwicklung von Pumpen und Röhrchen sowie der Neuerschließung vieler verschiedener ziviler Anwendungsgebiete. Auer brachte 1955 den »Auer-Gas-Messanzeiger« auf den Markt, der zum ersten Mal eine universelle Anwendung einer Gasfördereinrichtung in Kombination mit verschiedenen Prüfröhrchen ermöglichte. Die Entwicklung des »Dräger-Schröter-Gasspürgerätes«, welches 1950 zu dem »Dräger-Gasspürgerät« weiter entwickelt wurde, endete mit der »Gasspürpumpe Modell 31«, die 1954 auf den Markt kam [27]. Auffallend ist, dass sich die Pumpentechnik über Jahre hinweg kaum verändert hat. Die in den fünfziger und sechziger Jahren des 20. Jahrhunderts entwickelten Handpumpen mit Balg- oder Saugball-Technik sind neben den Ende der achtziger Jahre entwickelten neuen Modellen noch heute vielerorts im Gebrauch.

Schwerpunkt der Prüfröhrchenanwendung ist nach wie vor die Schadstoffmessung in der Umgebungsluft an Arbeitsplätzen, zur Kontrolle der durch die Arbeitsschutzrichtlinien vorgegebenen Grenzwerte (Arbeitsplatzgrenzwert, AGW). Die einfache Handhabung der Pumpentechnik und die schnell vorliegenden Messergebnisse machten die Prüfröhrchen-Messtechnik auch für Feuerwehren interessant, für die mittlerweile Prüfröhrchentypen entwickelt wurden, die speziell auf deren Bedürfnisse zur Gefahrenerkennung zugeschnitten sind (z. B. MSA Auer-Aktionstest, Dräger-Simultantest, GASTEC-Polytec-System, KITAGAWA-Multitest).

11.2 Pumpen

Prüfröhrchen und Pumpe bilden zusammen die Messeinrichtung. Die Pumpe hat dabei die Aufgabe, eine definierte Probenmenge durch das Prüfröhrchen zu fördern. Fördervolumen, Förderzeit und Fördercharakteristik sind wichtige Pumpeneigenschaften.

Normalerweise sollen beide Komponenten der Messeinrichtung von einem Hersteller eingesetzt werden, da die Kalibrierung der Röhrchen mit den herstellerspezifischen Pumpentypen durchgeführt wurde. Die Frage der Austauschbarkeit stellt sich für die Anwendung bei der Feuerwehr aber eigentlich nicht, da normalerweise keine Komponenten verschiedener Hersteller beschafft werden. Im Einsatzfall ist eine Kombination unterschiedlicher Produkte (für den gleichen Röhrchendurchmesser) standortübergreifend auf jeden Fall tolerierbar, wenn dies die einzige Möglichkeit ist, überhaupt Messungen zu machen.

Für die Messungen mit Kurzzeit-Prüfröhrchen können Handpumpen oder automatische Pumpen zum Einsatz kommen. Nach Abschluss einer Messung spült man die verwendete Pumpe mit mehreren Hüben in sauberer Umgebungsluft.

11.2.1 Handpumpen

Alle auf dem Markt befindlichen Pumpentypen besitzen ein Fördervolumen zwischen 50 ml und 100 ml pro Hub. Zum Öffnen der Röhrchen ist an allen Pumpen eine besondere Abbrechvorrichtung angebracht.

Auer Gas Tester II
Diese Balgpumpe ist seit 1989 auf dem Markt (Bild 28). Die Pumpe wird mit beiden Händen durch Zusammendrücken vorgespannt und mit einer Hand durch Drücken der Starttaste ausgelöst. Der Pumpenhub ist erst beendet, wenn in der fest eingebauten Hub-Endanzeige eine grüne Kappe wieder vollständig sichtbar ist. Zu Beginn des Pumpenhubs ist das Sichtfenster schwarz. Ein fest eingebautes Zählwerk erleichtert das Mitzählen der Pumpenhübe. Es wird zu Beginn der Messung mit einem Drucktaster auf Null gestellt.

Dräger-Gasspürpumpen
Die Dräger Balgpumpe »accuro« (siehe auch Bild 30) ist eine Weiterentwicklung der Gasspürpumpe »Modell 21/31«. Beide Pumpentypen müssen mit einer Hand zusammengedrückt werden. Nach der Freigabe des Balges läuft der Pumpvorgang selbständig ab. Beim Modell 21/31 wird das Ende des Hubs durch eine Kette angezeigt, die vollständig gespannt sein muss, bevor der nächste Hub begonnen werden kann. Beim accuro-Modell wird das Hubende durch einen fest eingebauten Hubzähler an-

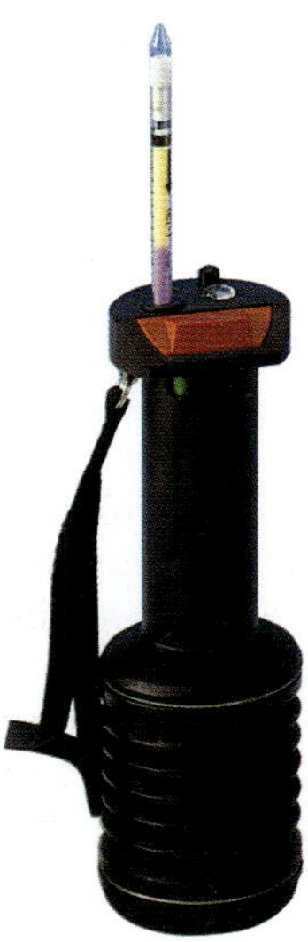

Bild 28:
Auer Gas Tester II (Werkfoto: MSA Auer GmbH)

Bild 29:
GASTEC Pumpe GV-100S (Werkfoto: Leopold Siegrist GmbH)

gezeigt. Als weitere Verbesserung wurde ein Scherenmechanismus eingebaut, der ein paralleles Zusammendrücken des Balges gewährleistet.

Kolbenhubpumpen
GASTEC, KITAGAWA und RAE SYSTEMS verwenden Kolbenpumpen, deren Aufbau und Anwendung bei allen drei Anbietern weitestgehend gleich ist (Bild 29). Je Hub lassen sich entweder 50 ml oder 100 ml Volumen ansaugen. Im Normalbetrieb muss eine Kolbenpumpe mit zwei Händen bedient werden. Je nach Hersteller wird zusätzlich noch ein »Einhand-Ventil« angeboten, das auf die Pumpe aufgeschraubt werden kann. Die Pumpe wird vor der Probenahme mit beiden Händen »vorgespannt«. Der Saugvorgang kann an der Einsatzstelle dann mit einer Hand per Knopfdruck ausgelöst werden.

11.2.2 Automatische Pumpen

Für Prüfröhrchen von Dräger und MSA-Auer, die hohe Hubzahlen erforderlich machen, sind automatische Pumpen einsetzbar. Der Einsatz kommt für Feuerwehren – insbesondere bei Messungen im Freien – nur begrenzt in Frage. Vor der Messung ist sicherzustellen, dass die Akkukapazität für hohe Hubzahlen ausreicht. Auch ist zu beachten, dass die verwendeten Geräte eine Explosionsschutzzulassung haben.

11.3 Prüfröhrchen

11.3.1 Aufbau

Prüfröhrchen bestehen ganz allgemein aus einem Glasrohr und einer Füllung aus Chemikalien, die in verschiedenen Schichten angeordnet sind. Das Glasrohr dient als Träger für die Beschriftung (Skala, Röhrchentyp, Hubzahl, Maßeinheit, Beschriftungsfeld und Richtungspfeil). Es schützt den Röhrcheninhalt in ungeöffnetem Zustand vor dem Kontakt mit der Umgebungsluft. Die auf dem Markt angebotenen Prüfröhrchen haben je nach Hersteller unterschiedliche Durchmesser.

Die Reagenzien, die die Messkomponente aus dem Prüfgasstrom herausfiltern und durch Farbumschlag sichtbar machen, werden in meist geringen Konzentrationen auf ein Trägermaterial aufgebracht, das an der chemischen Reaktion selbst nicht teilnimmt. Auch Eigenschaften des Trägermaterials bestimmen das Anzeigeverhalten des Prüfröhrchens. Die Korngröße beeinflusst den Strömungswiderstand und damit die Dauer eines Pumpenhubs. Je kleiner die Korngröße, desto größer wird die erreichbare Packungsdichte. Die Kontaktzeit des Messgases mit dem Füllpräparat erhöht sich mit dem Vorteil, dass der Ablauf der chemischen

Reaktion verbessert und die Qualität der Anzeige erhöht wird. Als Nachteil wirkt sich dann der durch den Strömungswiderstand verursachte Zeitbedarf für einen Hub aus. Die chemische Reaktion, die ablaufen muss, damit eine Verfärbung eintritt, erfordert bei vielen Röhrchen zusätzliche Hilfsschichten, die durch Hilfsbausteine (Fritten, Abstandhalter, Halteelemente, zusätzliche Glasampullen) voneinander getrennt werden und die Gesamtanordnung der Füllpräparate vor mechanischer Belastung schützen (Rüttelfestigkeit). Aber nicht immer können alle für die Farbreaktion benötigten Substanzen in einem Röhrchen untergebracht werden, dann muss für die Messung ein zweites Röhrchen als Vorsatzröhrchen mit dem Anzeigeröhrchen mithilfe eines kurzen Gummischlauches verbunden werden.

Aufgrund ihres Aufbaus werden Prüfröhrchen in verschiedene Gruppen eingeteilt:

Einschicht-Prüfröhrchen
Die Füllung des Röhrchens besteht nur aus der Anzeigeschicht.

Mehrschicht-Prüfröhrchen
Das Röhrchen ist mit mehreren Schichten gefüllt, die je nach der erforderlichen chemischen Reaktion unterschiedliche Aufgaben haben.

Ampullen-Prüfröhrchen
Die geringe Haltbarkeit mancher Reaktionspartner führt dazu, dass neben den Füllschichten auch noch Glasampullen mit festen, flüssigen oder dampfförmigen Reagenzien in dem Glaskörper des Prüfröhrchens untergebracht sind. Für die Messung wird dann die Reagenzampulle durch Knicken des Röhrchens geöffnet. Ein aufgeschrumpfter Schlauch ermöglicht das Knicken des Röhrchens, hält die Bruchstücke zusammen und schützt den Anwender vor Verletzungen. Die sichere Handhabung bedarf aber einiger Übung. Bei bestimmten Prüfröhrchen werden die Röhrchen erst geöffnet, nachdem bereits Luft durch das Röhrchen verteilt wurde.

Zweier-Prüfröhrchen
Dieser Röhrchentyp besteht aus einer festen Kombination von Anzeige- und Vorröhrchen, zusammengehalten durch eine Verbindungshülse und einen Schrumpfschlauch.

Prüfröhrchen mit Vorröhrchen
Im Gegensatz zu den Zweierröhrchen besteht diese Röhrchen-Kombination aus zwei getrennten einzelnen Röhrchen, die für die Messung nach dem Öffnen mit einem kurzen Schlauchstück verbunden werden müssen. Das Zusatzröhrchen muss entweder vor oder hinter dem Anzeigeröhrchen angebracht werden.

Prüfröhrchen für Simultanmessungen
In verschiedenen Testsets sind jeweils verschiedene Röhrchen zusammengefasst, die gleichzeitig beprobt werden.

11.3.2 Kennzeichnung

Durch die Beschriftung erhält der Anwender Informationen, die für die korrekte Anwendung des Röhrchens wichtig sind. Die Besonderheiten, etwa die Veränderung des Messbereiches durch Variation der Pumpenhübe, müssen der Gebrauchsanleitung entnommen werden.

11.4 Anwendung in der Praxis

11.4.1 Fehlerquellen

Messungen mit Prüfröhrchen sind zwar relativ leicht durchführbar und bieten die Möglichkeit zu Messungen bis in den ppm-Bereich. Das Verfahren bietet aber leider auch die Möglichkeit zu vielen Fehlern, die den Feuerwehreinsatzleiter dazu verpflichten, alle mit Prüfröhrchen erzielten Messwerte mit gebotener Vorsicht zu bewerten. Die Wahrscheinlichkeit für große Messfehler ist gerade dann besonders hoch, wenn an einer Einsatzstelle ein Trupp einen Messauftrag bekommt, der keine Übung und praktische Einsatzerfahrung mit Prüfröhrchen hat. Die Schwierigkeiten beginnen mit der Auswahl der geeigneten Röhrchen, wenn kaum Informationen vorliegen, sie setzen sich mit dem Entziffern und Verstehen der Gebrauchsanleitung fort und hören mit der korrekten Vorbereitung der Messeinrichtung leider noch lange nicht auf. Nachfolgend eine Liste der möglichen Fehlerquellen:

1. Falsches Röhrchen.
2. Undichte oder defekte Handpumpe.
3. Röhrchen nicht oder unvollständig geöffnet.
4. Richtungspfeil nicht beachtet.
5. Falsche Messhöhe.
6. Falsche Hubzahl.
7. Das Röhrchen wird während der Messung nicht beobachtet.
8. Unkorrekt ausgeführte Pumpenhübe.
9. Ablesefehler.
10. Gebrauchsanleitung nicht beachtet.
11. Falsche Umgebungsbedingungen.
12. Querempfindlichkeit.
13. Röhrchen mehrfach benutzt.
14. Haltbarkeitsdatum abgelaufen.

Ein Teil der denkbaren Fehler kann durch eine gute Einsatzvorbereitung, regelmäßige Ausbildung und Übungen sowie eine vorausschauende Unterweisung der an der Einsatzstelle eingesetzten Trupps vermieden werden.

11.4.2 Einsatzvorbereitung

Welche Prüfröhrchen sollen beschafft werden? Die Beantwortung dieser Frage liefert mittlerweile die FwDV 500, in der unter Ziffer 4.2.3 eine Prüfröhrchenausstattung mindestens nach vfdb-Richtlinie 10-01 als Sonderausrüstung für eine Gruppe gefordert wird.

Die Gebrauchsanleitungen der Röhrchen sind für die Anwendung im Feuerwehreinsatz ungeeignet, da sie sehr klein gedruckt sind und die für die sofortige Benutzung wichtigen Informationen sich nicht von anderen Informationen unterscheiden lassen. Vergrößerte Kopien der Gebrauchsanleitungen, in denen die Informationen farblich markiert sind, beschleunigen die Anwendung an der Einsatzstelle erheblich. Prüfröhrchen-Handbücher sind an der Einsatzstelle auch nicht hilfreich, da durch die Vielzahl der angeführten Röhrchentypen mit unterschiedlichen Messbereichen schnell Verwechslungen entstehen können. Eine andere Möglichkeit besteht darin, für die vorgehaltene Prüfröhrchenauswahl eine übersichtliche, einlaminierte Kurzanweisung in Tabellenform zu schreiben, in der nur die absolut wichtigen Hinweise angeführt sind.

11.4.3 Übungsmöglichkeiten

Übungen mit Prüfröhrchen bleiben immer abstrakt, wenn keine Verfärbung erkennbar ist. Das richtige Gefühl im Umgang mit Prüfröhrchen kann nur vermittelt werden, wenn auch ein Ergebnis ablesbar ist. Das Üben an offenen Chemikalienflaschen birgt aber Gesundheitsgefahren für die an der Übung Beteiligten. Völlig ungefährlich dagegen ist beispielsweise die Anwendung der MSA-Auer Trainerröhrchen, mit denen die Existenz von bis zu zehn verschiedenen Gasen simuliert werden kann. Für die Demonstration des Farbumschlages wird das geöffnete Trainerröhrchen mit dem ausgewählten Prüfröhrchen über einen kurzen Gummischlauch verbunden. Der Ablauf der Probenahme verläuft dann wie bei einer regulären Messung auch. Ein Trainerröhrchen reicht für etwa 20 Demonstrationshübe. Nicht vollständig verbrauchte Trainerröhrchen können mit Verschlusskappen beidseitig verschlossen werden, um sie für weitere Demonstrationen zu lagern. Für die Civil Defense Simultantestsets bietet Dräger Trainingssets an.

11.5 Prüfröhrchensysteme

Derzeit gibt es fünf Anbieter für Prüfröhrchen auf dem deutschen Markt, in den sehr viel Bewegung gekommen ist. Der Vergleich von Genauigkeit, Hubzahl, Haltbarkeit, Temperaturbereich und Einkaufpreis führte bei verschiedenen Feuerwehren zu einem Wechsel des Prüfröhrchensystems. Alle fünf Systeme bieten Strategievorschläge für Feuerwehreinsätze an, bei denen unbekannte Stoffe durch die Anwendung von speziellen Röhrchen (Einzelröhrchen in Parallelschaltung oder Einzelröhrchen mit mehreren Anzeigeschichten) in Verbindung mit anderen Nachweisverfahren (z. B. Photoionisationsdetektor, Explosionsgrenzenwarngerät) identifiziert werden sollen.

11.5.1 Dräger Safety

Die von Dräger Safety angebotenen Simultantest-Sets sind eine Entwicklung für die Feuerwehren und ermöglichen es den Einsatzkräften, an der Einsatzstelle mit jeweils einer Messung fünf verschiedene Röhrchen zu beproben (Bild 30). Die Röhrchen werden mithilfe eines speziellen Zubehörteils geöffnet, über einen Adapter mit der Pumpe verbunden und mit einem Liter Umgebungsluft (zehn Hübe) beprobt. Eine oder zwei

Bild 30: Dräger-Simultantest in Verbindung mit einer Handgasspürpumpe (Werkfoto: Dräger Safety AG & Co. KGaA)

Markierungen erlauben eine halbquantitative Aussage über die Schadstoffkonzentration.

11.5.2 GASTEC

Seit 2002 bietet die Firma Siegrist aus Karlsruhe Prüfröhrchen des japanischen Herstellers GASTEC in Deutschland an. Für Feuerwehreinsätze sind die Polytec-Röhrchen interessant. Mithilfe eines Entscheidungsbaumes kann bei unbekannten Substanzen die Stoffgruppe mit wenigen Pumpenhüben in Kombination mit Einzelröhrchen und einem Photoionisationsdetektor eingegrenzt werden. Da die GASTEC-Röhrchen einen geringeren Durchmesser als die bei Feuerwehren verwendeten Probenahmeröhrchen (Tenax®, Silikagel) haben, steht für die Kolbenpumpe ein Adapter zur Verfügung. Zusätzlich zu dem englischsprachigen Prüfröhrchenhandbuch wird deutschsprachiges Material für die Ausbildung und als Einsatzhilfsmittel in Dateiform zur Verfügung gestellt.

11.5.3 KITAGAWA

Das KITAGAWA Prüfröhrchensystem wird von der Firma Compur Monitors seit 1987 auf dem deutschen Markt angeboten. Für über 140 verschiedene Stoffe sind Kurzzeitröhrchen mit unterschiedlichen Messbereichen erhältlich. Für Feuerwehren interessant sind die so genannten Multitest-Röhrchen für anorganische und organische Gase.

11.5.4 MSA-Auer

Die Firma MSA-Auer bietet Prüfröhrchen für über 170 verschiedene Substanzen an. Für den Bedarf der Feuerwehren besonders zugeschnitten ist ein Aktionsprüfröhrchen-Set, das spezielle Röhrchen für 15 Substanzen enthält. Die Aktionsprüfröhrchen werden jeweils mit zwei oder fünf Hüben beprobt. Zwei aufgedruckte Warnmarkierungen ermöglichen eine halbquantitative Aussage, die sich am Arbeitsplatz-Grenzwert AGW (1. Markierung) und am Einsatz-Toleranzwert ETW der vfdb-Richtlinie 10-01 (2. Markierung) orientieren. In Verbindung mit einem Qualitest-Röhrchen hat MSA-Auer einen Strategievorschlag zum Erkennen möglicher Gasgefahren nach chemischen Unfällen, Bränden oder auf Deponien gemacht.

11.5.5 RAE SYSTEMS

Die Prüfröhrchen des amerikanischen Unternehmens RAE SYSTEMS, das 1991 gegründet wurde, sind bei den deutschen Feuerwehren noch am wenigsten bekannt. Die in China produzierten Prüfröhrchen sind seit

1993 auf dem Markt für 32 Stoffe mit unterschiedlichen Messbereichen verfügbar.

Literatur

[25] Drägerwerk AG (Hrsg.): Dräger-Prüfröhrchen Handbuch: Boden-, Wasser- und Luftuntersuchungen sowie technische Gasanalyse, 12. Auflage, Lübeck, 2001.

[26] Kretschmer, W.: Geschichte der Auer-Prüfröhrchenpumpe, Auer Mitteilungen 14/1992.

[27] Leichnitz, K.: Über 50 Jahre Dräger-Röhrchen, Drägerheft 346, Lübeck, 1990.

Weiterführende Literatur zu Kapitel 11

DIN Deutsches Institut für Normung (Hrsg.): DIN 33881-1: 2009-02 »Messen mit Prüfröhrchen – Teil 1: Einteilung«.

DIN Deutsches Institut für Normung (Hrsg.): DIN 33881-2: 2006-02 »Messen mit Prüfröhrchen – Teil 2: Begriffe«.

GASTEC Corporation (Hrsg.): Environmental Analysis Technology Handbook, 9. Auflage, 2009.

Kretschmer, W.: Einer für alle: neuartige Prüfröhrchenpumpe Gas Tester II, Auer Mitteilungen 11/1989.

Kretschmer, W.: Kleines Messinstrument mit sensiblem Innenleben: Prüfröhrchen ein Qualitätsprodukt, Auer Mitteilungen 13/1991.

Kretschmer, W.: Kombination von Prüfröhrchen und Prüfröhrchenpumpen, Auer Mitteilungen 6/1985.

May, W.: Strategievorschläge zum Erkennen möglicher Gasgefahren, Sonderdruck aus Drägerheft 339.

Jessel, Dr. W.: Gase – Dämpfe – Gasmesstechnik, Ein Kompendium für die Praxis, Dräger Safety AG & Co. KgaA, Lübeck, 2001.

Rönnfeldt, J.: Mess-Strategie an Feuerwehreinsatzstellen – fünf Thesen, BRAND-Schutz/Deutsche Feuerwehr-Zeitung 7/1998, S. 617f.

12 Chip-Mess-System

Seit März 1996 steht den Feuerwehren ein neues Messsystem zur Verfügung, das von der Firma Dräger entwickelt wurde. Es besteht aus stoffspezifischen Messchips und einem Analysegerät (»Analyzer«) und stellt eine innovative Weiterentwicklung der colorimetrisch-chemischen Gasanalyse dar, mit dem sich viele Anwenderfehler, wie sie bei der Prüfröhrchen-Technologie möglich sind, vermeiden lassen (Bild 31). Der Messchip entspricht praktisch einer Packung Prüfröhrchen, der Analyzer entspricht einer intelligenten Prüfröhrchenpumpe. Bei der Markteinführung waren zunächst Chips für zehn Gefahrstoffe verfügbar. Mittlerweile kann der Anwender aus mehr als 50 Chips für 36 Gefahrstoffe wählen.

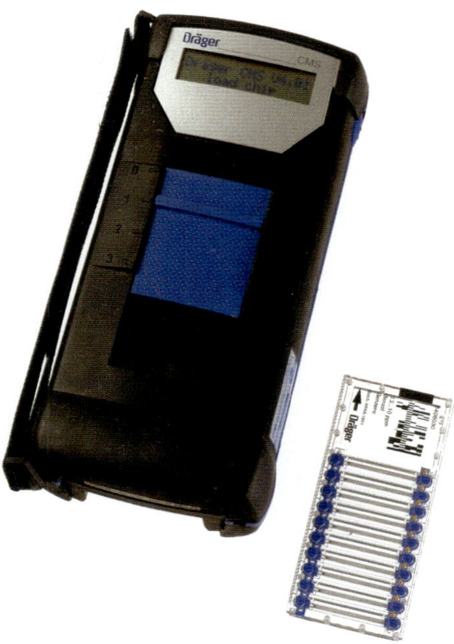

Bild 31: Analyzer der Firma Dräger mit Chip (Werkfoto: Dräger Safety AG & Co. KGaA)

12.1 Messprinzip

Auf den Chips befinden sich zehn geschlossene Glaskapillaren mit den stoffspezifischen Reagenzien. Pro Messung wird durch den Analyzer je eine Kapillare als Messkanal geöffnet. Die eingebaute Pumpe saugt Umgebungsluft durch das Röhrchen. Eine Verfärbung wird optoelektronisch ausgewertet und auf einer Anzeige im Klartext angezeigt. Der Analyzer erkennt anhand eines aufgedruckten Barcodes den eingelegten Chip, den Messbereich und auch alle anderen stoffspezifischen Parameter, die für eine möglichst genaue Messung erforderlich sind. Ein wesentliches Merkmal dieser Technologie ist, dass die Probenahmemenge automatisch der Konzentration des zu messenden Stoffes anpasst wird. Das hat den Vorteil, dass bei hohen Konzentrationen die Messung nur sehr wenig Zeit in Anspruch nimmt. Bei gefährlichen Konzentrationswerten liegen die Erkenntnisse über die Größenordnung der Gefährdung also entsprechend schneller vor als bei niedrigen Konzentrationen.

12.2 Ablauf der Messung

Die Messung ist menügesteuert, das heißt, dass der Anwender nach dem Einschalten des Gerätes alle notwendigen Arbeitsschritte auf dem beleuchteten Display angezeigt bekommt. Der Analyzer wird über einen vierstufigen Schiebeschalter bedient. Der Chip wird mithilfe einer am Chip angebrachten seitlichen Zahnstange in Längsrichtung durch das Gerät transportiert. Der Analyzer prüft die Zahl der freien Messkanäle, öffnet eine Kapillare und überprüft die Dichtigkeit des Systems. In der nächsten Schalterstellung erfolgt dann die Messung. Das Ergebnis erscheint auf der Anzeige. Im Bedarfsfall lässt sich die Beleuchtung der Anzeige hinzu schalten. Die nächste Messung mit dem gleichen Chip kann direkt über den Schiebeschalter gestartet werden, wenn noch Messkanäle frei sind. Der integrierte DataRecorder ermöglicht die Speicherung von maximal 50 Messergebnissen mit Datum und Uhrzeit je nach gewählter Betriebsart. Die ältesten Datensätze werden ab dem 51. Datensatz überschrieben.

12.3 Zubehör und Energieversorgung

Zur Überprüfung von tiefer gelegenen Räumen, die vor dem Betreten kontrolliert werden müssen, steht ein »Remotesystem« zur Verfügung, das aus einer zusätzlichen Pumpe, einem Verlängerungsschlauch (drei Meter) und einer Schwimmersonde besteht. Bei der Markteinführung war der Analyzer eines der ersten Geräte in den Händen der Feuerwehr, in das handelsübliche Batterien eingebaut werden durften. Aufgrund der Explosionsschutzzulassung musste aber beachtet werden, nur vorgeschriebene Typen bestimmter Hersteller zu verwenden. Eine konstruktive Antwort, um die leidige Frage der Akkupflege bei den Feuerwehren zu beantworten.

Weiterführende Literatur zu Kapitel 12

May, Dr. J. W.: Das Chip-Mess-System CMS: Eine neue Technologie-Generation zur Messung von Gefahrstoffen, Drägerheft 362, Juni 1996.

Bäther, W.: CMS: Ein genaues Messsystem zur Bestimmung von Schadstoffkonzentrationen in Luft, Drägerheft 364, März 1997.

Dräger Sicherheitstechnik GmbH (Hrsg.): Chip-Mess-System für die Kurzzeitmessung von Gasen und Dämpfen, 1. Auflage, Lübeck, 1999.

Dräger Sicherheitstechnik GmbH (Hrsg.): Dräger-Röhrchen & CMS-Handbuch, 15. Auflage, Lübeck, 2008.

13 Kontinuierliche Messverfahren

13.1 Messprinzipien und Sensoren

Die an Feuerwehreinsatzstellen zum Nachweis von Gasen und Dämpfen einsetzbaren Messverfahren lassen sich grundsätzlich in physikalische und chemische Methoden unterscheiden [28, 29].

Physikalische Messmethoden nutzen verschiedene molekulare Eigenschaften, zum Beispiel:
- Molekülmasse,
- Diffusionsverhalten,
- Molekülstruktur (paramagnetische Eigenschaften),
- optische Absorptions- und Streuungseigenschaften,
- Molekülstabilität (Bindungsenergie) sowie
- Molekülbeweglichkeit.

Die für die Feuerwehren interessanten physikalischen Methoden lassen sich in folgende Kategorien einteilen:
- Photometrie (Infrarotmesstechnik),
- Ionisation,
- Massenspektrometrie und
- Wärmeleitung.

Chemische Messmethoden nutzen die Reaktivität, Oxidierbarkeit und Reduzierbarkeit der Moleküle. Die dafür eingesetzten, kontinuierlich arbeitenden Sensortypen werden in drei Gruppen eingeteilt:
- Elektrochemische Sensoren,
- Wärmetönungssensoren und
- Halbleitersensoren.

13.2 Messschaltung

Beim Einsatz kontinuierlich arbeitender Messgeräte muss eine nichtelektrische Größe mithilfe eines Messaufnehmers (Sensor) in eine elektrische Größe umgewandelt werden. Die dabei am häufigsten eingesetzte Mess-

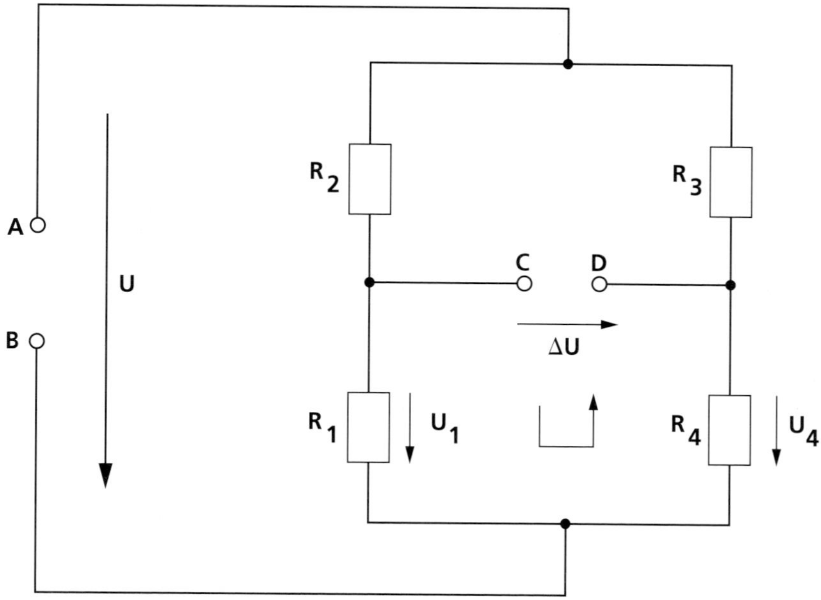

Bild 32: Schaltbild einer Wheatstone-Messbrücke (Grafik: Verlag W. Kohlhammer)

schaltung ist die Wheatstone-Brücke. Ganz allgemein besteht eine Brückenschaltung aus vier Widerständen in zwei zusammen geschalteten Spannungsteilern (Bild 32). Verändert ein Widerstand seinen Wert, so ist die Brücke nicht mehr abgeglichen, das heißt, dass dann im Brückenzweig eine Spannung gemessen werden kann, die der Messgrößenänderung proportional ist und direkt auf der kalibrierten Anzeige als Messwert ablesbar ist.

13.3 Physikalische Messprinzipien

Infrarotspektroskopie, Ionisation und Massenspektrometrie werden in eigenständigen Kapiteln beschrieben.

13.3.1 Infrarot-Sensoren

Das Messprinzip basiert auf der Absorption von Energie aus einem Lichtstrahl im infraroten Teil des Spektrums durch die Gasmoleküle, die detektiert werden sollen. Die Mehrzahl der Gase absorbiert Infrarotenergie und lässt sich deshalb aufgrund der gasspezifischen Wellenlängenbanden identifizieren. Die Sensoren verbrauchen die Probe nicht und es wird für die Detektion kein Sauerstoff benötigt. Die erwartete Lebensdauer ist lang (Größenordnung fünf Jahre). Eine typische Anwendung für Infrarotsensoren in tragbaren Gaswarngeräten ist der Nachweis von Kohlenstoffdioxid. Infrarot-Sensoren werden für einen spezifischen Wellenlängenbereich verwendet. Im Gegensatz dazu wird das gleiche Messprinzip auch für die Messung von Spektren in Geräten verwendet, die im Kapitel 23 beschrieben werden.

13.3.2 Wärmeleitung

Zwei Wärmeleitfähigkeitssensoren werden in einer Brückenschaltung betrieben (siehe Kapitel 13.2). Einer der Sensoren ist gekapselt und misst als Referenzsensor nur die Wärmeleitfähigkeit reiner Luft. Der zweite Sensor ist dem Gas-/Luftgemisch ausgesetzt. Die Wärmeleitung und spezifische Wärme eines Messgases ändert den Widerstand des Sensors. Für die Messung wird kein Sauerstoff benötigt. Die Probe wird am Sensor weder verbraucht noch verändert. Bei normalen Betriebsbedingungen verfügen diese Sensoren über eine sehr lange Lebensdauer. Das Messprinzip der Wärmeleitung wird insbesondere zum Nachweis sehr hoher Konzentrationen oberhalb der Unteren Explosionsgrenze (UEG) verwendet. Da die Sensoren nicht selektiv auf einzelne Gase sind, sondern auf alle brennbaren und nichtbrennbaren Gase reagieren, sollten Geräte mit Wärmeleitfähigkeitssensoren nicht bei unbekannten Gasgemischen zum Einsatz kommen, da die aus dem Gasgemisch resultierende Wärmeleitfähigkeit in beiden Richtungen erheblich von der des Kalibriergases abweichen kann.

13.4 Chemische Sensoren

13.4.1 Elektrochemische Sensoren

Das Messprinzip beruht auf der Änderung der elektrischen Eigenschaften von Elektroden im Kontakt mit einem Elektrolyten, wenn ein Messgas durch Diffusion in das Innere der elektrochemischen Messzelle gelangt (Bild 33). Bei diesem Messprinzip ist bei der Bewertung der Ergebnisse unbedingt auch der Aspekt der Querempfindlichkeit zu beachten, da die Empfindlichkeit des Sensors gegenüber anderen Gasen größer sein kann als gegenüber dem zu messenden Gas. Elektrochemische Sensoren können auf andere Gase mit einer positiven oder negativen Signaländerung reagieren. Elektrochemische Sensoren sind kompakt, benötigen wenig Energie und sind sehr empfindlich für bestimmte Gase. Hauptanwendungsgebiete sind die Detektion von toxischen Gasen bis in den ppm-Bereich und die Sauerstoffdetektion. Bis auf wenige Ausnahmen gibt es keine Sensoren dieser Art für Kohlenwasserstoffe.

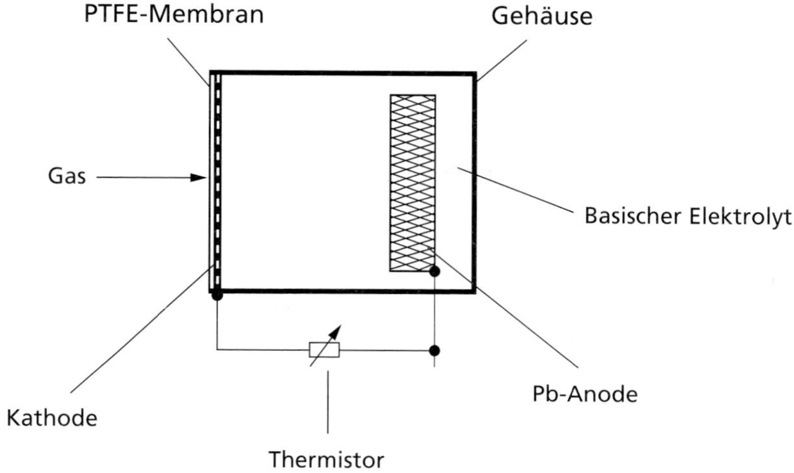

Bild 33: Prinzipieller Aufbau eines elektrochemischen Sensors (Grafik: Verlag W. Kohlhammer)

Reaktionsfähige Gase verändern die Eigenschaften der Elektroden und Elektrolyte im Sensor. Eine regelmäßige Funktionskontrolle ist daher erforderlich. Die übliche Lebensdauer dieses Sensortyps liegt bei mindestens zwei Jahren. Eine deutlich geringere Lebensdauer musste bei Sauerstoffsensoren in Kauf genommen werden, die nach dem Prinzip einer galvanischen Zelle aufgebaut waren, da die verwendeten Bleielektroden im Laufe der Betriebszeit verbraucht wurden. Eine neue Sensortechnologie auf der Basis eines Feststoff-Elektrolyten ermöglicht mittlerweile eine Lebensdauer von fünf Jahren, da für die Nachweisreaktion nur die Luftfeuchtigkeit aus der Umgebungsluft benötigt wird.

Die Einstellzeit (t_{90})[38] eines elektrochemischen Sensors ist typischerweise länger als dreißig Sekunden. Einschränkungen für den Messbetrieb können durch die Umgebungsbedingungen entstehen (niedrige Temperaturen und niedrige Feuchte).

13.4.2 Wärmetönungssensoren

In Anwesenheit von ausreichend Sauerstoff können brennbare Gase und Dämpfe an einer beheizten, katalytisch aktiven Oberfläche verbrannt werden. Der elektrische Widerstand des Messwertaufnehmers (Pellistor) ändert sich durch die freiwerdende Verbrennungswärme. Oberhalb einer

38 Zeitspanne bei einem angewärmten Gerät zwischen dem Auftreten eines plötzlichen Wechsels am Geräteeingang von reiner Luft auf Prüfgas und dem Zeitpunkt, an dem die Anzeige einen festgelegten Anteil x der Endanzeige bei Prüfgas erreicht.

Bild 34: Eingasmessgerät Micro IV (Werkfoto: GfG – Gesellschaft für Gerätebau mbH)

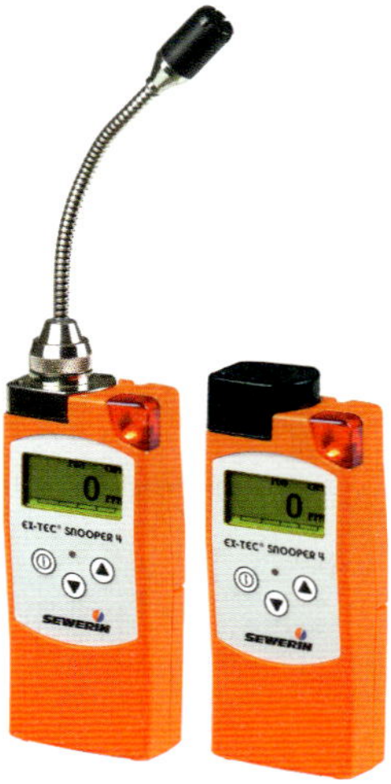

Bild 35: Leckagesuchgerät EX-Tec Snooper 4 (Werkfoto: Hermann Sewerin GmbH)

Gaskonzentration von 15 Volumenprozenten kann es zu Fehlinterpretationen der Messergebnisse kommen, weil die Sauerstoffkonzentration abnehmen und die Anzeige auf Null zurückgehen kann. Eine besondere elektronische Schaltung muss eingebaut sein, um Falschaussagen zu vermeiden. Technisch lässt sich das Problem auch durch die bauliche Kombination der beiden Messprinzipien Wärmeleitung und Wärmetönung lösen. Eine Elektronik steuert dann die automatische, konzentrationsabhängige Umschaltung.

Prinzipiell sind Wärmetönungssensoren für die Detektion aller brennbaren Gase geeignet, allerdings in unterschiedlichen Empfindlichkeiten. Deshalb sollte dieses Messprinzip nicht bei unbekannten Gasgemischen zum Einsatz kommen. Wenn das zu messende Gemisch Gase enthält, die Luft verdünnen oder verdrängen (z. B. Stickstoff oder Kohlenstoffdioxid) können die angezeigten Werte viel zu niedrig sein. Ein weiterer Nachteil dieses Messprinzips ist der Effekt der »Sensor-Vergiftung«. Die Auswirkungen der Vergiftung sind abhängig vom Sensorgift, dem zu messenden Gas und dem konstruktiven Aufbau des Sensors. Eine Sensorvergiftung bedeutet, dass die wirksamen Reaktionszonen des Sensors durch Moleküle oder Molekülfragmente des Sensorgiftes besetzt werden und dadurch dem Messgas eine verringerte Oberfläche zur Verfügung steht, sodass die katalytische Reaktion mit einer geringeren Umsetzungsrate verläuft. Die Empfindlichkeit des Sensors lässt nach. Der Effekt kann irreversibel sein. Aus diesem Grund ist eine regelmäßige Funktionskontrolle dieser Sensortypen wichtig, um die Drift des Sensors zu erkennen. Wärmetönungssensoren eignen sich nicht für den Einsatz bei sehr niedrigen Konzentrationen (Leckagesuche).

13.4.3 Halbleitersensoren

Durch die Anlagerung von Gasen oder Dämpfen an der Oberfläche von elektrisch beheizten Halbleitermaterialien ändert sich deren elektrische Leitfähigkeit. Wegen der hohen Empfindlichkeit wird dieses Messprinzip besonders in Geräten zur Leckagesuche eingesetzt (Bild 35).

13.5 Mehrgasgeräte

Die Feuerwehren können aus einer Vielzahl von Geräten auswählen, die sehr unterschiedliche Leistungsmerkmale haben. Das Angebot an Eingasgeräten für sehr unterschiedliche Anwendungsfälle oder an Mehrgasgeräten, deren Sensorbestückung der Anwender sogar teilweise selbst zusammenstellen kann, sowie die Vielzahl der verschiedenen Sensoren macht es nicht leicht, eine Strategie bei der Beschaffung festzulegen. Egal für welche Strategie sich der Anwender entscheidet, man muss sich bei der Auswahl von kontinuierlich messenden Geräten immer darauf einstellen, dass es sich um prüfpflichtige Geräte handelt, deren Betrieb Folgekosten verursacht. Für die regelmäßigen Funktionskontrollen muss der Anwender grundsätzlich geeignete Prüfgase vorhalten. Werden die Funktionskontrollen nicht selbst ausgeführt, sollten Ausfallzeiten eingeplant werden (bis zu mehreren Wochen), da das Gerät durch einen externen Dienstleister oder den Hersteller kontrolliert werden muss.

Fehlermeldungen durch einzelne Sensoren können bei Mehrgasgeräten auch einen einsatztaktischen Ausfall aller Sensoren hervorrufen, da das Gerät zur Kontrolle und Reparatur zum Hersteller oder Dienstleister gegeben werden muss, wenn die Wartungs- und Instandhaltungsarbeiten nicht von eigenen Gerätewarten (fachkundige Personen [30]) durchgeführt werden können. Die Mehrheit der Feuerwehren verfügt dann über keine Rückfallebene (außer Prüfröhrchen). In der Konsequenz heißt das, dass die Beschaffung von nur einem einzigen Gerät nicht Ziel führend ist. Es sollten immer zwei Geräte beschafft werden, um eine Rückfallebene zu bilden. Als Alternative gibt es Gerätekonzepte, bei denen der Anwender den Austausch der Sensoren selbst vornehmen kann. Die Reserve- oder Austauschsensoren sind ständig an einen Stromkreis angeschlossen, so dass die neu in ein Gerät eingebauten Sensoren nach einem Abgleich mit der Umgebungsluft sofort betriebsbereit sind, wodurch sichergestellt wird, dass das Hauptgerät immer zur Verfügung steht.

Die Tabelle 7 stellt die verschiedenen Messprinzipien der Mehrgasgeräte in einer Übersicht dar.

Tabelle 7a: Physikalische Messprinzipien für kontinuierlich, quasikontinuierlich und diskontinuierlich messende Geräte

	Kapitel	**Gefahren**			**Aggregatzustand**					**Stoffgruppen**
		EX	OX	TOX	g/d	flü	fest	Gem.	wL	
WL	13.3.2	+	+	+	+	–	–	+	–	Alle gasförmigen Stoffe [4]
PID	15	–	–	+	+	–	–	1)	–	Organische Stoffe; Ionisationspotenzial < Lampenenergie [4]
FID	16	–	–	+	+	–	–	+	–	Organische Stoffe mit C-H-Bindungen [4]
IMS	17	–	–	+	+	3)	3)	+	–	Viele anorganische und organische Gase und Dämpfe; nachweisstark für polare Verbindungen wie chemische Kampfstoffe [4]
GC/MS	18	–	–	+	2)	3)	3)	3)	3)	Anorganische und organische Gase und unzersetzt verdampfbare Stoffe [4] je nach verwendetem Detektor
IR	13.3.1	+	+	+	+	–	–	+	–	Nur heteroatomare Gase (z. B. NO_2, CO_2) [2]
ATR	23.3	–	–	+	-	+	+4)	+	+	Anorganische und organische Stoffe, sofern infrarotaktiv; keine Gase, Metalle, ionische Salze
FTIR	23.2 23.5 23.6	–	–	+	+	–	–	+	–	Anorganische oder organische Stoffe mit Dipolmoment [4]
Raman	23.7	–	–	+	–	+	+	+	+	Für Flüssigkeiten und Feststoffe geeignet, berührungslose Messung durch Glas oder Kunststoffgebinde

Tabelle 7b: Chemische Messprinzipien für kontinuierlich messende Geräte

	Kapitel	Gefahren			Aggregatzustand					Stoffgruppen
		EX	OX	TOX	g/d	flü	fest	Gem.	wL	
EC	13.4.1	+	+	+	+	–	–	5)	–	Anorganische Gase [4] und Sauerstoff
HL	13.4.3	+	–	+	+	–	–	-	–	Reduzierende und oxidierende anorganische Gase [4]
WT	13.4.2	+	–	–	+	–	–	-	–	Brennbare Gase und Dämpfe; für die Reaktion muss ausreichend Sauerstoff vorhanden sein

Legende:

ATR Abgeschwächte Totalreflexions Spektroskopie
EC elektro-chemischer Sensor
EX Explosionsgefahr wird angezeigt
FID Flammenionisationsdetektor
FTIR Fourier-Transformations-Infrarot Spektroskopie
flü flüssig
g/d gas-/dampfförmig
GC/MS Massenspektrometer mit vorgeschaltetem Gaschromatographen
Gem Gemische
HL Halbleitersensor
IMS Ionenmobilitätsspektrometer
IR Infrarotsensor
OX Sauerstoffmangel oder -überschuss wird angezeigt
PID Photoionisationsdetektor
TOX Chemische Gefahrstoffe werden angezeigt
wL wässrige Lösung
WL Wärmeleitungssensor
WT Wärmetönungssensor

1) nur Summensignal
2) kontinuierlich mit Luft-Boden-Sonde oder diskontinuierlich mit Sammelröhrchen
3) Probe muss aufbereitet werden
4) Je nach Gerätetyp können auch Wischproben ausgewertet werden
5) Summensignal; Nachweis von Stoffklassen theoretisch möglich; Querempfindlichkeiten können aber zu falschen Ergebnissen führen

Quellen:

[1] DIN EN 60079-29-2 (VDE 0400-2), Gasmessgeräte: Auswahl, Installation, Einsatz und Wartung von Geräten für die Messung von brennbaren Gasen und Sauerstoff. Beuth Verlag, Berlin, Juli 2008
[2] GfG, Handbuch Gasmesstechnik, 3. Auflage, März 1997
[3] Jessel, W.: Gase, Dämpfe, Gasmesstechnik; Dräger Safety AG, Lübeck, 2001
[4] Matz, G.: Untersuchung der Praxisanforderung an die Analytik bei der Bekämpfung großer Chemieunfälle. Zivilschutz-Forschung Band 30, Bonn, 1998

13.5.1 Sensorkombinationen

Viele Hersteller bieten den gleichzeitigen Betrieb von bis zu fünf verschiedenen Sensoren in einem Gerät an. Dabei haben sich zum Beispiel folgende Sensor-Kombinationen bewährt:

- Ex-Sensor,
- Sauerstoff-Sensor,
- Kohlenstoffdioxid-Sensor,
- Kohlenstoffmonoxid-Sensor und
- Elektrochemischer Sensor für häufig vorkommende Gase (z. B. Chlor, Ammoniak, Schwefelwasserstoff) oder Photoionisationsdetektor.

Bei den angebotenen Mehrgasgeräten handelt es sich nicht um ein Gefahrstoffdetektorenarray, da alle Sensoren unabhängig voneinander ausgewertet und keine Mustererkennungsverfahren für die Bewertung der Ergebnisse genutzt werden (siehe Kapitel 19). Beispiel für Messgeräte mit Sensorkombinationen zeigen die Bilder 36 bis 39.

13.6 Allgemeine Anforderungen an feuerwehrtaugliche Messgeräte

Im Teil 1 der vfdb-Richtlinie 10-05 werden im Kapitel 6.3 allgemeine Tauglichkeitskriterien sowie die Anforderungen an die Energieversorgung und die Datensicherung aufgelistet. Die Richtlinie stammt aus dem Jahr 2004. Beobachtet man den Markt, dann muss nach über sechs Jahren bilanziert werden, dass die Forderungen nur teilweise in den angebotenen Modellvarianten auf dem Markt aus Sicht der Feuerwehren umgesetzt wurden.

13.6.1 Kriterienkatalog

Bei Beschaffungsmaßnahmen der Feuerwehren sollte im Rahmen der Ausschreibung auf die Anforderungen der vfdb-Richtlinie 10-05 Teil 1 Kapitel 6.3 oder auf die nachfolgend aufgelisteten Einzelkriterien im Leistungsverzeichnis eingegangen werden:

- tragbar, möglichst geringes Gewicht,
- Betrieb mit handelsüblichen Akkus oder Batterien (ggf. unter Beachtung des Ex-Schutzes), keine Sonderbauformen für Ladegeräte, genormte, handelsübliche Stecker,
- Betriebsdauer mindestens fünf Stunden (Zeitspanne für ETW-Werte plus eine Stunde Sicherheit),
- Ladestation für den Einbau in Feuerwehrfahrzeugen,
- dekontaminierbare Oberfläche,

Bild 36: Mehrgasmessgerät GasAlert-Micro 5 PID in Tischladestation (Werkfoto: BW Technologies GmbH)

Bild 37: Mehrgasmessgerät SIRIUS (Werkfoto: MSA Auer GmbH)

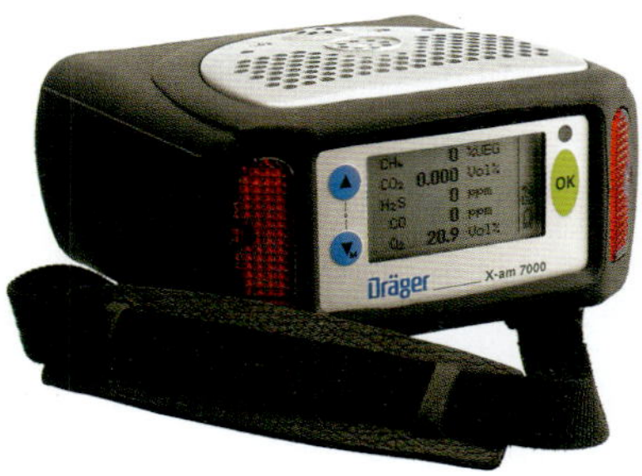

Bild 38: Mehrgasmessgerät X-am 7000 (Werkfoto: Dräger Safety AG & Co. KGaA)

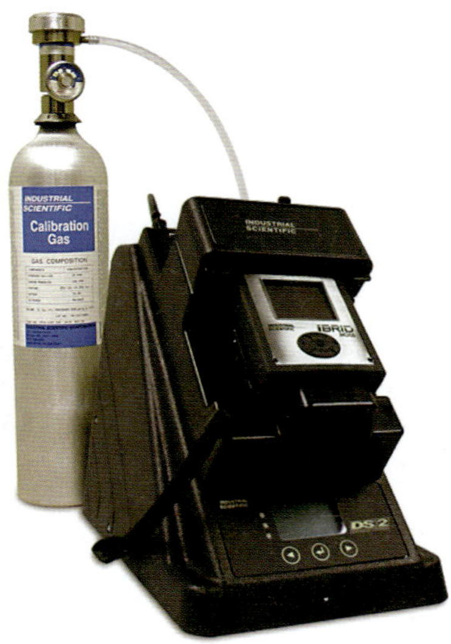

Bild 39: Docking Station für MX6 iBRIDTM (Werkfoto: Leopold Siegrist GmbH)

- beleuchtetes Display, optische Warnung durch gut sichtbares Blinklicht,
- gut ablesbares Display auch bei Sonneneinstrahlung und mit Atemschutzmaske,
- akustischer Alarm mit ausreichender Lautstärke (abschaltbar), ein versehentliches Ausschalten des akustischen Alarms muss bauartbedingt verhindert werden,
- deutliche Unterscheidbarkeit des akustischen Alarmsignals von anderen Warntönen, die durch Fehlermeldungen, zum Beispiel durch einen Akkualarm oder unterbrochenen Gasfluss, ausgelöst wurden,
- einfache Bedienbarkeit der deutschsprachigen Menüoberfläche mit möglichst wenig Bedienelementen (auch mit Schutzhandschuhen),
- Datenspeicher mit der Möglichkeit zum Auslesen der Daten über handelsübliche serielle Schnittstellen,
- Speicherung des Messwertes mit Datum und Uhrzeit in Datenformaten, die von den handelsüblichen EDV-Programmen weiter verarbeitet werden können,
- Modul für die Datenfernübertragung,
- Modul zum Empfang des Funkuhrsignals,
- GPS-Modul,
- Explosionsschutz, je nach Anwendungsgebiet und eingesetztem Messprinzip.

Literatur

[28] Jessel, Dr. W.: Gase – Dämpfe – Gasmesstechnik, Ein Kompendium für die Praxis, Dräger Safety AG & Co. KgaA, Lübeck, 2001.

[29] DIN Deutsches Institut für Normung e. V.: DIN EN 60079-29-2 (VDE 0400-2) Explosionsfähige Atmosphäre – Teil 29-2: Gasmessgeräte – Auswahl, Installation, Einsatz und Wartung von Geräten für die Messung von brennbaren Gasen und Sauerstoff, Beuth Verlag GmbH, Berlin, Juli 2008.

[30] Berufsgenossenschaft der chemischen Industrie (Hrsg.): Gaswarneinrichtungen für toxische Gase/Dämpfe und Sauerstoff, Merkblatt T 021, 7/2009.

Weiterführende Literatur zu Kapitel 13

DIN Deutsches Institut für Normung e. V.: DIN EN 60079-29-1 (VDE 0400-1) Explosionsfähige Atmosphäre – Teil 29-1: Gasmessgeräte – Anforderungen an das Betriebsverhalten von Geräten für die Messung brennbarer Gase, Beuth Verlag GmbH, Berlin, Juli 2008.

Matz, G.: Untersuchung der Praxisanforderung an die Analytik bei der Bekämpfung großer Chemieunfälle, Zivilschutz-Forschung Band 30, Bundesamt für Zivilschutz (Hrsg.), 1998.

Kleine, B., Wengler, F.: Handbuch GfG Gasmesstechnik, Gesellschaft für Gerätebau (Hrsg.), 3. Auflage, Dortmund, 1997.

14 Explosionsgrenzenwarngeräte

14.1 Geschichtliche Entwicklung

Lange bevor das Erkennen von Explosionsgefahren bei den Feuerwehren überhaupt ein Thema wurde, suchte der Bergbau nach messtechnischen Möglichkeiten, um die Gefahr der Schlagwetterexplosionen zu erkennen. Eine von vielen Konstruktionen war die von dem Engländer Davy bereits im Jahr 1815 konstruierte Sicherheitslampe, die bis in die zwanziger Jahre des 20. Jahrhunderts angewendet wurde [31]. Das heute noch eingesetzte Prinzip des Wärmetönungssensors geht auf die Entwicklung des Döbereinerschen Feuerzeugs zurück, das 1823 entwickelt wurde [28]. Große konstruktive Fortschritte machte die Entwicklung von brauchbaren, handlichen Geräten erst nach dem Zweiten Weltkrieg. Die erste Baureihe der Auer-Methanometer M 101/102 bekam 1961 eine Zulassung für den Untertage-Einsatz. Alle folgenden Gerätetypen wurden zunächst für die Anwendung im Bergbau und in der Industrie entwickelt. Die Feuerwehr machte sich das zunutze, musste aber den Nachteil in Kauf nehmen, dass die wenigsten Geräte auf die Belange der Feuerwehr abgestimmt waren. Mittlerweile gibt es eine breite Palette von Geräten auf dem Markt, die auch keine spezifische Zulassung für den Feuerwehreinsatz mehr benötigen.

14.2 Konzentrationsangaben

14.2.1 Gas/Dampf-Luftgemische

Ganz allgemein verwendet man für die Konzentrationsangabe eines Gemisches aus Gasen oder Dämpfen mit Luft die Angaben »Volumenprozent« (Vol.-% bzw. % Vol) oder »ppm« (parts per million, ein Teil unter einer Million Teilen), wobei sich die Zahlenangabe immer auf den Gasanteil bezieht. Je kleiner die Konzentrationen, desto unhandlicher sind Angaben in Volumenprozent. Kleine Konzentrationen werden daher meist in ppm oder sogar in ppb (parts per billion, ein Teil unter einer Milliarde Teilen) angegeben (Bild 40). Zwischen Volumenprozent und ppm besteht folgende Beziehung:

10 000 ppm = 1 Vol.-%

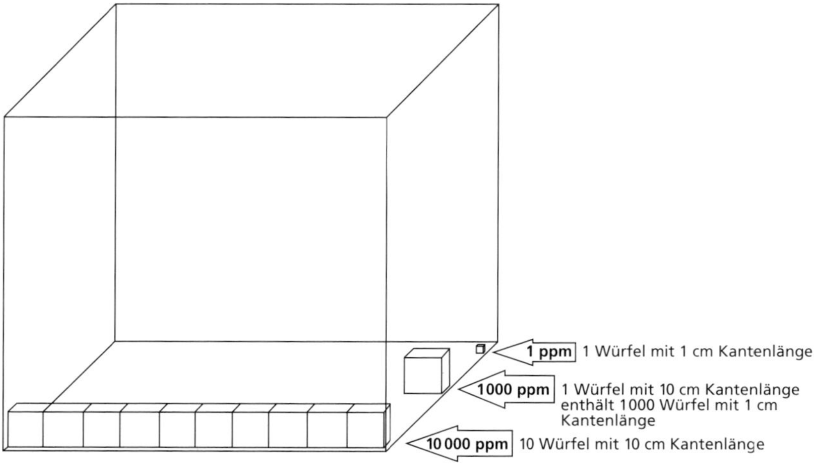

Bild 40: Konzentrationsangaben in »ppm« bezogen auf einen Kubikmeter (Würfel mit 100 Zentimeter Kantenlänge, Grafik: Jens Rönnfeldt)

14.2.2 Explosionsgrenzen

Brennbare Gase und Dämpfe bilden im Gemisch mit Luft explosionsfähige Gemische, deren Eigenschaften sich durch sicherheitstechnische Kennzahlen und Begriffe beschreiben lassen. Ob ein Gas/Dampf-Luftgemisch explosionsfähig ist, hängt vom Mischungsverhältnis der beteiligten Komponenten ab. Nur im Bereich zwischen der unteren Explosionsgrenze (UEG) und der oberen Explosionsgrenze (OEG) kann das Gemisch gezündet werden. Unterhalb des Explosionsbereiches ist das Gemisch zu mager, oberhalb zu fett (Bild 41). Bei der Bewertung der Gefahr, die von einem explosionsfähigen Gemisch ausgeht, kann man zwei Zahlenangaben verwenden.

1. Konzentrationsangabe der Gas/Dampf-Komponente in Prozent (Vol.-%): Zehn Liter Gas in einem Kubikmeter Luft entsprechen einem Volumenprozent. Diese Art der Angabe ist zum Beispiel in Sicherheitsdatenblättern und Gefahrstoffdatenbanken zu finden.
2. Teileinheiten der unteren Explosionsgrenze in Prozent (% UEG): Damit wird der Abstand von der unteren Explosionsgrenze beschrieben. Ein Methan-Luftgemisch erreicht beispielsweise die untere Explosionsgrenze bei einem Methanvolumenanteil von 4,4 Prozent. Zeigt ein Messgerät 20 % UEG an, dann bedeutet das, dass der Volumenanteil des Methans am Gesamtgemisch 0,88 Vol.-% beträgt, wenn das Gerät auf Methan justiert ist.

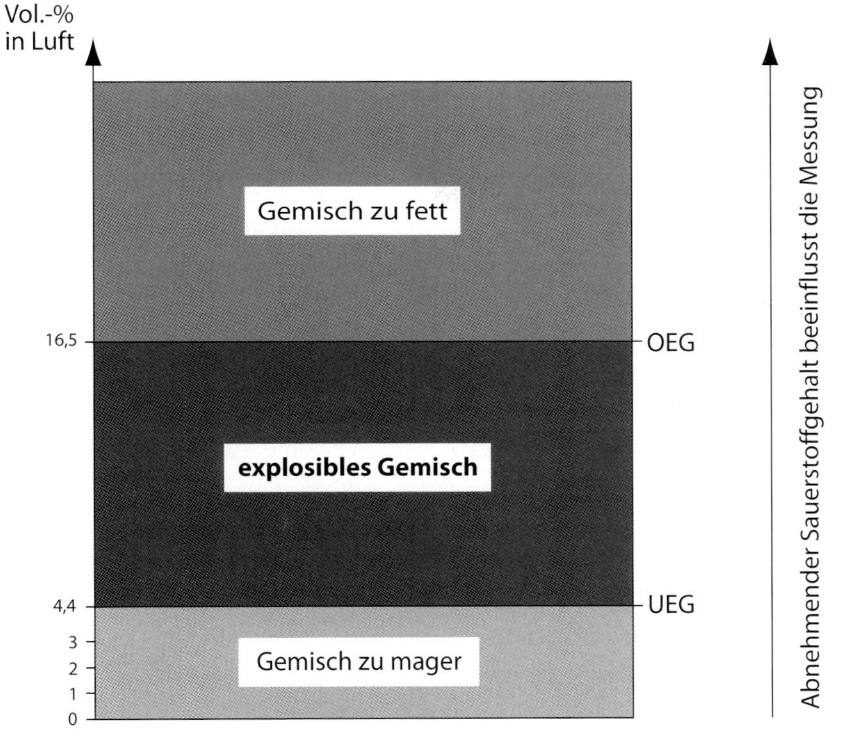

Bild 41: Explosionsgrenzen am Beispiel von Methan (Grafik: Jens Rönnfeldt)

Bei Feuerwehreinsätzen ist nur die Angabe des Abstandes von der unteren Explosionsgrenze sinnvoll. Leider führt aber der lockere sprachliche Umgang mit beiden völlig verschiedenen Zahlenangaben vielfach zu Verwirrungen und Fehlinterpretationen. Eine Lagemeldung mit dem Wortlaut »Die Explosionsmessungen ergaben einen Wert von 20 Prozent« ist sprachlich unsauber und nur dann sinnvoll, wenn allen Beteiligten klar ist, dass der Abstand von der unteren Explosionsgrenze gemeint ist.

Je nach Literaturquelle weichen die Angaben der Explosionsgrenzen teilweise voneinander ab. So ist für Methan zum Beispiel sowohl die Angabe 4,4 Vol.-% als auch 5,0 Vol.-% für die UEG zu finden. Beide Werte können grundsätzlich für die Bewertung von Explosionsgrenzenmessungen an Feuerwehreinsatzstellen Verwendung finden, da die Größenordnung der Abweichungen keine Auswirkungen auf einsatztaktische Belange hat. Die Abweichungen sind durch die unterschiedlichen Prüfverfahren erklärbar. Maßgeblich sind in Deutschland die Angaben, die in den Publikationen der Bundesanstalt für Materialprüfung zu finden sind (z. B. in der Datenbank CHEMSAFE).

14.3 Gaszusammensetzung

Seit den 1960er-Jahren wird in der öffentlichen Gasversorgung nur noch methanhaltiges Erdgas eingesetzt. Es löste das Stadtgas ab, das durch seinen relativ hohen Kohlenstoffmonoxid-Anteil sehr giftig war (Atemgift der Gruppe III). Erdgas wirkt durch Sauerstoffverdrängung in hohen Konzentrationen als Atemgift der Gruppe I. Je nach Region, aus der das Erdgas stammt, schwanken die Methankonzentrationen zwischen 60 und 80 Volumenprozent.

14.3.1 Gasodorierung

Da Erdgas von Natur aus geruchlos ist, müssen dem Gas aus Sicherheitsgründen Geruchsstoffe beigemischt werden. Odoriertes Gas soll sofort durch seinen charakteristischen Geruch erkannt werden, wenn es aus undichten Hausinstallationen entweicht. Der unangenehme Geruch muss unverwechselbar als Warnzeichen erkennbar sein, das Gas darf durch den Geruchszusatz aber nicht giftig werden [32]. Odoriermittel waren früher ausschließlich schwefelhaltige organische Verbindungen, die der Klasse der organischen Sulfide (Thioether) oder der Mercaptane (Thiole) angehören. Als gebräuchlichstes Odoriermittel wurde Tetrahydrothiophen (THT) eingesetzt. Es ist eine leicht entzündbare Flüssigkeit mit Flammpunkt unter 21 °C, die in speziellen Odoriermittelbehältern als Gefahrgut der Klasse 3 GGVSEB/ADR befördert wird.

THT lässt sich mit speziellen Prüfröhrchen oder elektrochemischen Sensoren nachweisen. Auch Photoionisationsdetektoren sind grundsätzlich für den THT-Nachweis einsetzbar, allerdings zeigt die PID-Technik kein Methan an. Parallel muss daher immer ein Explosionsgrenzenwarngerät zum Einsatz kommen. Erfahrungen aus Einsätzen belegen, dass es hier zu Fehlinterpretationen gekommen ist.

Seit mehreren Jahren haben verschiedene Gasversorgungsunternehmen die Odorierung auf schwefelfreie Geruchsstoffe umgestellt (GASODOR® s-free und Spotleak Z). Es handelt sich im Wesentlichen um verschiedene Acrylatverbindungen, deren Nachweis zum Beispiel mit Photoionisationsdetektoren, Ionenmobilitätsspektrometern oder mit Massenspektrometern möglich ist.

14.4 Explosionsschutz

Elektrische Betriebsmittel, die in explosionsgefährdeten Räumen eingesetzt werden, müssen zugelassen sein und sind mit einem Explosionsschutz-Kurzzeichen ausgestattet, aus dem hervorgeht, für welche Bereiche und Zonen die Zulassung gültig ist. Einzelheiten sind den einschlägigen Regelwerken der EU [33, 34] und den dazugehörenden nationalen Verordnungen [35, 36] zu entnehmen.

14.5 Kontrolle der Geräte

Grundsätzlich sind für die Kontrolle der eingesetzten Geräte die Vorgaben des Herstellers in den Bedienungsanleitungen zu beachten. Im Merkblatt T 023 der Berufsgenossenschaft Chemie wird in Sichtkontrolle, Funktionskontrolle, Systemkontrolle sowie die Kontrolle der Aufzeichnungen unterschieden.

14.5.1 Justierung und Kalibrierung

Die Begriffe »Justierung« und »Kalibrierung« werden in den technischen Regelwerken und im Sprachgebrauch unterschiedlich, teilweise sogar widersprüchlich definiert bzw. angewendet. Umgangssprachlich wird meistens der Begriff »Kalibrierung« verwendet. Die in den einschlägigen Normen [29] zu findenden Definitionen stimmen teilweise nicht mehr mit den Begriffen in den berufsgenossenschaftlichen Regelwerken überein. Am aktuellsten ist die Beschreibung in den Merkblättern der Berufsgenossenschaft Chemie [37]:

Justierung
Einstellungen, die regelmäßig vorgenommen werden, um den Nullpunkt und die Empfindlichkeit der Gaswarneinrichtung mit einem bekannten Null- bzw. Prüfgas zu überprüfen und einzustellen, ohne dass die bei der Erstinbetriebnahme festgelegten Parameter Gasart, Messbereich und spezielle Anwendung verändert werden.

Kalibrierung
Vergleich der Anzeige einer Gaswarneinrichtung mit einer bekannten Prüfgaskonzentration, ohne zu justieren.

Prüfgas
Gasgemisch bekannter Zusammensetzung, das zum Kalibrieren und Justieren von Gaswarneinrichtungen verwendet wird.

Nullgas
Prüfgas, das weder die zu messenden Gase noch störende Verunreinigungen enthält.

Wenn die angezeigten Messwerte bei der Kalibrierung eine gerätespezifische Toleranz bei der Abweichung von den Sollwerten überschreiten, muss das Gerät justiert werden. Kalibrierung und Justierung sind Bestandteil der Funktionskontrolle.

14.5.2 Methan oder Nonan?

Explosionsgrenzenwarngeräte zeigen nur für die Gase, auf die sie justiert worden sind, exakte Werte an. Geräte bei den Feuerwehren sind entweder auf Nonan oder Methan eingestellt, was Auswirkungen auf die Emp-

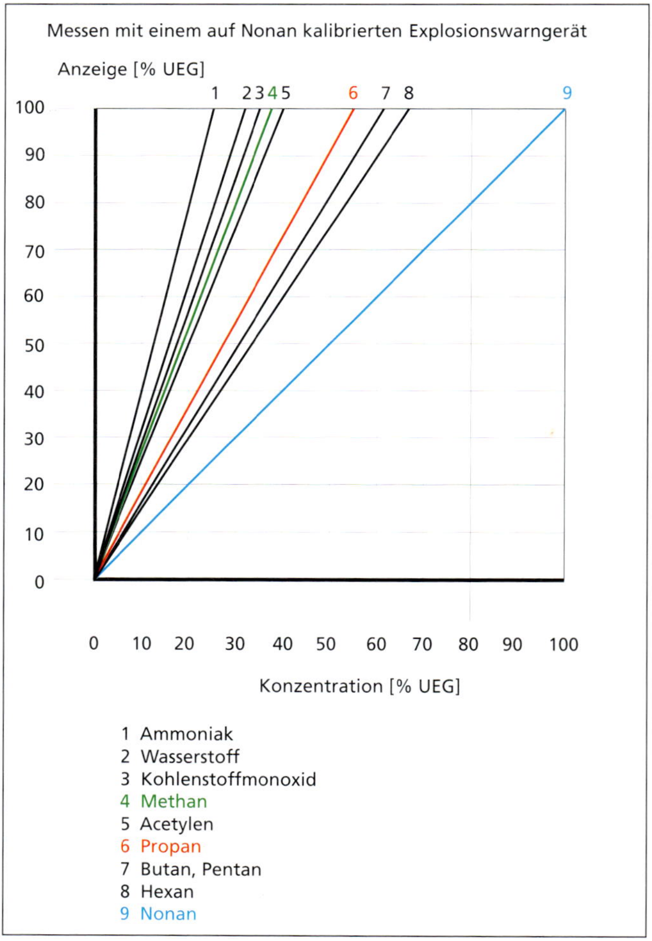

Bild 42: Justierung mit Nonan: Das Explosionsgrenzenwarngerät warnt für alle acht Gase frühzeitig, da es sehr empfindlich eingestellt ist. (Quelle: BRAND-Schutz/Deutsche Feuerwehr-Zeitung 12/2007, S. 866)

findlichkeit der Geräte hat. Die Verwendung von Nonan als Prüfgas bewirkt, dass die Geräte empfindlicher sind und für die wesentlichen brennbaren Gase an Feuerwehreinsatzstellen früher einen Alarm auslösen. Die Bilder 42 und 43 zeigen den Unterschied bei der Empfindlichkeit für acht brennbare Gase.

Explosionsgrenzenwarngeräte mit Wärmetönungssensoren, die für die Messung eines unbekannten Mediums oder einem Gemisch aus un-

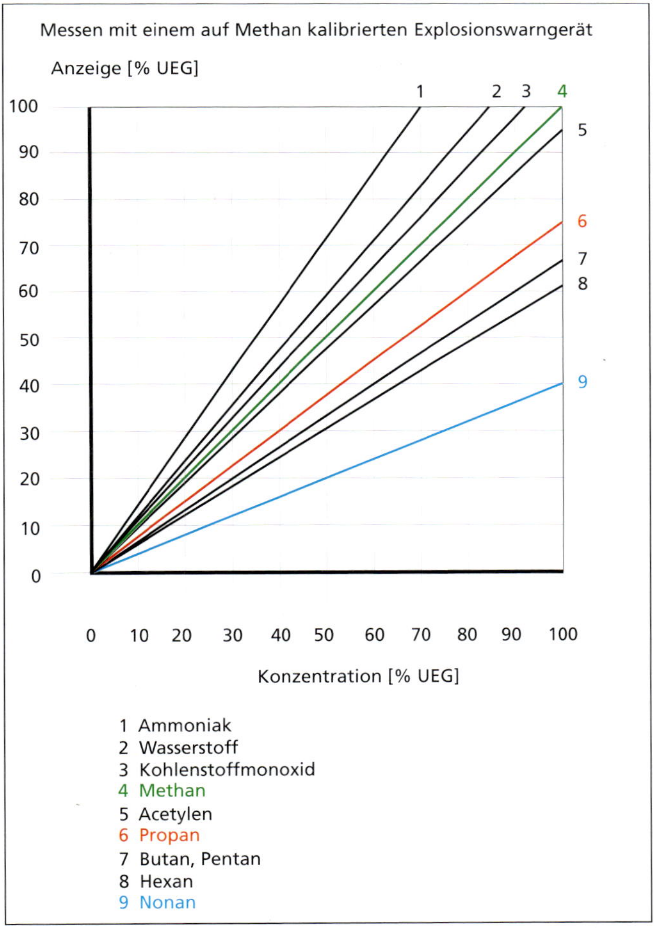

Bild 43: Justierung mit Methan: Das Explosionsgrenzenwarngerät warnt für drei Gase frühzeitig. Für fünf Gase (5 bis 9) erfolgt die Warnung später. Das bedeutet, dass bei einer eingestellten Warnschwelle von 20 Prozent der UEG die tatsächlich vorhandenen Konzentrationen deutlich höher liegen können. (Quelle: BRANDSchutz/Deutsche Feuerwehr-Zeitung 12/2007, S. 866)

bekannten Komponenten zum Einsatz kommen, sollten daher nicht mit Methan sondern mit Toluol oder Nonan justiert werden. Wegen der schwierigen Handhabung dieser Flüssigkeiten in der Kalibrierkammer wird anstelle dieser Flüssigkeiten auch ersatzweise Propan oder Butan als Prüfgas verwendet.

Internet

www.stoffdaten-deutschland.de/datenbankinfo-chemsafe.htm (CHEMSAFE – Datenbank für sicherheitstechnische Kenngrößen)

Literatur

[31] Pielot, H.-J.: Historische Entwicklung der Messgeräte zur Messung explosibler Gas-/Dampf-Luftgemische, Auer Mitteilungen 2/1981, S. 14ff.
[32] DVGW Deutscher Verein des Gas- und Wasserfaches e. V.: Gasodorierung, Arbeitsblatt G 280-1, August 2004.
[33] ATEX-Produktrichtlinie 94/9/EG.
[34] ATEX-Betriebsrichtlinie 1999/92/EG.
[35] Explosionsschutzverordnung (11. GPSGV) vom 12. Dezember 1996 (BGBl. I S. 1914).
[36] Betriebssicherheitsverordnung (BetrSichV) vom 27. September 2002 (BGBl. I S. 3777).
[37] Berufsgenossenschaft der chemischen Industrie (Hrsg.): Gaswarneinrichtungen für den Explosionsschutz, Merkblatt T 023, 7/2009.

Weiterführende Literatur zu Kapitel 14

Bergdoll, R., Rudolph, R.: Welcher UEG-Wert ist der Richtige? Verwirrung durch unterschiedliche Werte für die untere Explosionsgrenze, BRANDSchutz/Deutsche Feuerwehr-Zeitung 12/2007, S. 865ff.

Hauptverband der gewerblichen Berufsgenossenschaften: Explosionsschutz-Regeln (EX-RL), BGR 104, Carl Heymanns Verlag KG, Köln, Juni 2009.

DVGW Deutscher Verein des Gas- und Wasserfaches e. V.: Gasbeschaffenheit, Arbeitsblatt G 260, Mai 2008.

DVGW Deutscher Verein des Gas- und Wasserfaches e. V.: Umstellung der Odorierung – Von Gasen in der öffentlichen Versorgung, Arbeitsblatt G 280-2, August 2004.

Heinzerling, C.: Schlagwetter und Sicherheitslampen, Entstehung und Erkennung der schlagenden Wetter, Verlag der J. G. Cotta`schen Buchhandlung, Stuttgart, 1891.

Laudi, O.: Kalibrieren und Überprüfen von Gaswarngeräten mit brennbaren Gasen und Dämpfen im Bereich unterhalb der unteren Explosionsgrenze, Sonderdruck GT 43 aus dem Drägerheft 310.

15 Photoionisationsdetektor

15.1 Funktionsprinzip

Das Funktionsprinzip eines Photoionisationsdetektors (PID) (Bild 44) beruht auf der Ionisation von Molekülen durch UV-Licht. Das zu untersuchende Gas/Luftgemisch wird dazu mit einer Pumpe durch eine Messkammer gesaugt. Die Photonen des ultravioletten Lichtes enthalten soviel Energie, dass ein Molekül durch die Absorption dieser Strahlung in einem ersten Schritt in einen angeregten Zustand versetzt wird. In einem zweiten Schritt wird dann ein Elektron abgegeben und es entsteht ein positiv geladenes Molekülion und ein freies Elektron:

$A + h\nu \rightarrow A^* \rightarrow A + e^-$

In der Messkammer eines PID liegt ein elektrisches Feld an, in dem sich das Ion an einer Elektrode entlädt und anschließend wieder in die unge-

Bild 44: Photoionisationsdetektor MiniRae (Werkfoto: RAE Systems)

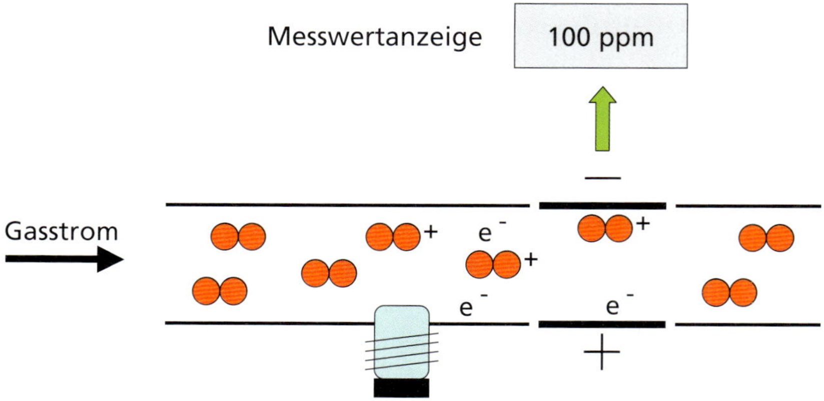

Bild 45: Funktionsprinzip eines Photoionisationsdetektors (Grafik: Mario König)

ladene Form umgewandelt wird (Bild 45). Der dabei entstehende Stromfluss wird ausgewertet. Dieser Stromfluss ist in dem Bereich, für den das Gerät kalibriert wurde, proportional zur Stoffmenge. Damit kann das Messsignal auch quantitativ ausgewertet werden.

15.2 Gerätetechnik

15.2.1 Ionisation und UV-Lampen

Die für die Ionisation benötigte UV-Strahlung wird in den meisten Fällen durch Gasentladungslampen (meist gefüllt mit einem Edelgas) erzeugt. Durch ein elektromagnetisches Feld erfolgt von außen die Anregung der Gasentladung. Dadurch können diese Lampen ohne Elektroden gebaut werden. Die Lampen erzeugen aufgrund ihrer Bauweise nicht nur ultraviolettes Licht einer einzigen Wellenlänge. Üblicherweise werden die verschiedenen Lampentypen nach ihrem Energiemaximum unterschieden. Am häufigsten werden Lampen mit einem Ionisierungspotential (IP) von 10,6 eV eingesetzt. Diese Energie hat nur einen Anteil von etwa 17 Prozent an der gesamten von der Lampe abgestrahlten Energie. Das bedeutet aber auch, dass Substanzen mit einem IP > 10,6 eV von diesem Lampentyp nicht erfasst werden können.

Es würde daher nahe liegen, generell Lampen mit dem maximalen IP von 11,7 eV einzusetzen. Aus Gründen der wesentlich höheren Anschaffungskosten, der geringeren Lebensdauer und der Tatsache, dass die bei diesen Lampen notwendigen Fenster feuchtigkeitsempfindlich sind, werden diese Lampen aber nur selten eingesetzt. Die hauptsächlichen Luftbestandteile wie Stickstoff (IP 15,6 eV), Sauerstoff (IP 12,1 eV) und

Argon (IP 15,8 eV) können mit der Energie der im PID eingesetzten UV-Lampe daher nicht ionisiert werden, was aber letztlich den Einsatz eines PID erst möglich macht. Andererseits können dadurch aber auch einsatzrelevante Stoffe wie CO, CO2, SO2, SO3, HCl und HCN nicht detektiert werden.

15.2.2 Messbereich

Der Messbereich eines Photoionisationsdetektors ist zum einen stoffspezifisch, zum anderen aber auch von der Bauart des Gerätes abhängig. Dies bewirkt, dass die gleiche Substanz von verschiedenen PID aufgrund ihrer unterschiedlichen Bauweise mit unterschiedlicher Empfindlichkeit detektiert wird. Daher benötigt jeder Gerätetyp seine individuellen Kalibrierfaktoren, die aber normalerweise in der Gerätesoftware für eine Vielzahl von Substanzen hinterlegt ist. Die Nachweisgrenzen liegen üblicherweise zwischen 0,5 ppm und mehreren Tausend ppm, wobei der lineare und damit quantitativ nutzbare Bereich bis zu mehreren Hundert ppm reicht. Liegt die Konzentration oberhalb dieser Schwelle, kommt es zu einer Sättigung des Detektors und die Kalibrierkurve verläuft zunehmend flacher.

Die Nachweisempfindlichkeit für eine bestimmte Substanz liegt neben der Bauweise des PID auch in der Struktur des Moleküls begründet. So lässt sich folgende Faustregel ableiten: Die Empfindlichkeit wächst mit der Anzahl der C-Atome (also der Größe des Moleküls), der Zahl der Doppelbindungen, insbesondere bei Aromaten, der Zahl der nicht Kohlenstoffatome, auch Heteroatome genannt, sowie der Anzahl der Verzweigungen in einem Molekül.

Die unterschiedliche Empfindlichkeit des PID für verschiedene Stoffe zeigt sich im Responsefaktor (RF). Dieser gibt an, wie empfindlich das Gerät, verglichen mit einer Bezugssubstanz, einen bestimmten Stoff anzeigt. Die Bezugssubstanz ist üblicherweise ein Gemisch aus Isobuten und synthetischer Luft mit 100 ppm Isobuten. Ist der RF Wert > 1,0 so wird die zu detektierende Substanz weniger empfindlich detektiert und bei einem RF-Wert < 1,0 wird sie empfindlicher nachgewiesen.

$$RF = \frac{\text{wahre Konzentration der Messkomponente}}{\text{Anzeigewert}}$$

Beispiel: Ein Stoff mit einem RF von 10 wird zehn Mal unempfindlicher angezeigt als Isobuten. Das bedeutet, bei einer tatsächlichen Konzentration von 100 ppm zeigt das Messgerät nur 10 ppm an.

15.2.3 Kalibrierung

Die Kalibrierung eines PID erfolgt über die Zweipunktkalibrierung. Dabei wird in einem ersten Schritt die Messkammer mit reiner Luft (Nullluft) gespült und so der Nullpunkt festgelegt. Im zweiten Schritt wird dann das Prüfgas, üblicherweise das oben beschriebene Isobutengemisch, aus einer Druckgasflasche aufgegeben. Es ist wichtig darauf zu achten, dass das Gas druckfrei aufgegeben wird. Das wird dadurch erreicht, dass in der Aufgabeapparatur ein freies Abströmen des Prüfgases möglich ist. Wird das Gas nicht druckfrei aufgegeben, kommt es zu einer höheren Gaskonzentration in der Messzelle und damit zu einem Kalibrierfehler. Alternativ zu einer Kalibriervorrichtung mit Überströmvorrichtung kann auch mit einem Gassack (z. B. Tedlar®-bag) gearbeitet werden, der mit dem Prüfgas gefüllt wurde. Sollen bekannte Gasgemische gemessen werden, so müsste die Kalibrierung mit diesem Gemisch in bekannter Zusammensetzung durchgeführt werden, um exakte Messwerte zu erhalten.

15.2.4 Einflussfaktoren auf den Messwert

Bei einem einwandfrei funktionierenden und korrekt kalibrierten PID wird von den Herstellern ein Fehler von zehn Prozent des Anzeigewertes angegeben. Darüber hinaus gibt es jedoch bei einem PID eine Reihe von Faktoren, die sich negativ auf die Präzision einer Messung auswirken. Einer dieser Effekte ist der Quencheffekt. Darunter versteht man den Einfluss einer erhöhten Wasserdampfkonzentration. Der Wasserdampf konkurriert mit der nachzuweisenden Substanz um die Photonen des UV-Lichtes. Als Folge davon sinkt die Empfindlichkeit des Gerätes mit steigendem Wasserdampfgehalt. Dieses Problem wird je nach Hersteller unterschiedlich angegangen, entweder durch besondere bauliche Maßnahmen oder aber durch eine mathematische Korrektur des Messwertes. Dieses Problem kann aber auch dadurch begrenzt werden, dass es zu einer Vor-Ort-Kalibrierung kommt, bei der die erhöhte Luftfeuchtigkeit berücksichtigt wird. Darüber hinaus kommt es durch Verunreinigung im Bereich der Zuleitungswege und der Messkammer als Folge einer Absorption bzw. Adsorption von Schadstoffen auf deren Oberflächen zu einer Erhöhung der Grundlinie, wenn diese Verunreinigungen nach einer Inbetriebnahme des Gerätes wieder ausgasen. Man spricht hier von der Detektordrift. Werden Geräte, die von einem solchen Effekt betroffen sind, kalibriert und wird dabei die Nullpunktkorrektur durchgeführt, kann es dazu kommen, dass es mit der Zeit zu negativen Anzeigewerten kommt, da das Messsignal beim Betrieb in sauberer Luft absinkt. Insbesondere bei den langen Zuleitungsschläuchen, wie sie beispielsweise im ABC-Erkunder verwendet werden, ist darauf zu achten, dass sie nicht verschmutzen. Kommt es zu einem Ersatz der Schläuche muss darauf geachtet werden, dass wieder Teflonschläuche eingebaut werden. Ansonsten ist dieser Effekt dadurch zu bekämpfen, dass das Gerät nach einem Einsatz an sauberer Luft gespült bzw. regelmäßig gereinigt wird. Bei einem kühl gelagerten PID kann es durch Einkondensieren von Luftfeuchtigkeit ebenfalls zu diesem Effekt kommen. Nach einer Einlaufphase nach dem Einschalten des Gerätes, in der es sich aufgeheizt hat, sollte dieser Effekt aber wieder verschwinden.

Eine Kombination aus einer veränderten relativen Feuchtigkeit und Verunreinigungen im Gerät führt zur parasitären Leitfähigkeit. Darunter sind Kriechströme zu verstehen, die bei einer höheren Feuchtigkeit als bei der Kalibrierung einen höheren Anzeigewert zur Folge haben. Dieser Effekt kann nur durch Reinigen des Gerätes beseitigt werden. Der Grad dieses Effektes kann durch die Messung von Atemluft überprüft werden, hier sollte das Signal nicht mehr als 5 ppm bis 10 ppm betragen.

15.3 Anwendungspraxis

Photoionisationsdetektoren zeichnen sich durch eine geringe Baugröße und damit verbunden ein geringes Gewicht aus. Ihre Wartung und ihr Betrieb sind vergleichsweise einfach und die Geräte sind durch ihre Robustheit für den Feuerwehreinsatz gut geeignet. Eine Vielzahl organischer Verbindungen kann in einem großen Konzentrationsbereich durch diesen Gerätetyp problemlos detektiert werden und für den Fall, dass es sich um eine bekannte Substanz handelt, auch quantifiziert werden. Bei Einsätzen, bei denen es sich um ein Gasgemisch handelt, das detektiert werden soll, ist es nicht möglich die einzelnen Gase getrennt zu bestimmen oder gar zu quantifizieren, da ein PID nur Summensignale erfassen kann. Ein weiterer Vorteil eines PID ist seine kurze Ansprechzeit (Responsezeit kleiner drei Sekunden) bzw. seine schnelle Abklingkurve. Konzentrationsänderungen sind daher gut zu erkennen, was insbesondere bei der Lecksuche hilfreich ist. Zusammengefasst ergeben sich folgende Einsatzbereiche:

- Messung der Konzentration einer bekannten Substanz,
- Detektion einer Quelle oder einer Leckage sowie
- Detektion eines Stoffgemisches bezüglich zu- oder abnehmender Konzentration.

Internet

http://webbook.nist.gov/chemistry/name-ser.html

Weiterführende Literatur zu Kapitel 15

Schuppe, F., Richter, S.: Schnelltest und Schnellkalibriermethoden für die Vor-Ort-Analytik im Feuerwehr-Einsatz, Institutsbericht Nr. 420, Institut der Feuerwehr Sachsen-Anhalt, 2003.

Schuppe, F.: Messtechnische Möglichkeiten der ABC-Erkundungskraftwagen (ABC-ErkKW) für den Katastrophenschutz im Feuerwehreinsatz, Institutsbericht Nr. 416, Institut der Feuerwehr Sachsen-Anhalt, 2003.

Kaltenmaier, K., Becker, T.: Wasserdampfproblematik bei PID, GIT Sicherheit und Management 5/1999, S. 494ff.

Ansyco analytische Systeme und Komponenten GmbH: Technische Informationen TI 1A0996GZ02, Fragen zu PID´s?, Version 2.0, Karlsruhe, 2000.

Müller, D.: Messen mit dem Photo-Ionisations-Detektor, Studienarbeit, Fachhochschule Reutlingen, Januar 2003.

Rae Systems: Korrekturfaktoren, Ionisierungsenergien und Kalibriermerkmale, Technische Information TN-106.

16 Flammenionisationsdetektor

16.1 Funktionsprinzip

In einem Flammenionisationsdetektor (FID, Bild 46) werden die zu detektierenden Moleküle durch eine Wasserstoffflamme thermisch ionisiert und anschließend wird die Veränderung der Leitfähigkeit zwischen zwei Elektroden gemessen. Die bei der Ionisation frei gewordenen Elektronen werden aufgefangen und erzeugen so einen auswertbaren Stromfluss. Mit diesem Verfahren sind nur brennbare Substanzen nachweisbar, die Kohlenstoff-Wasserstoff-Bindungen (C-H-Bindungen) enthalten.

16.2 Gerätetechnik

FID können aufgrund ihres Funktionsprinzips ausschließlich als Detektoren eingesetzt werden, ebenso werden nur Summensignale von Gasgemischen gemessen. Der Messbereich eines FID liegt zwischen 0,5 ppm

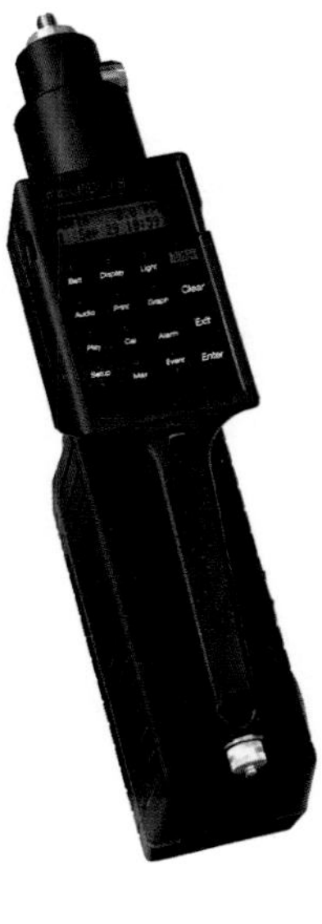

Bild 46: Flammenionisationsdetektor MicroFID (Werkfoto: ANSYCO – Analytische Systeme und Componenten GmbH)

und etwa 50 000 ppm. Die Einsatzdauer eines FID wird durch die verfügbare Wasserstoffmenge zum Betrieb der Flamme bestimmt und beträgt bis zu zwölf Stunden. Praktisch für die Anwendung ist die sehr kurze Ansprechzeit bzw. Abklingzeit des Detektors. Die Nachweisempfindlichkeit eines FID hängt unter anderem von der Struktur eines Moleküls ab, was zu stoffspezifische Responsefaktoren führt. Von Seiten des Herstellers werden daher Bibliotheken mitgeliefert, in denen die wesentlichen Responsefaktoren bereits abgelegt sind. Die Kalibrierung erfolgt im Prinzip auf die gleiche Art und Weise wie bei einem Photoionisationsdetektor. Da es keinen Sättigungseffekt des Detektors gibt, verläuft die Kalibrierkurve bis in hohe Konzentrationsbereiche linear.

16.3 Anwendungspraxis

Der Anwendungsschwerpunkt für einen FID ist überwiegend der Einsatz als Detektor in der Gaschromatographie. Die Auswahl der auf dem Markt verfügbaren, tragbaren FID ist sehr gering. Sie werden praktisch ausschließlich im industriellen Bereich, Schwerpunkt petrochemische Industrie und Deponien, zur Detektion von flüchtigen organischen Substanzen (MicroFID™, TVA-1000B) verwendet. Die industriell eingesetzten FID besitzen eine Flammensperre und sind daher auch in Bereichen mit brennbaren bzw. explosionsgefährlichen Gemischen einsetzbar.

16.4 Flammenphotometer

Ein Verwandter des FID, das Flammenphotometer, ein ebenfalls Hand gehaltenes Messgerät, nutzt den Umstand, dass eine heiße Flamme bestimmte Elemente eines Moleküls dazu anregt, ein charakteristisches Spektrum im Bereich des sichtbaren Lichtes auszusenden. Insbesondere Phosphor, Arsen und Stickstoff können mit diesem Verfahren sehr empfindlich nachgewiesen werden, was diesen Detektortyp zu einem sehr nachweisstarken System für die qualitative Analytik chemischer Kampfstoffe macht. Diese Technik wird im AP2C und AP4C von Proengin umgesetzt.

Weiterführende Literatur zu Kapitel 16

Oehme, M.: Gaschromatographische Detektoren, Hüthig-Verlag, Heidelberg, 1982.

17 Ionenmobilitätsspektrometer

17.1 Funktionsprinzip

Die zu untersuchenden Substanzen werden in einem Ionenmobilitätsspektrometer (IMS) zuerst ionisiert. Das kann je nach Bauweise des Gerätes in einer direkten Reaktion geschehen oder aber auch über mehrere Reaktionsschritte. Die Ionen werden anschließend in einer Messröhre in einem elektrischen Feld gegen die Strömungsrichtung eines Gases beschleunigt und die Zeit gemessen, in der sie eine bestimmte Strecke zurücklegen. Da die Fluggeschwindigkeit hauptsächlich von der Masse und von der Molekülgeometrie abhängt (kleine Moleküle fliegen aufgrund ihres Masse-/Ladungs-Verhältnisses am schnellsten), können so verschiedene Stoffe durch ihre charakteristischen Flugzeiten unterschieden werden. Dadurch vermag ein IMS in gewissen Grenzen Stoffe zu identifizieren.

17.2 Gerätetechnik

Die nachfolgend beschriebene Gerätetechnik bezieht sich zum überwiegenden Teil auf das Ionenmobilitätsspektrometer RAID-1 (Bild 47), da dieses als Beladung des ABC-Erkundungskraftwagens die mit Abstand größte Verbreitung hat.

17.2.1 Probeneinlass

Es gibt die grundsätzlichen Möglichkeiten, ein IMS mit einem offenen Einlass oder mit einem Membraneinlass zu versehen. Sollen schwer zu verdampfende Moleküle identifiziert werden, wie im Fall der Drogen- oder Sprengstoffanalytik, muss mit einem offenen System gearbeitet werden. Für den Nachweis leichter flüchtige Moleküle kann vor den Einlass eine Silikonmembran eingesetzt werden. Dadurch ist es einfacher, die Geräteparameter, insbesondere die Luftfeuchtigkeit, in der Messröhre konstant zu halten und das Gerät ist weniger empfindlich gegenüber Umgebungseinflüssen wie sie im Feuerwehreinsatz oder im militärischen Einsatz auftreten können. Gleichzeitig ist dies die Voraussetzung für die

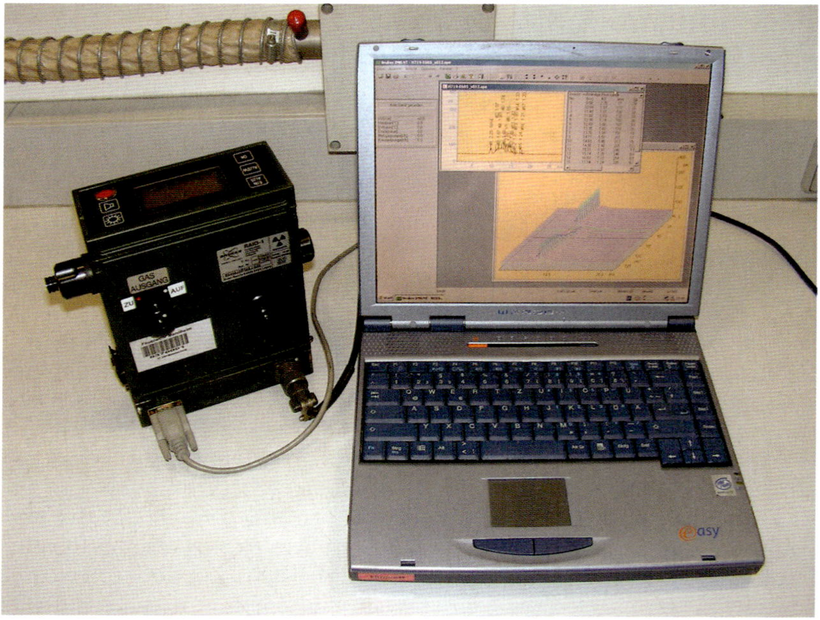

Bild 47: Ionenmobilitätsspektrometer RAID-1 mit angeschlossenem Auswerterechner (Foto: Mario König)

Bauartzulassung des RAID-1 als Gerät mit einem umschlossenen Strahler. Ein Nachteil der Membran sind aber die längere Ansprechzeit bzw. eine verzögerte Abklingzeit bis wieder das Grundsignal erreicht ist.

17.2.2 Ionisationsreaktionen (Reaktionsraum)

Die Ionisation eines Moleküls kann auf mehreren Wegen erfolgen. Neben der Ionisation durch Coronarentladung oder eine UV-Lampe hat sich bei den Hand gehaltenen Geräten, die im Bereich Zivilschutz/Militär eingesetzt werden, die Ionisation durch einen β-Strahler durchgesetzt. Als Strahlenquelle dient dabei das Isotop Nickel-63 (Ni-63).

Durch die hohe Energie der β-Strahlung und der vergleichsweise geringen Anzahl an Molekülen die detektiert werden sollen, werden in einem ersten Schritt die hauptsächlichen Bestandteile der Luft, Stickstoff und Sauerstoff ionisiert:

$$N_2 + e^- \rightarrow N_2^+ + 2\ e^-$$
$$O_2 + e^- \rightarrow O_2^-$$

Die dabei entstandenen Kationen und Anionen reagieren im nächsten Schritt mit den über die Luftfeuchtigkeit in ausreichendem Maß vorhandenen Wassermolekülen zu den Reaktantionen, manchmal auch Clusterionen genannt:

$N_2^+ + (n+1)\,(H_2O) \rightarrow \ldots \rightarrow N_2 + OH + [(H_2O)_nH]+$
$\Rightarrow$ positives Reaktantion (RIP)
$O_2^- + m\,H_2O \rightarrow \ldots \rightarrow [(H_2O)_mO_2]$
$\Rightarrow$ negatives Reaktantion (RIN)

Die Reaktantionen wiederum lagern sich nun an die Probenmoleküle (M) an und es entstehen dabei die Produktionen. Je nach Konzentration der Probenmoleküle können sich hier auch Produktionen mit zwei oder drei Probenmolekülen bilden, man spricht dann von Dimeren und Trimeren.

$[(H_2O)_nH]^+ + M \rightarrow [MH]^+ + n\,H_2O$ (positives Produktion)
$[(H_2O)_mO_2]^- + M \rightarrow M^- + m\,H_2O + O_2$ (negatives Produktion)
$[(H_2O)_nH]^+ + 2\,M \rightarrow [M2H]^+ + n\,H_2O$ (Dimer-Bildung)

Bei den Reaktionsbedingungen, wie sie im RAID-1 herrschen, liegt die Zahl der Wassermoleküle üblicherweise bei $n = 6$ und bei $m = 3$. Die oben dargestellten Reaktionsprozesse sind in der Praxis erheblich komplexer, es handelt sich auch immer um Gleichgewichtsprozesse. Sie wurden aber in einer vereinfachten Form dargestellt, um das Verständnis zu erleichtern. Die Bildung der positiven Produktionen $[MH]^+$ erfolgt durch Protonentransfer. Das Ausmaß der Nachweisempfindlichkeit hängt daher wesentlich von der Protonenaffinität der nachzuweisenden Substanzen ab. Entsprechend bilden sich bei Stoffen mit hoher Elektronenaffinität negative Produktionen M^-.

Aufgrund der unterschiedlichen Protonenaffinität unterliegt die Nachweisempfindlichkeit der verschiedenen Stoffklassen in etwa der folgenden Abstufung: Alkane < Wasser < Alkohole < Ester < Aromate < Ketone < Ammoniak < Sulfoxide < organische Phosphorverbindungen < Amine.

In Abhängigkeit von der Größe der anhängenden Kohlenwasserstoffketten kann es allerdings zu Abweichungen kommen. Die entsprechende Reihenfolge bei den Gruppen mit hoher Elektronenaffinität lautet: Ester < Alkane < Nitrile < Amine < Aldehyde < Ketone << aliphatische Alkohole < Halogenkohlenwasserstoffe < Sauerstoff < Oxalate < Nitroverbindungen < Pestizide < Fumarsäureester < Chinone < Chlor < Stickstoffdioxid.

Wichtig für die Geräte, wie sie z. B. im Katastrophenschutz eingesetzt werden, ist der Umstand, dass sie wie oben beschrieben als »Wassergeräte« betrieben werden. Dies hat zur Folge, dass eine Vielzahl von Industriechemikalien mit diesen Geräten detektiert werden können. Nachteilig ist die schlechtere Auflösung und damit Identifizierung bei chemischen Kampfstoffen, insbesondere bei den Phosphorsäurealkylestern. Militärisch genutzte Geräte arbeiten daher als »Ammoniak«-Geräte. Hier wird das protonenaffine Ammoniak in geringer Menge zugesetzt, was eine Identifikation der verschiedenen Nervenkampstoffe ermöglicht, aber dafür im Bereich der Industriechemikalien zu erheblichen Einschränkungen führt.

17.2.3 Messröhre

Das Herzstück des IMS ist seine Messröhre mit dem Driftraum, die hinter dem Reaktionsraum liegt und von diesem durch ein Schaltgitter getrennt ist (Bild 48). Die Beschleunigung der Produktionen erfolgt in einem elektrischen Feld, das durch hintereinander angeordnete Metallringe, die durch Isolatoren voneinander getrennt sind, erzeugt wird. Die Ringe liegen auf einem jeweils unterschiedlichen Potenzial. Die Spannung innerhalb der Röhre liegt bei 1 000 Volt bis 5 000 Volt, was einer Feldstärke von 150 V/cm bis 350 V/cm entspricht. Am Ende der Messröhre befindet sich der Detektor zum Nachweis der aufgetroffenen Produktionen. Da sowohl negativ wie positiv geladene Ionen entstehen können, kann die Polarität der Röhre gewechselt werden. Das kann je nach Gerätetyp entweder durch den Bediener geschehen oder aber das IMS besitzt eine automatische Umschaltung.

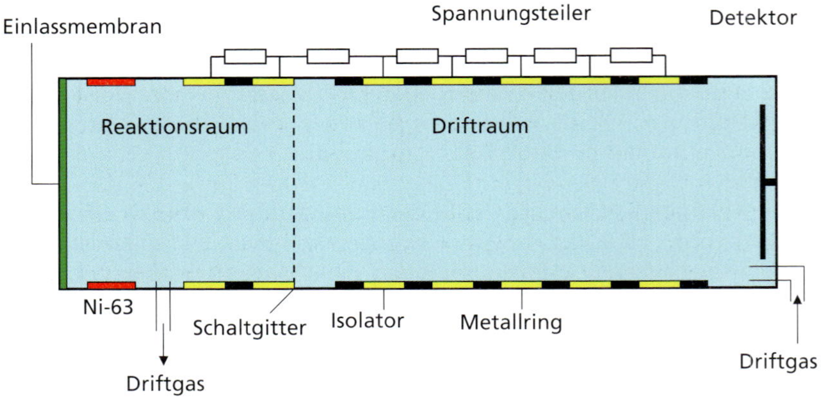

Bild 48: Skizze der Messröhre mit dem Driftraum und dem Reaktionsraum eines Ionenmobilitätsspektrometers (Grafik: Mario König)

17.2.4 Gasflüsse

Für seinen Betrieb benötigt das IMS eine Reihe von Gasströmen. Zunächst wird über eine Pumpe in einem äußeren Pumpenkreislauf der Trägergasstrom sichergestellt, der die Gasprobe der Messröhre über die Membran zuführt, dies entspricht der Betriebsart »Messen«. Da ein IMS extrem empfindlich auf eine Überladung der Messröhre reagiert, gibt es zum Schutz des Gerätes die Möglichkeit, den Trägergasstrom zu stoppen und die Gasflussrichtung zu ändern, damit das Gerät wieder frei gespült werden kann. Dies geschieht in der Betriebsart »Rückspülen«. In diesen Modus schaltet die Pumpe automatisch um, wenn das Gerät eine Überlastung feststellt. Die durch einen Filter (Rückspülfilter) gereinigte Luft wird solange zur Rückspülung des Gasweges verwendet, bis das System wieder sauber ist, was das Gerät eigenständig prüft, in dem es kurzzeitig in den Spürmodus umschaltet. Gegebenenfalls wird das Rückspülen solange fortgesetzt, bis das System wieder sauber ist.

Da Membrangeräte durch Adsorptionseffekte zu einer erhöhten Grundbelastung neigen, besitzen sie als weitere Reinigungsmöglichkeit eine Ausheizfunktion, bei der die Temperatur in der Messröhre und in der Membran erhöht wird. Die desorbierten Stoffe werden dann durch einen Gasstrom (Kreislaufluft) aus dem System entfernt.

Neben dem Gasversorgungssystem, das dem Gerät die Probe zuführt bzw. zum Rückspülen verwendet wird, gibt es ein zweites Pumpensystem, um den in der Driftröhre notwendigen Gasstrom zu erzeugen. Dieser Gasfluss wird mit Luft betrieben, die über einen getrennten Filter (Molekularsieb) gereinigt und deren Feuchtigkeitsgehalt konstant gehalten wird.

17.2.5 Ionenmobilitätsspektren

Im Hand gehaltenen Modus zeigen die IMS auf ihrem Display üblicherweise nur einen Substanznamen bzw. ein Kürzel für eine Substanz in Kombination mit einer Balkenanzeige an, die grobe Informationen über die Menge der vorhandenen Substanz angibt.

Bei einer Signalauswertung über einen Rechner lässt sich das Ionenmobilitätsspektrum analysieren. Dieses enthält immer den Reaktantionenpeak. Je nach Polarisierung handelt es sich um den RIP (Reaktantionenpeak im positiven Modus) oder den RIN (Reaktantionenpeak im negativen Modus). Diese Signale liegen immer an einer charakteristischen Stelle, wodurch auch der Zustand des Gerätes überprüft werden kann. Alle weiteren Signale eines Spektrums werden durch die Produktionen erzeugt. Ihre Lage im Spektrum wird durch den K_0-Wert (Ionenmobilitätskonstante) angegeben.

$$K_0 = \frac{K \times 273 \times p}{T \times 760}$$

K_0 = Ionenmobilitätskonstante
p = Normdruck in der Driftröhre
T = Normtemperatur (absolute Temperatur)
K = Ionenmobilität (v/E)

v = Ionengeschwindigkeit
E = elektrische Feldstärke

Unter definierten Bedingungen (Temperatur, Druck, Länge der Driftstrecke) leitet sich dieser Wert aus der Ionenmobilität K ab. Die Ionenmobilität wiederum beschreibt das Verhältnis von Ionengeschwindigkeit und Feldstärke. Da der K_0-Wert aber nicht alle Geräteparameter enthält, kann dieser Wert nicht auf einen anderen Gerätetyp übertragen werden. Der Rechner des Spektrometers verwendet zur Identifikation die in einer Datenbank hinterlegten K_0-Werte. Schwierig wird die Unterscheidung bei Substanzen mit sehr ähnlichem K_0-Wert, denn das Auflösungsvermögen der IMS ist nicht sehr groß. Kommen mehrere Moleküle mit ähnlichem K_0-Wert vor, so kommt es zu Signalüberlagerungen und bei hohen Stoffkonzentrationen kann es auch zur Dimerenbildung kommen, mit Signalen, die in der Nähe des Monomeren-Signals liegen und dadurch die Spektrenauswertung erschweren.

Sinnvollerweise werden die Bibliotheken mit am besten nicht mehr als zehn Substanzen zusammengestellt, die dann auch so auszuwählen sind, dass ihre K_0-Werte in einem ausreichenden Abstand voneinander liegen, um eine sichere Zuordnung zu ermöglichen. Dieses Verfahren kann z. B. in Betrieben angewendet werden, bei denen Informationen über die zu erwartenden Chemikalien vorliegen. Die Fläche unter der Signalkurve entspricht der Molekülmenge und wird daher zur quantitativen Auswertung benutzt. Aufgrund eines nur geringen dynamischen Bereiches, einen linearen Messbereich gibt es meist nur über zwei Größenordnungen, und der nicht ganz einfachen Kalibrierung eines IMS werden diese Geräte am besten nur zu orientierenden Messungen herangezogen.

In dem Maße, in dem die Konzentration an Probenmolekülen und damit der entsprechenden Ionen zunimmt, verringert sich die Signalstärke des Reaktantionenpeaks.

17.3 Anwendungspraxis

Die Stärke der Ionenmobilitätsspektroskopie steckt in der Empfindlichkeit des Nachweisverfahrens. Zum Teil liegen die Nachweisgrenzen weit unter einem ppm, insbesondere für polare Gase und Dämpfe, und in der Möglichkeit in einem begrenzten Rahmen Substanzen gleichzeitig zu detektieren bzw. zu identifizieren. Für quantitative Fragestellungen ist ein IMS eher ungeeignet. Aufgrund der Anwendungsbereiche, für die die Geräte entwickelt wurden, besitzen diese eine hohe mechanische Stabilität, gepaart mit einem relativ geringen Gewicht und einer kompakten Bauweise. Sofern die Geräte im Feldmodus betrieben werden, ist auch die Bedienung vergleichsweise anwenderfreundlich. Problematisch ist das langsame Abklingverhalten des Detektors, insbesondere bei hohen Stoffkonzentrationen oder aber bei Stoffen mit geringer Flüchtigkeit, insbesondere bei einem Gerät mit einem Membraneinlass. Hier können sich Zeiten von bis zu mehreren Minuten ergeben, ehe das Signal wieder auf den Ursprungswert zurückgekehrt ist. Außerhalb des Einsatzes bei den Feuerwehren liegt der Schwerpunkt der Ionenmobilitätsspektroskopie im militärischen Bereich bei der Detektion chemischer Kampfstoffe und im Sicherheitsbereich bei der Detektion von Sprengstoffen und Drogen.

Wichtig in der praktischen Anwendung von IMS mit Nickelquellen ist das regelmäßige Betreiben (mindestens alle zwei Wochen) der Geräte um die Verunreinigungen zu beseitigen die im Verlauf der Lagerung unvermeidlich sind. Ansonsten kann es zu extrem langen Vorlaufzeiten kommen, bis das Gerät wieder einsatzbereit ist.

Weiterführende Literatur zu Kapitel 17

Stach, J.: IMS Grundlagen und Applikationen, Analytikertaschenbuch Band 16, Springer Verlag, S. 119–150, 1997.

Eiceman, G. A., Karpas, Z.: Ion Mobility Spectrometry, Second Edition, CRC Press, 2007.

International Journal for Ion Mobility Spectrometry, Springer Verlag.

Handbuch zum Multi-IMS, Dräger Safety AG & Co. KGaA, 2003.

18 Gaschromatographie-Massenspektrometrie

Die Gaschromatographie-Massenspektrometrie (GC-MS) stellt zurzeit das optimale Verfahren dar, wenn unbekannte, flüchtige Substanzen identifiziert werden sollen. Dies beruht zum einen darauf, dass auch komplexe Stoffgemische durch den Gaschromatographen getrennt werden können und zum anderen darauf, dass das Massenspektrometer eine vergleichsweise hohe analytische Sicherheit aufweist, wenn es um die Stoffidentifikation geht. Die Nutzung der GC-MS bei Feuerwehreinsätzen war früher umstritten und wurde lange Zeit intensiv diskutiert. Mittlerweile liegen über 15 Jahre Einsatzerfahrung an mehreren Standorten sowie Forschungsergebnisse vor, die belegen, dass auch die Anwendung einer komplexen und kostenintensiven Messtechnik bei Feuerwehreinsätzen durchaus Sinn macht, wenn verschiedene Rahmenbedingungen erfüllt sind:

1. Die Kosten-Nutzen-Analyse
Hier ist es zum einen wesentlich, dass die Geräte in Ballungsräumen mit hoher Einsatzwahrscheinlichkeit stationiert sind und überregional eingesetzt werden, wodurch zum einen die Einsatzfrequenz steigt, und zum anderen die Technik auch im Rahmen der Amtshilfe anderen Behörden zur Verfügung gestellt wird, was gleichzeitig die Bediener des Gerätes schult.

2. Der Zeitaufwand bis zum Vorliegen der ersten Ergebnisse
Sobald eine Probe messbereit vorliegt, steht das Ergebnis nach maximal 15 Minuten zur Verfügung und benötigt so auch nicht mehr Zeit als eine Messung mit einem Prüfröhrchen mit entsprechend großer Hubzahl. Auch die Wegzeit kann durch geeignete logistische Vorbereitung bzw. frühzeitige Alarmierung entsprechend klein gehalten werden. Nachdem in den Bundesländern Hessen, Baden-Württemberg und Rheinland-Pfalz mit über 80 Standorten eine Vielzahl von Feuerwehren über eine geeignete Probenahmeausstattung mit geschulten Einsatzkräften verfügen, ist eine sehr schnelle Probenahme durch lokale Einsatzkräfte möglich.

3. Die Präzision einer quantitativen Aussage
Hier stellt sich die Frage: Wie genau muss eine Aussage sein bzw. wie hoch ist der Fehler durch die Probenahme? Die Details hierüber werden an anderer Stelle ausführlicher erläutert (siehe Kapitel 5).

4. Die hohen Anforderungen an das Bedienungspersonal
Durch eine Auswahl von Bedienpersonal mit einem geeigneten beruflichen Hintergrund, einer entsprechenden Aus- und Fortbildung sowie einem regelmäßigen Einsatzaufkommen sind die Aufgaben durchaus zu bewältigen. Darüber hinaus ist es durch moderne Datenfernübertragungstechniken möglich, auch Experten zur Analyse von Spektren bzw. zur Bewertung von Messergebnissen heranzuziehen, die sich nicht vor Ort befinden.

Die Grundlage für die Anwendung der GC-MS-Technik im Aufgabenbereich der Feuerwehr legte ein Forschungsprojekt an der Technischen Universität Hamburg-Harburg (TUHH). Dort wurde ein Forschungsvorhaben des Bundesministeriums für Forschung und Technologie betreut, bei dem in Zusammenarbeit mit der Firma Bruker Franzen Analytik an der Optimierung eines mobilen GC-MS-Systems gearbeitet wurde, das zusammen mit geeigneten Probenahmeverfahren als Hilfsmittel bei der schnellen Vor-Ort-Analytik für die Gefahrenabschätzung zur Verfügung stehen sollte. Bis Ende 1993 wurden im Rahmen des Projektes knapp 400 Proben durch die TUHH ausgewertet. Aufgrund der Analyseergebnisse teilte die TUHH die Art der Einsätze in drei Kategorien ein [38]:

- Kategorie I: Chemieunfall, einzelner Stoff,
- Kategorie II: Chemieunfall, mehrere Stoffe,
- Kategorie III: Brände, viele Stoffe.

Die Anforderungen an die eingesetzten Analyseverfahren und die erforderliche Zeit, bis ein Ergebnis vorliegt, sind in der Kategorie drei am höchsten, da hier die mit Abstand meisten Substanzen in einer Messung vorkommen. Alle identifizierten Substanzen sind in eine spezielle Spektrenbibliothek aufgenommen worden, die etwa 220 Stoffe enthält und als Hilfsmittel bei der Identifizierung dient.

18.1 Geräteentwicklung

Anfang der achtziger Jahre des zwanzigsten Jahrhunderts wurde von der Firma Bruker Franzen der Prototyp des MM-1 (Mobiles Massenspektrometer) für die Bundeswehr entwickelt und 1985 zur Serienreife gebracht. Als Weiterentwicklung des MM-1 erfolgt mit Schwerpunkt für den zivilen Bedarf das EM-640. In diesem Gerät wurde auf eine Vielzahl militärischer Forderungen verzichtet, was das Gerät leichter und kostengünstiger machte. Dafür konnte es flexibler auf die verschiedenartigsten Bedürfnisse angepasst werden. So ist zum Beispiel der Wechsel der GC-Säule zur Optimierung der Trennung eines Substanzgemisches einfach

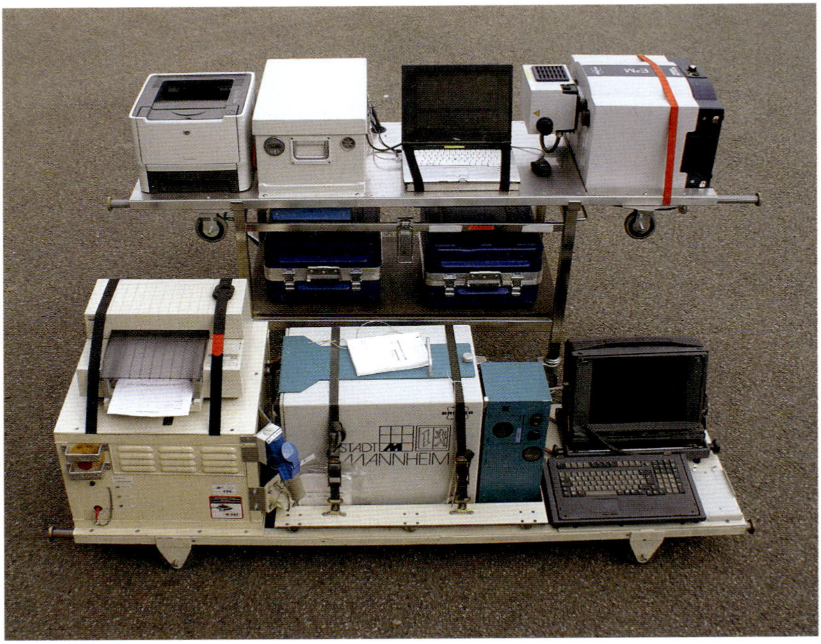

Bild 49: Die GC-MS-Systeme EM-640 (vorne) und E^{2}M in Kombination mit dem Steuerrechner, einem Drucker und der Energieversorgung auf ihren Transporttragen. Durch die hier gezeigte Gerätekonfiguration ist das System bis zu zirka 1,5 Stunden autonom betriebsbereit. (Foto: Mario König)

und schnell durchzuführen. Mehrere zivile Dienststellen verfügen mittlerweile seit vielen Jahren über ein MM-1 oder das zivile Nachfolgemodell EM 640 als Bestandteil eines fahrzeuggebundenen Messkonzeptes.

Im Jahr 2006 kam es durch Bruker Daltonics zu einer kompletten Überarbeitung des MM-1 durch das MM-2. In Analogie zum MM-2 als Nachfolger des MM-1 wurde das E^{2}M (Enhanced Environmental Mass Spectrometer) als Nachfolger des EM 640 entwickelt (Bild 49). Das Gerät unterscheidet sich von der militärischen Variante nur in einigen Punkten der militärischen Härtung. Wie das Vorgängergerät besitzt es die nahezu gleichen Möglichkeiten der Probenaufgabe (Luft/Bodensonde, Thermodesorber und Injektor). Von Seiten der Hardware ist das Gerät etwas kompakter und mit 34 Kilogramm erheblich leichter als sein Vorgänger. Alle Standorte der ATF wurden im Jahr 2008 mit den neuen E^{2}M-Geräten ausgestattet.

18.2 Technik

Nachfolgend werden die einzelnen Schritte einer GC-MS-Messung in der Reihenfolge beschrieben, in der sie im Einsatzfall abgearbeitet werden. Beginnend mit der Probenahme und der Aufbereitung der angelieferten Proben folgen die Probenaufgabe, die gaschromatographische Trennung, die Identifikation durch das Massenspektrometer und zuletzt ein Einblick in den Auswertungsalgorithmus.

18.2.1 Probenahmeverfahren/Probenaufarbeitung

Die Standardverfahren zur Entnahme von Proben werden im Kapitel Probenahme beschrieben. Hier wird nur auf Besonderheiten eingegangen, soweit sie die GC-MS-Technik betreffen.

Luft

Luftgetragene Substanzen können auf Tenax®-Röhrchen oder einem vergleichbaren thermodesorbierbaren Adsorptionsmaterial gesammelt bzw. direkt über die Luft-Boden-Sonde in das Spektrometer gesaugt werden. Falls eine Vielzahl an Proben untersucht werden soll, die kein allzu komplexes Stoffgemisch darstellen, kommt die Luft-Boden-Sonde zum Einsatz. Es handelt sich dabei um eine flexible 3,5 Meter lange Leitung, die aus einem gegen Wärmeverlust isolierten Metallpanzerschlauch besteht, in dessen Inneren sich eine beheizbare, hochflexible Quarzglaskapillare befindet. Der Sondenkopf ist ebenfalls beheizbar (Bild 50). Die Temperatur der Sondenleitung und des Sondenkopfes kann vom Massenspektrometer je nach gewählter Analysenart gesteuert werden. In der Betriebsart »Luftspüren« saugt das Gerät ständig Umgebungsluft mithilfe einer

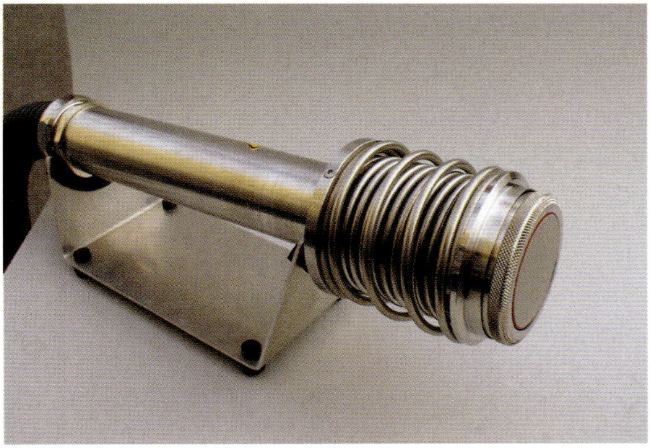

Bild 50:
Nahaufnahme der Luft/Bodensonde (Foto: Mario König)

Hohlnadel an. Der Sondenkopf kann in diesem Fall beispielsweise direkt an Gebindeöffnungen gehalten werden, um die entweichenden gas- oder dampfförmigen Stoffe zu untersuchen. Aufgrund der kurzen Säulenlänge ist in diesem Modus die Trennleistung der Säule natürlich nur sehr beschränkt, sodass sich dieses Verfahren hauptsächlich zur Bestimmung von Reinsubstanzen eignet. Der Vorteil dieser Technik liegt im sehr hohen Probendurchsatz.

Boden und Oberflächen

Die einfachste Methode, Bodenproben zu analysieren, bietet die Luft-Boden-Sonde in der Betriebsart »Bodenspüren«. Dazu wird der Sondenkopf für das »Luftspüren« durch einen Sondenkopf »Bodenspüren« ersetzt. Der aufgeheizte Sondenkopf wird zur Messung direkt auf die kontaminierte Oberfläche oder die Feststoffprobe gedrückt. Die Substanz verdampft und wird in das Gerät gesaugt. Die Leitung der Sonde übernimmt dabei die Aufgabe einer kurzen GC-Säule. Sobald keine oberflächliche Kontamination vorliegt, sondern sich die zu analysierende Substanz in einer Bodenprobe befindet, muss die Substanz auf anderem Weg mobilisiert werden. Bei leicht flüchtigen Substanzen wird üblicherweise das »Headspace-Verfahren« eingesetzt. Dazu wird die Probe zunächst in einer Apparatur im Wasserbad erhitzt. Dabei reichern sich die leicht flüchtigen Substanzen in der Gasphase an. Mithilfe einer Prüfröhrchenpumpe wird die Gasphase dann durch ein Tenax®-Röhrchen gezogen, wobei sich die Substanzen auf dem Trägermaterial wie bei einer Luftprobe anreichern. Schwerflüchtige Substanzen können auf diesem Weg nicht extrahiert werden und müssen daher mit Aceton als Lösungsmittel in einem Ultraschallbad aufgearbeitet werden. Aus dem Aceton-Extrakt wird eine kleine Menge mit einer Mikroliterspritze aufgenommen und auf eine imprägnierte Glaswolle aufgegeben, die in einem Glasröhrchen steckt, das die gleichen Abmessungen wie die Tenax®-Röhrchen besitzt. Das Aceton wird mit dem Durchsaugen von Luft durch das Röhrchen verdampft und anschließend das Röhrchen dann im GC-MS auf dem üblichen Weg thermodesorbiert.

Wässrige Proben

Auch Wasserproben müssen zunächst aufbereitet werden, um sie analysieren zu können. Dazu ist wieder zu unterscheiden, ob es sich um leicht- oder schwerflüchtige Substanzen handelt, die analysiert werden sollen. Bei leichtflüchtigen Substanzen werden die zu analysierende Stoffe in einer Waschflasche mit Luft extrahiert. Die heraus gelösten Substanzen werden wie beim Headspace-Verfahren auf Tenax® adsorbiert. Im Fall der Wasser-Analytik spricht man hier aber vom »Purge-and-Trap-Verfahren« (Bild 51). Das Verfahren funktioniert aber nur bei Proben, die nicht zu stark schäumen. Aus Löschwasserproben, die Schaummittel ent-

Bild 51: Purge-and-Trap-Vorrichtung zur Aufarbeitung einer Wasserprobe (Foto: Mario König)

halten, können Proben nur mit dem »Spray-and-Trap-Verfahren« aufgearbeitet werden. Das Wasser wird mit einem Stripgas fein versprüht, um aus dem Nebel eine Probe zu nehmen. Die Schaumbildung wird dadurch unterdrückt. Dieses Verfahren erfordert allerdings teure Zusatzgeräte. Für schwerflüchtige Substanzen muss das »Extrakt-Verfahren« angewendet werden. Dabei wird die wässrige Phase mit einer geringen Menge eines unpolaren Lösungsmittels ausgeschüttelt. Von dieser Lösung werden dann einige Mikroliter mit einer Mikroliterspritze auf Glaswolle, wie bereits oben beschrieben, gegeben. Anschließend wird Luft durchgesaugt, um das Lösungsmittel zu vertreiben. Das Röhrchen selbst wird dann auf dem üblichen Weg analysiert.

18.2.2 Probenaufgabe

Die Probe wird dem Gaschromatographen entweder über ein Tenax®-Röhrchen zugeführt, oder aber über ein Röhrchen mit Glaswolle, das die Untersuchungssubstanz auf sich trägt. Die Probe wird im Thermodesorber des GC-MS auf 240 °C aufgeheizt. Dabei lösen sich die adsorbierten Substanzen vom Trägermaterial und werden vom Trägergasstrom zur gaschromatographischen Säule transportiert. Alternativ könnten Proben auch durch eine Injektion mit einer Spritze, wie in der klassischen Gaschromatographie üblich, aufgegeben werden.

18.2.3 Gaschromatographie

Die Gaschromatographie ist ein Verfahren zur Trennung von Stoffgemischen, die gasförmig oder unter den Untersuchungsbedingungen verdampfbar sind. Ein Gaschromatograph besteht neben dem Probenaufgabesystem immer aus den Komponenten Trennsäule mit Trägermaterial, dem Trägergasstrom und dem Detektor. In unserem Fall dient das Massenspektrometer als Detektor. Im Bereich der Mobilanalytik werden üblicherweise Quarzglaskapillarsäulen als Trennsäulen verwendet. Diese Säulen bestehen aus einem Quarzglasrohr, das mit einem Kunststoffmantel überzogen ist. Sie besitzen bei Anwendungen durch die Mobilanalytik Längen von 3,5 Meter bis 25 Meter und einen Innendurchmesser der Kapillare von 0,1 mm bis 0,5 mm. Zur praktischen Anwendung wird die Säule auf einem Träger, der auch als Heizung dient, aufgewickelt, um sie platzsparend in den GC-Ofen einbauen zu können. Durch diese Konstruktion ist das System, bezogen auf die Aufheizung bzw. Abkühlung, weniger träge als die konventionelle Labortechnik, was einen höheren Probendurchsatz erlaubt.

Die Innenwand der GC-Säule ist mit einem Polymerfilm von 0,1 µm bis 2 µm Dicke beschichtet. Die chemische Zusammensetzung des Filmes ist von entscheidender Bedeutung für die Trennfähigkeit der Säule. Den Polymerfilm nennt man auch stationäre Phase, da sie mit der Kapillare verbunden ist. Der Vorteil der Kapillarsäule besteht in der sehr guten Trennleistung, andererseits kann sie aber aufgrund ihrer geringen Größe auch sehr leicht durch ein Zuviel an Substanz überladen werden. Das bedeutet, dass große Substanzmengen erst ein umfangreiches Ausheizen der Säule notwendig machen, bevor eine weitere Messung möglich ist. Die zu trennenden Substanzen werden mit einem Trägergas (Luft, Stickstoff oder Edelgas) durch die Trennsäule des Gaschromatographen transportiert. Dieses Trägergas nennt man auch die mobile Phase. Den schematischen Aufbau eines Gaschromatographen zeigt Bild 52.

Man kann sich das Funktionieren einer GC-Säule folgendermaßen vorstellen: Die Moleküle der stationären Phase und die der zu trennenden Substanzen reagieren beim Durchlaufen der Säule miteinander. Je mehr sich die Moleküle chemisch ähneln (mehr oder weniger gleiche Polarität) desto eher gehen sie eine vorübergehende Bindung miteinander ein. Das bedeutet, bei einer sehr unpolaren stationären Phase werden sich sehr unpolare Moleküle (z. B. Alkane) vergleichsweise lang und intensiv an die stationäre Phase binden, was zur Folge hat, dass die Moleküle relativ viel Zeit benötigen um die Säule zu passieren. Ein polares

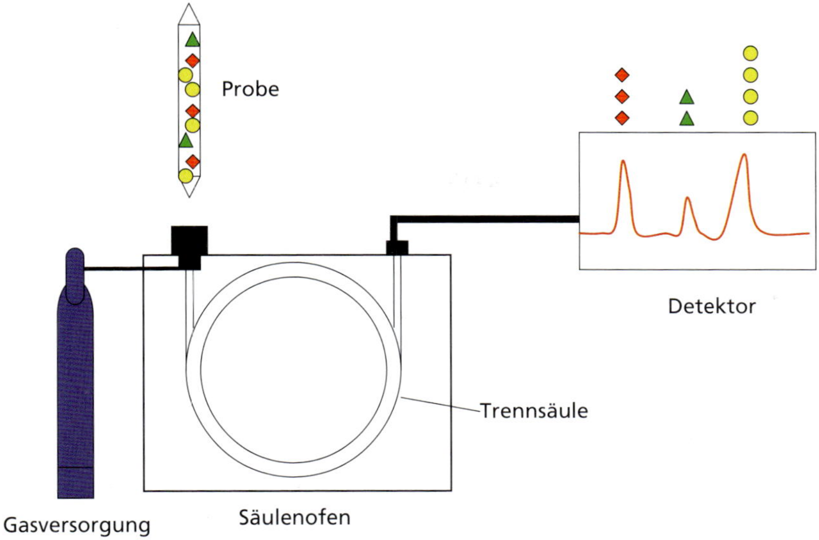

Bild 52: Schematischer Aufbau eines Gaschromatographen. Nach dem Passieren des Gaschromatographen sind die drei Substanzen, die zunächst als Gemisch vorliegen, getrennt und gelangen nacheinander zum Detektor. (Grafik: Mario König)

Molekül, wie z. B. ein Alkohol, würde die Säule sehr viel schneller passieren, da es nur wenig Zeit gebunden an der Oberfläche der stationären Phase zubringt. Die Eignung einer Trennsäule für ein gegebenes analytisches Problem hängt von ihrer so genannten Trennleistung ab. Darunter versteht man die Fähigkeit einer Säule zwei Substanzen soweit zu trennen, dass sie beim Verlassen der Säule als getrennte Signale detektiert werden können. Mit zunehmender Länge der Trennsäule wächst die Fähigkeit, auch Gemische sehr ähnlicher Stoffe (geringe Polaritätsunterschiede) in die einzelnen Komponenten aufzuspalten. Dies wird allerdings mit dem Nachteil einer längeren Laufzeit erkauft. Eine Säule mit der doppelten Länge benötigt auch die doppelte Durchlaufzeit der Probe. Die Trennleistung wächst in diesem Fall aber nur um das 1,4 fache. Da im Bereich der Vor-Ort-Analytik die Schnelligkeit einen wesentlichen Faktor darstellt, muss ein Kompromiss zwischen Schnelligkeit und Qualität der Trennleistung gefunden werden. Mit einer erhöhten Geschwindigkeit des Trägergasstromes kann zwar die Durchlaufzeit einer Messung verkürzt werden, als Nachteil verschlechtert sich aber die Trennleistung. Die Temperatur, die im Verlauf des Trennvorgangs in der Säule herrscht, beeinflusst ebenfalls die Wechselwirkung zwischen der stationären Phase und den zu trennenden Substanzen. Eine höhere Temperatur beschleunigt den Durchgang der Substanzen durch die Säule.

Eine Stärke des EM 640 bzw. des E^2M ist die Leichtigkeit und Schnelligkeit, mit der die GC-Säule gewechselt werden kann. Innerhalb weniger Minuten kann für ein besonderes Trennproblem eine andere Säule eingesetzt werden.

Im Anschluss an den Gaschromatographen folgt ein Detektor, um die Substanzen zu erfassen, die die Säule verlassen. Im Fall der GC-MS-Kopplung wird die Aufgabe der Detektion durch das Massenspektrometer übernommen.

18.2.4 Massenspektrometrie

Die Massenspektrometrie ist zurzeit das Analyseverfahren, mit dem die größte Stoffvielfalt mit der besten analytischen Sicherheit nachgewiesen werden kann. Ganz allgemein ist die Massenspektrometrie eine hochempfindliche Messmethode in der Spurenanalytik, die Messungen bis in den ppb-Bereich zulässt. Die im Einzelnen erreichbaren Nachweisgrenzen hängen im Wesentlichen von den zu bestimmenden Substanzen, der Probenmatrix, dem Probenahmeverfahren und der Probenaufbereitung ab. Ein Massenspektrometer besteht immer aus den vier Komponenten: Einlasssystem, Ionenerzeugung, Massentrennung und Ionennachweis (Bild 53).

Das Einlasssystem trennt das Massenspektrometer vom vorgeschalteten Gaschromatographen, da im Inneren des Spektrometers ein Unter-

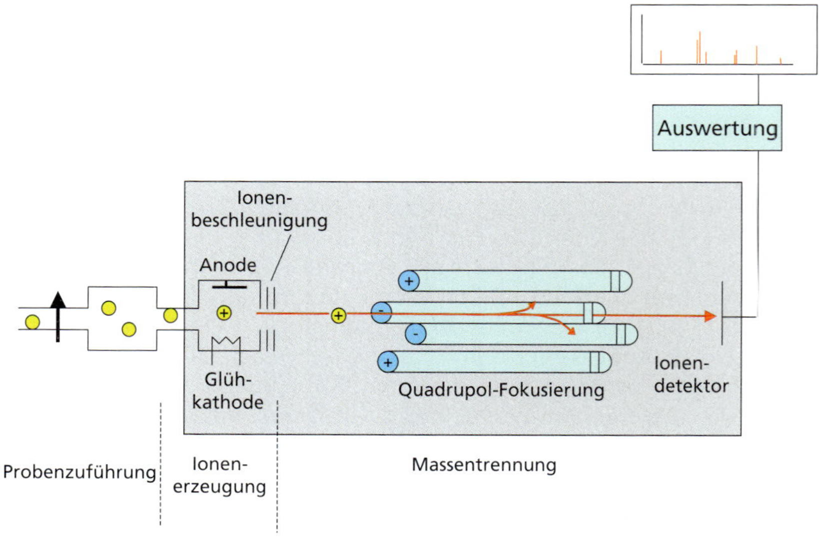

Bild 53: Schematischer Aufbau eines Massenspektrometers (Grafik: Mario König)

druck von bis zu 10^{-7} Pa herrscht. Vom Einlasssystem kommend strömt der Molekülstrahl an der Baugruppe zur Ionenerzeugung vorbei. Die Ionenerzeugung erfolgt durch eine Glühkathode, die Elektronen mit einer Energie von 70 eV freisetzt. Diese energiereichen Elektronen wiederum schlagen aus dem neutralen Molekül ein Elektron heraus und bewirken dadurch die Bildung eines positiv geladenen Molekülions. Am Ende der Ionisationskammer befindet sich eine Kaskade von negativ geladenen Beschleunigungselektroden, die mit einer Spannung von mehreren hundert Volt den Molekülionen eine erhebliche Bewegungsenergie verleihen.

Die positiv geladenen Moleküle zerfallen aufgrund der Energie, die durch den Elektronenstoß auf das Molekül übertragen wird. Der Zerfall findet in mehreren Schritten statt, bei denen im ersten Schritt neutrale Molekülfragmente, Radikale, Kationen oder Radikalkationen entstehen können. In einem zweiten Fragmentierungsschritt können diese Fragmente dann wiederum in kleinere Bruchstücke zerfallen. In Abhängigkeit von der Molekülstruktur zerfallen die Ausgangsmoleküle immer in die gleichen Bruchstücke mit der gleichen Häufigkeit. Dieser Effekt wird bei der Identifizierung ausgenutzt. Da jede Substanz praktisch ihren eigenen »Fingerabdruck« durch das Zerfallsmuster hinterlässt, ist die Identifizierung einer Substanz aus ihrem Zerfallsmuster (Massenspektrum) mithilfe von gespeicherten Vergleichsspektren möglich. Ein Beispiel für dieses Prinzip ist in Bild 54 am Zerfallsmuster des Butanons dargestellt.

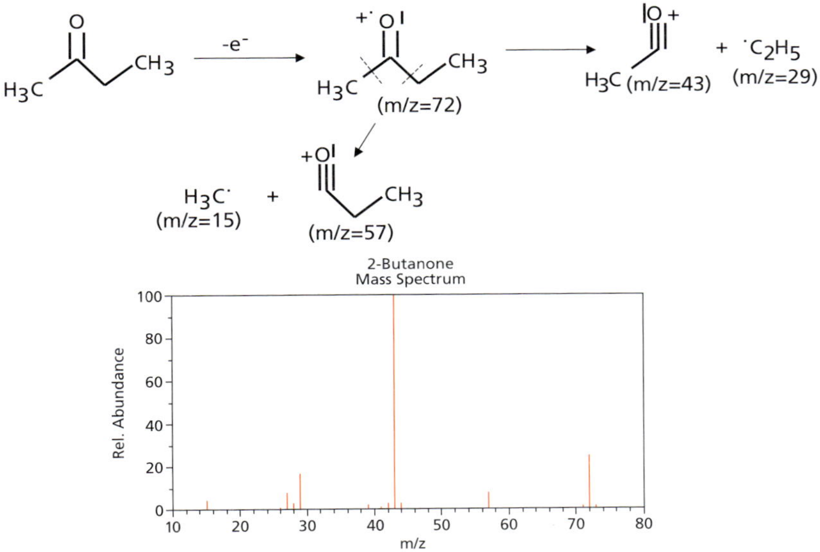

Bild 54: Massenspektrum von Butanon mit dem dazugehörenden Fragmentierungsmuster. Im ersten Schritt entsteht das Molekülion, das anschließend zerfällt. (Grafik: Mario König)

Bei einem Stoffgemisch müssen die in der Probe enthaltenen Substanzen zunächst getrennt werden, da das Massenspektrometer die Fragmente aus mehreren Substanzen keinem Molekül gezielt zuordnen kann, daher ist im Vorfeld eine Trennung von Substanzgemischen, in diesem Fall durch einen Gaschromatographen, notwendig.

Im nächsten Schritt müssen nun die beschleunigten Fragmente nach ihrer Masse getrennt werden. Dazu wird üblicherweise ein Elektromagnet verwendet. In einem Magnetfeld werden die positiv geladenen Ionen vom negativ geladenen Pol angezogen. Bei konstanten Geräteparametern (Magnetfeldstärke usw.) und einem einfach positiv geladenen Ion ist die Ablenkung eines Teilchens dabei umso stärker, je leichter es ist. Man kann sich dies leicht mit der größeren Trägheit der schwereren Bruchstücke erklären.

In mobilen Massenspektrometern wird aus Gründen der größeren mechanischen Stabilität mit Quadrupol-Magneten gearbeitet, bei denen sich vier parallel angeordnete Magnete gegenüberliegen. Dabei besitzen die gegenüberliegenden Magnete die gleiche Polarität. Die Magnete erzeugen ein hochfrequentes Feld, in dem die Fragmente auf einer schraubenförmigen Bahn hindurchfliegen. Durch eine Veränderung der an den Magneten anliegenden Spannung und damit einer Veränderung des Magnetfeldes, ist es möglich, dass nur bestimmte Massen das Ende des Analysatorbereiches erreichen. Da die Fragmente üblicherweise einfach positiv geladen sind, also ein konstantes Masse- zu Ladungszahlverhältnis besitzen, können auf dem Weg der veränderlichen Feldstärke die Bruchstücke definiert nach ihrer Masse getrennt werden.

Im letzten Schritt müssen jetzt nur noch die nach ihrer Masse sortierten Bruchstücke detektiert werden. Diese Aufgabe übernimmt der Analysator (häufig auch Ionendetektor genannt), dessen Signale durch einen Sekundärelektronenvervielfacher verstärkt werden. Der Analysator muss die in Abhängigkeit von ihrer Masse eintreffenden Bruchstücke zählen, damit man die zur Auswertung wichtige Information darüber erhält, welche Fragmente wie häufig auftreten.

Im Massenspektrum werden die Fragmente in ihrer Häufigkeit als Masse/Ladungszahl (m/z) aufgetragen. Das größte Massensignal wird dabei als 100 Prozent gesetzt und die anderen Signale entsprechend ihrer Verteilung aufgetragen. Das Signal mit dem größten m/z-Verhältnis stellt üblicherweise die Molmasse des unfragmentierten Moleküls dar.

18.3 Spektrenauswertung

Die Auswertung eines Massenspektrums ist prinzipiell auch ohne EDV-Unterstützung möglich. Die Auswertungsalgorithmen eines Rechners und der Einsatz elektronischer Spektrendatenbanken sind aber gerade im Einsatzbereich der Feuerwehr, wo es darum geht, in kürzester Zeit und ohne fachlich spezialisiertes Personal eine Auswertung der Messergebnisse zu erhalten, nicht mehr wegzudenken.

Bevor es zur eigentlichen Auswertung eines Massenspektrums kommt, wird durch ein vorgeschaltetes Programm namens »Dissect« über ein komplexes Rechenverfahren eine Auftrennung sich überlagernder chromatographischer Signale durchgeführt. Dies ist notwendig, da es aufgrund der kurzen Trennsäulen oftmals nur zu einer unvollständigen Trennung von Substanzen kommt, und sich daher die Massensignale noch bis zu einem gewissen Grad überlagern können. Im nächsten Schritt werden dann die gefundenen Spektren mit verschiedenen Datenbanken verglichen. Dabei sucht der Rechner zuerst in den kleinsten Datenbanken, die speziell nach Belangen der Feuerwehren zusammengestellt wurden, nach übereinstimmenden Spektren und erweitertet dann die Suche auf die größeren Datenbanken.

Je kleiner und spezieller der Datenbestand in einer Spektrendatenbank ist, desto besser ist die Qualität und Schnelligkeit der Identifizierung. Zu Auswertung werden Datenbanken herangezogen, die im Rahmen des Forschungsprojektes durch die TUHH erstellt wurden. Zusätzlich können auch kleine Teildatenbanken aus großen Datenbanken zusammengestellt werden, wenn es um spezifische Fragestellungen wie z. B. die Analytik von Drogen oder bestimmten Lösungsmitteln geht. Die grundlegende Datenbank, die im letzten Schritt durchsucht wird, ist die so genannte »NIST-Datenbank« (National Institute of Standards and Technology) mit über 160 000 Vergleichsspektren. Hier kann es aber vorkommen, dass das System Spektren von Substanzen vorschlägt, die zwar eine hohe mathematische Wahrscheinlichkeit besitzen, aber aufgrund der aktuellen Einsatzlage durch eine in der Analytik vertraute Führungskraft ausgeschlossen werden können, sodass erst der zweite oder dritte Eintrag die eigentlich vorliegende Substanz darstellt.

18.4 Anwendungspraxis

Die Erfahrungen der vergangenen Jahre zeigten als hauptsächliche Anwendungsgebiete für die GC-MS-Analytik Brände sowie Hilfeleistungen im Zusammenhang mit Chemikalien und medizinischen Notfällen.

18.4.1 Brände

Bei Brandeinsätzen bestehen die Proben immer aus einem komplexen Stoffgemisch. Der Analyseaufwand und Zeitbedarf zur Auswertung ist entsprechend hoch, auch wenn ein großer Teil der bei einer Verbrennung entstehenden Stoffe grundsätzlich bekannt ist. Die Kunst besteht darin, aus der Vielzahl von detektierten Substanzen die außergewöhnlichen Verbrennungsprodukte zu erkennen, die aufgrund der Besonderheiten der am Brand beteiligten Stoffe entstanden sind und die eine besondere toxikologische Gefahr darstellen. Daher sollte vor einer chemischen Untersuchung der Brandrauchkomponenten erst möglichst präzise Informationen über das Brandgut eingeholt werden.

Bei der Untersuchung von Brandrauchkomponenten taucht auch immer wieder die Frage nach den gefürchteten Dioxinen auf. Eine korrekte Analyse dieser Substanzgruppe, insbesondere wenn die einzelnen Isomeren bestimmt werden sollen, um die TEQ (Toxizitätsäquivalente) zu bestimmen, ist nur durch eine mehrtägiges spurenanalytisches Verfahren in speziell dafür ausgelegten Laboratorien möglich.

Eine Analyse des Löschwassers auf leicht- und schwerflüchtige Komponenten ermöglicht eine erste schnelle Übersicht darüber, ob und in wieweit das Löschwasser als kontaminiert zu betrachten ist und in wieweit eine Rückhaltung erforderlich ist. Da sich andere wasseranalytische Verfahren nicht flächendeckend durchgesetzt haben, ist die GC-MS-Analytik zurzeit das einzige Verfahren, einen schnellen Überblick über die organische Schmutzfracht zu bekommen. Es ist aber zu berücksichtigen, dass anorganische Komponenten wie Schwermetalle und einige Anionen wie z. B. Cyanide, die bei Bränden in Galvanikbetrieben auftauchen können, mit diesem Verfahren nicht identifiziert werden können. In einem solchen Fall muss auf andere Verfahren zurückgegriffen werden.

18.4.2 Hilfeleistungen

Die Einsatzmöglichkeiten der GC-MS bei Hilfeleistungen können sehr vielseitig sein. Sie unterscheiden sich insbesondere bei der Probenahme. Der Begriff »Freisetzungen« steht für eine Vielzahl von Einsätzen. Eine der häufigsten Ursachen ist der fehlerhafte Umgang mit Gefahrstoffen (Lagerung, Umfüllen, Verarbeiten). Diese Freisetzungen erstrecken sich meistens nur auf wenige Räumlichkeiten oder Flächen. Größere Freisetzungen können beispielsweise durch Störfälle in Industriebetrieben ausgelöst werden. Am bekanntesten dürfte hier der o-Nitroanisol-Störfall in Frankfurt a. M. vom Februar 1993 sein. Ein Beispiel für eine kleinräumige Freisetzung: In einem Lebensmittelmarkt kam es zu einer unerklärlichen Geruchsbelästigung. Nach der Analytik stellte es sich heraus, dass die Kühlanlage des Supermarktes ein Leck hatte.

Schwieriger sind Geruchsbelästigungen sehr geruchsintensiver Substanzen aufzuklären, die aus Quellen stammen, die bislang unauffällig waren und die Luft getragen sind. Hier scheitert ein analytischer Nachweis häufig an der zu geringen Stoffkonzentration, die eine verwertbare Aufkonzentration nicht zulässt. Insbesondere im Bereich schwefelhaltiger Verbindungen liegen die Geruchsschwellen oftmals weit unter einem ppb.

18.4.3 Sonderfälle

Die hier anfallenden Einsätze haben oftmals einen medizinischen Hintergrund und daher bei der Bearbeitung eine erhebliche Dringlichkeit. In vielen Fällen stehen Mediziner bei bewusstlosen Patienten vor der Frage, welcher Umstand für den Zustand des Patienten ursächlich ist. Sollten sich aus der Anamnese oder den Begleitumständen an der Einsatzstelle Hinweise auf die Beteiligung von Chemikalien ergeben, führt dies im günstigsten Fall zur Asservierung einer Probe, die dann zur Untersuchung herangezogen werden kann. Beispiel: Im Umfeld einer Diskothek kam es zu mehreren bewusstlosen und behandlungsbedürftigen Patienten, deren Zustand mit einem weißen Pulver und einer wasserklaren Flüssigkeit in Verbindung gebracht wurde. Die Analytik ergab Koffein und Liquid Exstacy.

18.5 Quantifizierung

Die bisher im Zusammenhang mit einem GC-MS-System beschriebenen Messungen liefern zunächst nur qualitative Aussagen. Die oft von Einsatzleitern oder Medizinern geforderten quantitativen Aussagen sind nur möglich, wenn das Gerät auch auf die entsprechenden Stoffe kalibriert wird. Die Kalibrierung erfolgt dabei über das Signal des Gaschromatogramms, das ein detektierter Stoff erzeugt. Dabei stehen die Stoffmenge und die Signalfläche in einem direkten Zusammenhang. Dadurch ist es prinzipiell möglich, eine Substanz exakt zu quantifizieren, aber wegen des Aufwandes für eine Vor-Ort-Analytik bei Feuerwehreinsätzen nicht sinnvoll, da diese Kalibrierung für jeden Stoff extra durchgeführt werden muss. Es ist auch die Frage zu stellen, welche Genauigkeit eines Messergebnisses ein Einsatzleiter oder Fachberater benötigt, um eine Entscheidung zu treffen. Sind genaue Zahlenangaben im ppm-Bereich notwendig oder reichen nicht auch halbquantitative Informationen aus, die eine Aussage zur Größenordnung geben. Eine grundsätzliche grobe Orientierung ist mit den Messwerten eines GC-MS durchaus möglich.

18.6 Alternative GC-MS-Verfahren

Neben den GC-MS-Systemen der Firma Bruker gibt es noch das GC-MS Hapsite® der Firma Inficon (Bild 55) und die Gruppe der Griffin GC-MS-Systeme der Firma ICX (Bild 56)auf dem Markt. Beide Systeme konnten sich aber bisher nicht auf dem deutschen Markt durchsetzen. Das Hapsite® kann für sich in Anspruch nehmen, das erste Gerät zu sein, das tatsächlich von einer Person getragen werden und das dadurch direkt an

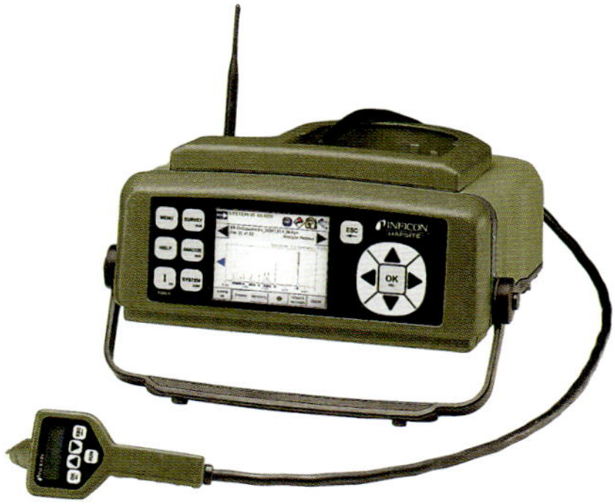

Bild 55: GC-MS-System Hapsite (Werkfoto: Inficon GmbH)

Bild 56: GC-MS-System Griffin 400 (Werkfoto: ICX Technologies GmbH)

der Einsatzstelle zum Einsatz kommen kann. Das Hapsite® verfügt im Gegensatz zu den Bruker-Geräten über einen integrierten Akku und Rechner zur Spektrenauswertung. Als Trägergas können verschiedene Gase zum Einsatz kommen, die aus einer Einweg-Gaskartusche entnommen werden.

Bei der Auswahl des geeigneten GC-MS-Systems sind folgende Faktoren zu berücksichtigen:

- Laufende Kosten: Je nach Gerätetyp sind diese von der Zahl der zu erwartenden Messungen abhängig. Insbesondere Verbrauchsartikel wie Pumpensysteme können erhebliche Kosten verursachen.
- Einsatztaktik: Im Gegensatz zu den Bruker-Geräten ermöglichen tragbare GC-MS-Systeme es, eine Messung direkt vor Ort durchzuführen. Bei nicht tragbaren Geräten müssen die Proben vor Ort genommen und dann dem Messgerät zugeführt werden. Bei vielen Messpunkten, die womöglich weit auseinander liegen, kann es ein erheblicher Zeitvorteil sein, wenn von mehreren Trupps Proben genommen werden und dann zentral ausgewertet werden. Im alternativen Fall müssen die Messpunkte nacheinander vom dem mobilen Gerät angefahren werden.
- Anreicherung: Das GC-MS-System sollte in jedem Fall über ein integriertes Desorbermodul verfügen, um auch geringe Stoffmengen durch Anreicherung auf einem geeigneten Adsorptionsmaterial noch sicher nachweisen zu können.
- Sprache der Bedienungsoberfläche: Die Bedienungsoberflächen, die für die Steuerung des Gerätes im Einsatzfall benötigt werden, müssen in Deutsch abgefasst sein, um bei den Bedienern keinen unnötigen Stress zu erzeugen.

- Kontamination: Es ist zu überlegen, in wie weit es sinnvoll ist, ein GC-MS in ein kontaminiertes Gebiet zu transportieren, mit dem Risiko, dass es anschließend erst dekontaminiert werden muss und in diesem Zeitraum nicht für Messungen zur Verfügung steht.

Literatur

[38] Matz, G., Harder, A., Schillings, A., Rechenbach, P.: Mobiles Massenspektrometer im Feuerwehreinsatz, Schnelle Analyse von Gefahrstoffen – Einsatzkonzept, BRANDSchutz/Deutsche Feuerwehr-Zeitung 1/1995, S. 41ff.

Weiterführende Literatur zu Kapitel 18

Budzikiewicz, H., Schäfer, M.: Massenspektrometrie – Eine Einführung, 5. Auflage, Wiley-VCH, Weinheim, 2005.

Föhl, A., Basmer, P.: Untersuchung der Löschverfahren und Löschmittel zur Bekämpfung von Bränden gefährlicher Güter – GC-MS-Rauchgasanalyse – Forschungsbericht Nr. 81, Forschungsstelle für Brandschutztechnik an der Universität Karlsruhe (Hrsg.), Karlsruhe, 1992.

Matz, G., Schröder, W.: Schnelle Vor-Ort Analytik mit einem mobilen Massenspektrometer, Technische Universität Hamburg-Harburg, Forschungsbericht, BMFT-Forschungsprojekt, Projektträger Umweltbundesamt, Neue Verfahren und Methoden zur Sanierung von Altlasten am Beispiel der Deponie Georgswerder, Hamburg, Förderkennzeichen 144035914/0, 1990.

Petter, F.: Bewertung von Brandrückständen, BRANDSchutz/Deutsche Feuerwehr-Zeitung 1/1994, S. 10ff.

Oehme, M.: Praktische Einführung in die GC/MS-Analytik mit Quadrupolen, Wiley-VCH, Weinheim, 1999.

Hesse, M., Meier, H., Zeeh, B.: Spektroskopische Methoden in der organischen Chemie, Thieme Verlag, 2005.

19 Gefahrstoffdetektorarray

Die Entwicklung eines Gefahrstoffdetektorarrays (GDA) wurde durch einen Forschungsauftrag der Zentralstelle für Zivilschutz (ZfZ) des Bundesverwaltungsamtes (heutiges BBK) veranlasst und gefördert [39]. Der erste Prototyp, das GDA-1, wurde von der Technischen Universität Hamburg-Harburg entwickelt. Das Ziel bestand darin, ein Messgerät zu entwickeln, mit dem durch kontinuierliche Messung sowohl chemische Kampfstoffe als auch eine große Anzahl von Industriechemikalien detektiert werden können. Als Grundlage zur Stoffauswahl für die Industriechemikalien wurde die Einsatztoleranzwert-Liste (ETW-Liste, siehe Tabelle 3 im Kapitel 4) herangezogen. Nach einer eingehenden Erprobung bei mehreren Feuerwehren, die sich intensiv mit Fragen der mobilen Analytik befassten, wurden die bei der Erprobung gewonnenen Erkenntnisse in einem zweiten Gerät, dem GDA-2, umgesetzt (Bild 57).

Bild 57:
Ansicht des GDA-2
(Foto: Mario König)

19.1 Messprinzip

Die Idee dieses Gerätes besteht darin, durch die Kombination mehrerer sehr unterschiedlicher Sensoren für viele Substanzen ein so genanntes Muster zu erhalten, das es erlaubt, Gefahrstoffe zu identifizieren bzw. Stoffgruppen zuzuordnen. Das vernetzte Sensorsystem ist aufgrund der verwendeten Auswertealgorithmen mehr als nur eine Ansammlung von Detektoren, im Gegensatz zu bisherigen Messgeräten, die mit mehreren Detektoren bestückt sind. Die analytischen Bausteine des Gerätes bestehen aus einem Ionenmobilitätsspektrometer, einem Photoionisationsdetektor, zwei Halbleitergassensoren mit unterschiedlicher Empfindlichkeit und einer elektrochemischen Zelle (Phosgen). Das Messprinzip eines Halbleitergassensors beruht auf einer Leitfähigkeitsänderung der gasempfindlichen Sensorschicht. Neben der Identifikation eines Stoffes aus der ETW-Liste ist es auch das Ziel, einen Gefahrstoff halbquantitativ zu erfassen und eine Aussage darüber zu ermöglichen, ob eine vorher festgelegte Alarmschwelle (üblicherweise AGW, ETW oder ERPG-Werte) überschritten wird und damit ein optischer und akustischer Alarm ausgelöst werden soll. Es ist Bestandteil der Gerätephilosophie, möglichst kein »falsch negatives Ergebnis« zu produzieren. Das bedeutet, bei Anwesenheit eines Stoffes aus der Gruppe der ETW oder der chemischen Kampfstoffe würde keine Detektion erfolgen.

19.2 Gerätetechnik

Das GDA-2 ist als mobiles, etwa 4,5 Kilogramm schweres, Hand gehaltenes Messgerät ausgelegt, das kontinuierlich Messungen durchführen kann. Die gerätetechnische Grundlage stellt das RAID-M (ein Ionenmobilitätsspektrometer) der Firma Bruker dar, welches um zusätzliche Sensoren, eine Verdünnungstechnik und eine Steuerungselektronik erweitert wurde (Bild 58). Die Energieversorgung erfolgt über einen gerätespezifischen 12-Volt-Akku, der in einer separaten Ladestation geladen wird. Die Steuerung im abgesetzten Betrieb erfolgt über zwei Taster und ein beleuchtetes LCD-Display.

Für den Einsatz in Fahrzeugen wurden mehrere Halterungen erprobt. Beim Fahrzeugbetrieb ist der Anschluss des GDA-2 an einen Rechner möglich, was eine erheblich gesteigerte analytische Aussagekraft des Gerätes ermöglicht. Nach der Inbetriebnahme führt das Gerät auf allen eingebauten Sensoren einen automatischen Nullabgleich durch, bevor das Gerät in den Messmodus geht.

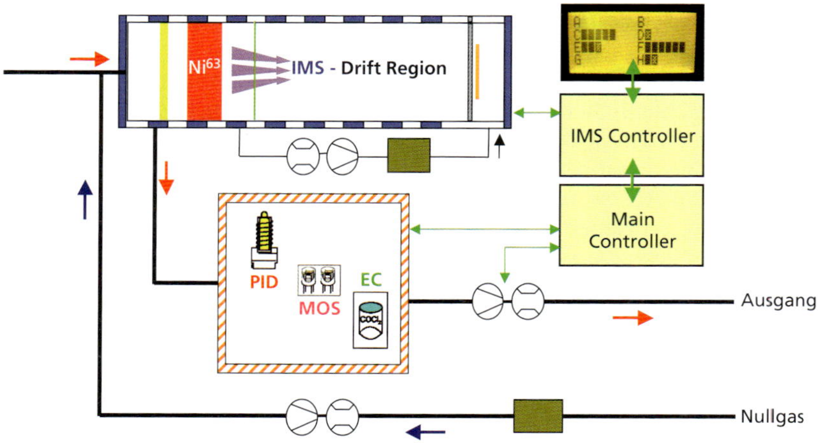

Bild 58: Skizze des Gasflusses und der Sensoren in einem GDA-2. MOS = Halbleitergassensor, EC = Elektrochemische Zelle (Grafik: Airsense Analytics GmbH)

19.3 Stoffe der ETW-Liste und das Problem ihrer Erfassung

Die ETW-Liste umfasst zurzeit 44 Substanzen, die als für den Feuerwehreinsatz besonders relevant eingestuft wurden. Daher sollte das GDA-2 möglichst alle diese Substanzen detektieren können, was mit Ausnahme des CO_2 auch erreicht wurde. Ein Problem der ETW-Liste liegt darin, dass sie sehr unterschiedliche Stoffklassen enthält, die Konzentrationsbereiche von 0,02 ppm bis zu 10 000 ppm umfassen. Ein so großer dynamischer Bereich kann nur mit verschiedenen Detektionstechniken und einer Verdünnungseinheit erfasst werden.

Vor dem eigentlichen Sensorarray befindet sich eine Verdünnungseinheit, die einen Verdünnungsfaktor des Gasstroms bis 1:50 in mehreren Schritten zulässt. Dabei wird das Probengas durch mit Aktivkohle gefilterte Luft verdünnt. Durch diese Verdünnungseinheit ist es möglich, den Messbereich des GDA erheblich zu erweitern. Insbesondere für den Einsatz des IMS im Zusammenhang mit Industriechemikalien ist das wesentlich, da ein IMS einen dynamischen Bereich von nicht mehr als zwei Dekaden besitzt, die je nach Substanz zwischen 10 ppb und 10 ppm liegen. Diese Verdünnungseinheit kann entweder vom Bediener eigenständig aktiviert werden oder aber das GDA-2 schaltet automatisch in den Verdünnungsmodus, wenn die detektierten Signale auf eine Überflutung des Gerätes mit einem Gas hindeuten. Dabei wird der Verdünnungsfluss zuerst im Bereich der maximalen Verdünnung betrieben und dann schrittweise wieder reduziert.

Substanz	Konzentration/ppm
Aceton	500
Acrolein	0,2
Acrylnitril	20
Ammoniak	50
Benzol	20
Chlorbenzol	100
Essigsäure	20
Ethanol	3000
Kohlenmonoxid	100
Methanol	500
n-Hexan	200
Phosgen	0,1
Salzsäure	5
Schwefelkohlenstoff	10
Styrol	40
Tetrachlorethen	100
Toluol	100
1,1,1-Trichlorethan	300
1,1,2-Trichlorethan	25
Trichlorethen	100

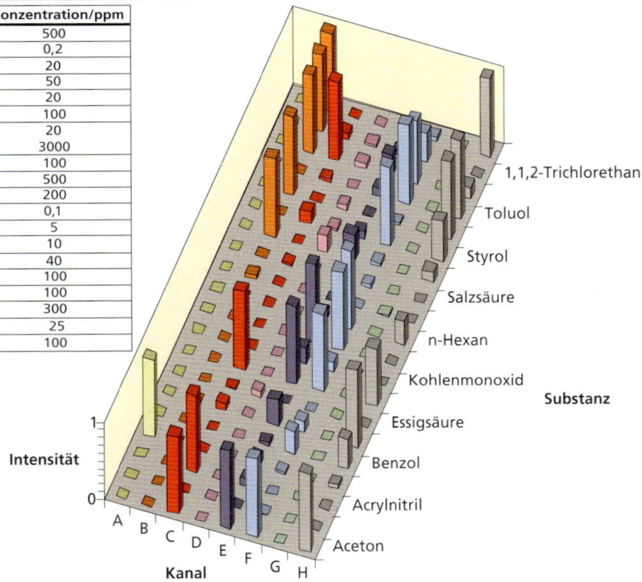

Bild 59: Signalmuster des GDA-2 zur Stoffidentifikation für die Substanzen der ETW-Liste bei ihrem jeweiligen Einsatztoleranzwert (Grafik: Airsense Analytics GmbH)

Die Detektierbarkeit eines Teils der Stoffe der ETW-Liste durch ein IMS zeigt Bild 59. Insgesamt können 22 dieser Stoffe mit diesem Verfahren nachgewiesen werden. Das in einem getrennten Gasweg geschaltete PID vermag die meisten noch fehlenden Substanzen zu detektieren. Nur Phosgen und Phosphin müssen mit einer elektrochemischen Zelle nachgewiesen werden. Die noch fehlenden Stoffe Acrolein, Formaldehyd und Kohlenstoffmonoxid werden letztendlich über die Halbleitergassensoren (MOS) detektiert.

Zusammen mit den MOS-Sensoren stehen vier Detektionsverfahren zur Verfügung, die nach völlig verschiedenen physikalischen Prinzipien arbeiten. Dem IMS werden vier Signalkanäle zugeordnet. Im positiven und negativen Modus je ein Kanal vor und einer hinter dem Reaktantionenpeak (Kanäle A-D). Die Werte der Halbleitergassensoren werden durch die Kanäle E und F, die elektrochemische Zelle durch den Kanal G und der PID durch den Kanal H dargestellt (Bild 60). Die Darstellung der Messergebnisse je Kanal erfolgt in Balkendiagrammen mit bis zu acht Balken und kann je nach Bedarf linear oder logarithmisch erfolgen.

Die Steuerung des Gerätes erfolgt mit zwei verschiedenen Programmen. Die im Gerät hinterlegte Software dient zum Betrieb des GDA-2

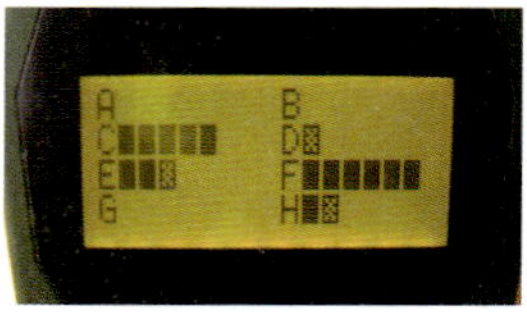

GDA-2 Kanäle		Charakteristische Substanzen
A	IMS	Ammoniak
B	IMS	anorganische saure Gase, chlorierte Stoffe
C	IMS	polare Substanzen, elektropositiv
D	IMS	polare Substanzen, elektronegativ
E,F	MOS	oxidierbare und reduzierbare Stoffe
G	EZ	elektrolytisch dissoziierbare Stoffe
H	PID	aromatische, ungesättigte Kohlenwasserstoffe

↑

Signal des Sensors

Bild 60: Anzeige der Kanäle, der dahinter stehenden Detektoren und der für diesen Kanal charakteristischen Substanzen (Grafik: Airsense Analytics GmbH)

im abgesetzten Modus. In diesem Modus stehen nur zwei Druckknöpfe zur Verfügung, um über ein kleines LCD-Display eine grundlegenden Steuerung der wesentlichen Funktionen, wie die Wahl des Betriebsmodus, Anzeige von Messwerten oder Informationen über den integrierten Datenlogger zu ermöglichen. Mit der Betriebssoftware WinMuster-GDA kann das GDA-2 mit einem externen PC über eine serielle Schnittstelle im stationären Betrieb gesteuert und ausgewertet werden. In diesem Programm lassen sich alle Sensoren getrennt ansteuern und auswerten.

Das GDA-2 kennt drei grundsätzlich verschiedene Betriebszustände. Einmal den GDA-Modus, dieser wird verwendet, um Stoffe zu detektieren bzw. Substanzen aus der ETW-Liste zu identifizieren und halbquantitativ zu bestimmen.

Im IMS-Modus entspricht die Anzeige der des normalen RAID-M, das die Grundlage für das GDA-2 darstellt. In diesem Modus übernimmt der Controller des IMS alle Steuerungen. Hier erfolgt eine Darstellung von Signalen aus zwei Datenbanken (CWA und ITOX) in Form einer Namensnennung und mit einer Balkenanzeige für die quantitative Information.

Im PID-Modus wird nach Auswahl einer Substanz aus einer im Gerät hinterlegten Tabelle ein Kalibrierfaktor für das PID eingesetzt und eine Konzentration zusammen mit dem Stoffnamen direkt in ppm angegeben. Das Bedienmenü ist in mehrere hierarchische Ebenen gegliedert, die mit Passwort geschützt werden können. Dadurch kann sichergestellt werden, dass wesentliche Grundeinstellungen nicht aus Versehen vom Gerätebediener verstellt werden können.

19.4 Identifikation

Die Identifikation eines Stoffes stellt eine der Stärken des Gerätes dar, sie ist aber auch die mit Abstand problematischste Fähigkeit des GDA-2. Der Gedanke der Stofferkennung beim GDA-2 beruht darauf, dass verschiedene Stoffe in den einzelnen Kanälen eine unterschiedliche Signalintensität verursachen. Bei der Geräteentwicklung wurden die nachzuweisenden Substanzen unter Laborbedingungen bei verschiedenen Konzentrationen vermessen. Denn die gleiche Substanz erzeugt in Abhängigkeit von ihrer Konzentration unterschiedliche Muster. Diese Muster wurden anschließend in einer Bibliothek abgelegt. Bei einer Messung im Einsatz wird dann das gefundene Muster mit den bekannten Daten unter Einbeziehung verschiedener mathematischer Verfahren verglichen. Im positiven Fall gibt das Gerät einen Namen an und da die Spektren bei verschiedenen Konzentrationen aufgenommen wurden, kann auch noch eine halbquantitative Mengenangabe durchgeführt werden. Sofern die Substanz im PID ein Messsignal erzeugt, wird dieser Messwert zur Quantifizierung verwendet. Um die Qualität der Identifikation zu verbessern, wird auch der K_0-Wert des IMS-Signals zur Auswertung mit herangezogen (siehe Kapitel 17.2.5). Im Routinebetrieb haben jedoch noch eine ganze Reihe von weiteren gerätespezifischen Einflüssen (Alterungsprozesse, Memoryeffekte) Auswirkungen auf das Messergebnis, welche die qualitative Aussagekraft des Gerätes beeinflussen. Die Identifikation der reinen Substanzen führt unter optimalen Bedingungen bereits zu akzeptablen Ergebnissen. Unmöglich ist dagegen die Stoffidentifikation in dem Augenblick, in dem Stoffgemische auftauchen.

19.5 Einsatztaktik

Das GDA-2 wurde für drei verschiedene Aufgaben entwickelt:

1. Monitoring oder auch Luftspüren: Darunter ist das kontinuierliche Messen einer möglichen Kontamination von Umgebungsluft zu verstehen.
2. Quellenspüren: Das bedeutet Aufspüren einer Emissionsquelle bzw. einer Leckage.
3. Bestimmung einer oberflächlichen Kontamination, z. B. auf Schutzbekleidung.

19.5.1 Monitoring

Wenn dieses Verfahren eingesetzt werden soll, wird das Gerät kontinuierlich im Fahrzeug eingebaut und mit einer Außensonde versehen oder im abgesetzten Zustand außerhalb des Fahrzeugs betrieben. In diesem Modus ist nicht mit allzu plötzlichen Konzentrationsanstiegen zu rechnen. Das Gasverdünnungssystem wird im Automatikmodus betrieben. Falls es zu einer starken Erhöhung der Schadstoffkonzentration kommen sollte, kann sich das Gerät selbstständig schützen.

19.5.2 Quellenspüren

Beim Quellenspüren wird das Gerät immer Hand gehalten im Freien oder in einem Gebäude eingesetzt. Um das Gerät in einer unklaren Situation vor einer schlagartigen Überlastung zu schützen, sollte es immer mit der maximalen Verdünnung betrieben werden, bis ein erstes Signal erscheint. Sollte dies nach mehreren Sekunden nicht der Fall sein, kann der Verdünnungsfaktor schrittweise reduziert werden. Soll eine Stoffidentifikation durchgeführt werden, ist darauf zu achten, dass über einen Zeitraum von etwa 15 Sekunden eine annähernd konstante Gaskonzentration herrschen muss, damit eine Stoffidentifikation möglich ist. Dazu sollte der Abstand zur Quelle konstant gehalten und Luftbewegungen soweit wie möglich vermieden werden.

19.5.3 Einsatz als Kontaminationsnachweisgerät

Als Zusatzmodul verfügt das GDA-2 über einen Infrarot-Thermodesorber, der vor dem Gaseinlass des Gerätes angebaut wird (Bild 61). Man spricht dann auch vom Betrieb des GDA-2 im so genannten Kontaminationsnachweisgerät-Modus (KNG-Modus). Durch diesen Thermodesorber wird die zu untersuchende Oberfläche erwärmt, wobei höher siedende Chemikalien verdampft werden, die anschließend vom Gaseinlass aufgenommen werden. Die Erfahrungen zeigen, dass sich dieses Verfahren besonders zur Untersuchung von polymeren oder nichtporösen Ober-

Bild 61:
Einsatz des GDA-2 als Kontaminationsnachweisgerät (Foto: Mario König)

flächen eignet. Im KNG-Modus kann das Gerät allerdings aufgrund des hohen Strombedarfs der Lampe nicht mehr mit einem Akku betrieben werden, sondern es muss an eine 230 V Spannungsquelle angeschlossen werden.

19.6 Funktionsüberprüfung und Service

Die Funktionsüberprüfung auf spezifische Gase bzw. ein Schnellfunktionstest erfolgt durch Permeationsröhrchen. Dabei handelt es sich um Glasfläschchen, die die nachzuweisende Substanz enthalten und die mit einer speziellen Polymermembran verschlossen sind, die eine definierte Stoffmenge freisetzen. Zum Testen wird das Fläschchen auf den Gaseinlass des GDA-2 aufgeflanscht. Da die Ansaugmenge des Gerätes bekannt ist, entsteht so eine reproduzierbare Testkonzentration. Zur grundlegenden Überprüfung aller Sensoren dient eine eigens entwickelte Prüfvorrichtung (Kalibrator), der es erlaubt, mit einer Prüfflüssigkeit alle Sensoren auf einwandfreie Funktion zu kontrollieren. Der Kalibrator wird an der Frontklappe des Gerätes mit einem Schnappverschluss montiert. Als Referenzsubstanz zum Kalibrieren wird 1,1,1-Trichlorethan eingesetzt. Die Referenzsubstanz befindet sich in einem der oben beschriebenen Permeationsröhrchen. Die Kalibrierung beginnt mit einem Nullabgleich und einem mehrstufigen Verdünnungsprozess, bei dem eine Verdünnungskennlinie für alle Sensoren ermittelt wird. Im letzten Schritt erfolgt die Prüfung der elektrochemischen Zelle, wozu der integrierte Phosgengenerator aktiviert wird, der die Prüfflüssigkeit durch Thermolyse in Phosgen umwandelt.

Neben der Überprüfung der Sensoren müssen auch die beiden in dem Gerät verbauten Filter regelmäßig gewechselt werden. Der Trockenfilter, auch Kreislauffilter genannt, dient dazu, im Inneren des Gerätes eine konstante Wasserdampfkonzentration zu erzeugen, damit die Ionisierung des IMS unter reproduzierbaren Bedingungen abläuft. Eine andere Aufgabe dieses Filters besteht darin, gemessene Substanzen, die durch die Einlassmembran in das IMS gelangt sind, wieder aus dem Messkreislauf zu entfernen. Ein Austausch erfolgt auf Anweisung durch das Gerät oder wenn sich Memoryeffekte anders nicht beseitigen lassen. Der Verdünnungsgas- oder auch Rückspülfilter reinigt die durch die Verdünnungspumpe angesaugte Luft. Ein Wechsel wird nötig, wenn auch bei maximaler Verdünnung über längere Dauer keine Reinigung des GDA auftritt.

Literatur

[39] Matz, G., Rusch, P., Ollesch, T.: Automatische Identifikation von Gefahrstoffen mittels Gefahrstoffdetektorarray (GDA) und dessen Verwendung als Kontaminationsnachweisgerät (KNG), 31. August 2003.

Weiterführende Literatur zu Kapitel 19

Schuppe, F.: Gasdetektorarray GDA-1, Funktionsprüfung und Bewertung der Feuerwehrtauglichkeit, Institutsbericht Nr. 374, Institut der Feuerwehr Sachsen-Anhalt, 1999.

20 Wasseranalytik (Peter Wiese)

20.1 Gewässerverschmutzung

Die chemische und biologische Beschaffenheit von Oberflächengewässern schwankt sehr stark und ist in besonderem Maße von Art und Menge der eingeleiteten Abwässer abhängig. Seen, in die keine Abwässer eingeleitet werden, sind meist elektrolytarm, weich und durch einfache Aufbereitung für die Trinkwasserversorgung gut geeignet. Sie stehen somit unter besonderem Schutz.

Jedes, nach häuslichem oder gewerblichem Gebrauch veränderte, verunreinigte und in die Kanalisation gelangende Wasser wird als Abwasser bezeichnet. Dazu gehört auch das von Niederschlägen stammende Wasser. Das Einleiten von Wasser gefährdenden Stoffen unterliegt dem Strafgesetzbuch (§ 324 StGB). Die Zuständigkeiten sind im Wasserrecht geregelt. Einzelheiten regeln örtliche Boden- und Gewässerschutzalarmpläne.

Gewässerverschmutzungen, zu denen die Feuerwehr alarmiert wird, machen meist durch auffallende Veränderungen auf sich aufmerksam, z. B. Verfärbungen, Ölfilm, Schaumbildung oder Tiersterben (Amphibien, Fische, Vögel). Fischsterben kann aufgrund von Sauerstoffmangel im Gewässer, der Einwirkung von Düngemitteln, Fäkalien, Pestiziden aber auch durch Fischkrankheiten und Fischparasiten hervorgerufen werden. Sauerstoffmangel kann als Ursache ausgeschlossen werden, wenn auch niedere, sesshafte Wassertiere (unter Steinen), Amphibien (Frösche, Kröten, Lurche) oder Wasservögel betroffen sind. Bei Fließgewässern besteht zusätzlich das Problem, dass der momentane Standort der Schadstoffwelle unbekannt ist. Löschwasser gilt als besonders brisantes Abwasser, dessen unkontrolliertes Einlaufen in Oberflächengewässer oder Grundwasser unbedingt verhindert werden muss. Beim Einleiten in Abwasserkanäle sind die betroffenen Kläranlagen sofort zu verständigen, da durch toxisches Löschwasser und Löschschaum die Mikroorganismen in einer biologischen Kläranlage in ihrer Reinigungsfunktion gestört werden.

Parallel zu den ersten Erkundungsmaßnahmen muss so früh wie möglich eine Probenahme stattfinden. Da die Feuerwehr meistens vor der Wasserbehörde am Ereignisort eintrifft, muss der Standard der Probenahme und das weitere Vorgehen der Feuerwehr mit der örtlich zuständigen Behörde geklärt werden. Oftmals ist den zuständigen Behörden nicht bekannt, über welche Möglichkeiten zum Gefahrstoffnachweis die örtliche Feuerwehr verfügt.

Bei Gewässerverschmutzungen aus einem Kanaleinlauf sind aktuelle Pläne der Abwasser- und Regenwasserkanäle erforderlich, um die Einleitungsstelle zu lokalisieren. Regenwasserkanäle münden oft in so genannte Vorfluter. Das können kleinere Bäche oder auch Flüsse sein. Das Niederschlagswasser von Bundesautobahnen und Straßen außerhalb des kommunalen Kanalnetzes wird größtenteils über Entwässerungsgräben und Rohrleitungen direkt in Oberflächengewässer geleitet. Bei unsachgemäßer Einleitung oder durch Unfälle kommt es zu großflächigen Gewässerverschmutzungen. Die Autobahnmeistereien verfügen über Kartenmaterial mit den Entwässerungsvorrichtungen und Einleitungspunkten.

20.2 Probenahme

Die Probenahme ist der wichtigste Bestandteil der Wasseranalytik und entscheidet über deren Erfolg. Das Ziehen von Stichproben bei Gewässerverunreinigungen ist ausreichend (Bild 62). Die Details werden in Kapitel 5 beschrieben. Die Zusammenstellung eines Probenahmekoffers erleichtert die Probenahme und hilft mittels beigefügter Checklisten den Ablauf zu standardisieren.

Bild 62: Probenahme für die Wasseranalytik (Foto: Peter Wiese)

20.3 Ablaufschema Wasseranalytik

Ein Ablaufschema sollte in Zusammenarbeit mit den Wasserlabors entwickelt werden, die den Auftrag zur Auswertung der Proben von der Unteren Wasserbehörde erhalten haben (Bild 63). Die in Zusammenarbeit mit dem Labor festgelegten Beurteilungswerte dienen der vor Ort tätigen Feuerwehr als Anhaltspunkt für die Beurteilung des Gewässers.

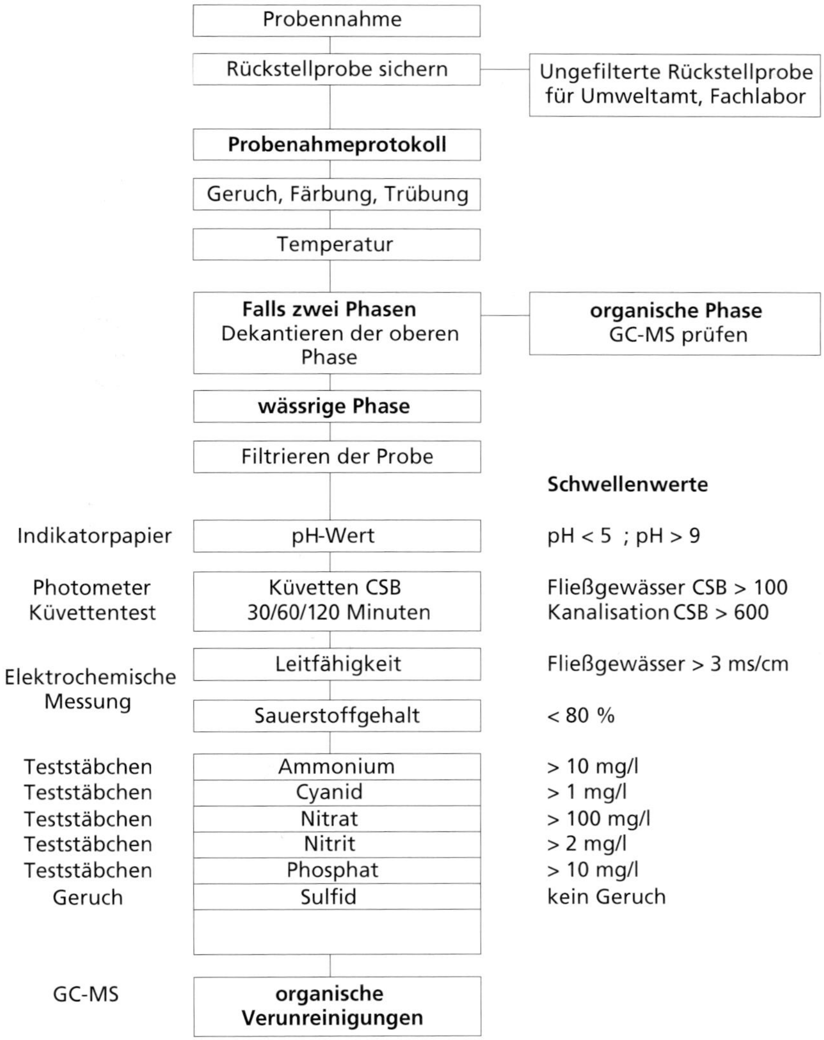

Bild 63: Ablaufschema Wasseranalytik (Grafik: Peter Wiese)

Der Zeitaufwand für die Probenahme und Erstbestimmung ausgewählter Parameter einschließlich der Dokumentation ist mit ein bis zwei Stunden einzuplanen.

Durch Verschmutzungen mit nicht wassermischbaren Stoffen (Benzin, Diesel, Öle) entstehen zwei Flüssigkeits-Phasen. Bei der Verwendung von durchscheinenden Kunststoffbehältern lassen sich diese schon kurz nach der Probenahme feststellen. Zur weiteren Wasserbestimmung muss die wässrige Phase abgetrennt werden, da ölige Verschmutzungen die Analysenverfahren stören. Der Fachausdruck hierfür ist Dekantieren. In der Praxis hat sich das Ansaugen der unteren Phase mittels Absaugkatheter und Einmalspritze bewährt. Die wässrige Phase wird mittels Wassernachweispaste festgestellt. Weiterhin ist die wässrige Phase von störenden Partikeln zu befreien. Besonders bei großen Feststoffverschmutzungen, starker Trübung oder Löschwasserproben ist ein hoher Filtrationsaufwand erforderlich. Angefangen vom Kaffeefilter über Glaswolle bis hin zum 0,45 µm Spritzenbakterienfilter können alle Verfahren genutzt werden.

20.4 Bestimmbare Parameter

Mithilfe der auf dem Markt erhältlichen Analysesätze und Messgeräte lässt sich eine Vielzahl sehr unterschiedlicher Parameter bestimmen, von denen aber nur wenige für den Feuerwehreinsatz von Bedeutung sind.

20.4.1 pH-Wert

Der pH-Wert ist ein Maß für den sauren oder basischen Charakter von wässrigen Lösungen. Der pH-Wert lässt sich mit Teststäbchen schnell und für den robusten Feuerwehreinsatz ausreichend genau bestimmen [40].

20.4.2 Chemischer Sauerstoffbedarf

Der Chemische Sauerstoffbedarf (CSB) ist ein Summenparameter für organische Stoffe im Wasser. Er gibt die Menge Sauerstoff an, die erforderlich ist, um alle organischen Inhaltstoffe einer Wasserprobe chemisch zu oxidieren. Der CSB-Wert stellt eine wichtige Kenngröße für die Gesamtbelastung des Gewässers dar und steht mit anderen Summenparameterwerten in Wechselbeziehung, wie z. B. dem TOC (Gesamt organisch gebundenen Kohlenstoff [41]). Im Normalfall dauert eine CSB-Bestimmung 120 Minuten, eine Abschätzung kann bei einer Vor-Ort Analytik schon nach 30 Minuten und 60 Minuten erfolgen. Dazu müssen mehrere Küvettentests mit derselben Wasserprobe gleichzeitig konditioniert und im Thermoreaktor aufgeheizt werden (Bild 64).

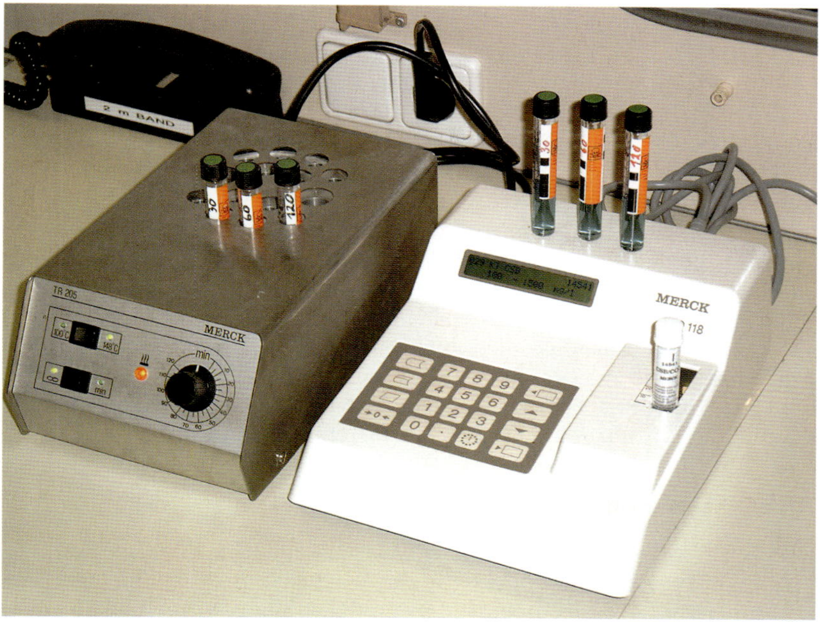

Bild 64: CSB Thermoreaktor und Photometer (Foto: Peter Wiese)

20.4.3 Leitfähigkeit

In wässrigen Lösungen findet die Stromleitung durch gelöste Ionen statt (Salze, Säuren, Laugen). Je mehr Ionen in der wässrigen Lösung enthalten sind, umso besser leitet dieser Elektrolyt den elektrischen Strom. Einheit der spezifischen Leitfähigkeit ist Siemens ($1\ S = 1/\Omega \times cm$). Vor der Messung ist eine Kalibrierung der Leitfähigkeitsmesszelle mit einem Elektrolyten bekannter Leitfähigkeit erforderlich. Mit der Messung der elektrischen Leitfähigkeit können schädigende hohe Salzkonzentrationen in einem Gewässer festgestellt werden, die keine pH-Wert-Veränderung hervorrufen. Trinkwasser hat eine Leitfähigkeit von 0,5 mS/cm bis 1 mS/cm, Flusswasser 2 mS/cm bis 3 mS/cm, Abwasser bis 200 mS/cm und Säuren bis 1 000 mS/cm.

20.4.4 Toxizität

Der Leuchtbakterientest gehört zu den empfindlichen Toxizitätstests, die schnell mit lagerbaren, standardisierten Testorganismen eine gute Reproduzierbarkeit ermöglichen. Bei dem Biotest wird das von Leuchtbakterien (Vibrio fischeri oder Photobacterium phosphoreum) ausgesandte

Licht elektronisch gemessen und ausgewertet. Dazu versetzt man die inaktiven, tiefgekühlt gelagerten Bakterien mit einer Nährlösung. Die Leuchtkraft nimmt ab, wenn die Bakterien mit einer verunreinigten Wasserprobe in Berührung kommen. Je stärker die Hemmung der Leuchtkraft, desto toxischer die Probe. In groben Abstufungen (beispielsweise 20 Prozent, 40 Prozent, 60 Prozent und 80 Prozent Hemmung) lassen sich Aussagen über die Toxizität der Wasserprobe nach 30 bis 60 Minuten machen, eingeschlossen Auftauzeit und Reaktivierung der Bakterien [42, 43]. Fließgewässer weisen maximal 10 bis 20 Prozent Hemmung auf. Die Aussagefähigkeit im Vergleich zu dem normierten Testverfahren sollte mit dem Fachlabor im Vorfeld abgesprochen werden. Extrem nachteilig wirkt sich aus, dass die Leuchtbakterien bei –15 °C gelagert werden müssen und maximal ein Jahr verwendbar sind. Weiterhin ist ein hoher labortechnischer Schulungsbedarf erforderlich. Diese Kriterien können die Einführung des Messparameters verhindern.

20.4.5 Sauerstoffgehalt

Der Sauerstoffgehalt ist von den im Wasser lebenden Pflanzen und Mikroorganismen und besonders von der Wassertemperatur abhängig. Bei zunehmender Wassertemperatur nimmt der Sauerstoffgehalt ab [44]. Normalerweise findet man in Flüssen einen Sauerstoffgehalt von 9 mg/l bis 12 mg/l. Für das Leben der Fische in Oberflächengewässern ist ein Mindestgehalt von 5 mg/l erforderlich. Moderne Sauerstoffmessgeräte kompensieren die Abhängigkeit der Temperatur mit der Sauerstoffsättigungskonzentration und geben die Messwerte direkt in Prozent-Sauerstoffsättigung an.

20.4.6 Ammonium (NH_4^+)

Ammoniumionen entstehen beim Abbau von organischen, stickstoffhaltigen Substanzen und weisen auf unzureichend geklärte Abwässer hin (Exkremente, Jauche, Düngemittel). Im Flusswasser wird es durch Mikroorganismen unter erheblichen Verbrauch von Sauerstoff abgebaut. Eine Störung der ökologischen Verhältnisse ist die Folge. Mit steigendem pH-Wert verschiebt sich das Gleichgewicht in Richtung des fischtoxischen Ammoniak NH_3 [45].

20.4.7 Cyanide (CN^-)

Cyanide können zum Beispiel durch Abwässer aus der chemischen Industrie, der Galvanikindustrie, der Metallverarbeitung oder durch Sickerwässer von Mülldeponien in Gewässer gelangen. Bereits geringe Mengen verursachen katastrophale Umweltvergiftungen. Im Organismus blockieren Cyanide den Sauerstofftransport in die Zellen. Schon durch den sauren Magensaft kann die hochtoxische Blausäure (HCN) freigesetzt werden [45].

20.4.8 Nitrate (NO_3^-)

Nitrat stammt aus der Verrottung von Organismen. Erhöhte Gehalte weisen auf Ausschwemmungen von nitrathaltigen Düngemitteln oder Industrieabwässern hin. Ein Nitratüberschuss führt zur Eutrophierung (Überdüngung) von Gewässern [45].

20.4.9 Nitrite (NO_2^-)

Das stark fischtoxische Nitrit ist ein wichtiger Verschmutzungsindikator. Belastungsquellen sind neben einem hohen Nitratgehalt, Härtereien oder die Fleischkonservierung mit Pökelsalz. Nitrite behindern im Körper den Aufbau des roten Blutfarbstoffs, der für den Sauerstofftransport zu den Körperzellen verantwortlich ist (siehe auch Nitrat).

20.4.10 Phosphate (PO_4^{3-}), Hydrogenphosphate (HPO_4^{2-}, $H_2PO_4^-$)

Phosphate sind Bestandteil vieler Wasch- und Düngemittel. Überhöhte Konzentrationen führen zur Eutrophierung (Überdüngung). Absterbende, verfaulende Algen verbrauchen den restlichen im Wasser gelösten Sauerstoff. Die sich anschließenden anaeroben Fäulnisprozesse fördern die Bildung toxischer Abbauprodukten und führen zu einer Geruchsbelästigung nach faulen Eiern [46].

20.4.11 Sulfide (S^{2-}), Hydrogensulfide (HS^-)

Im Wasser gelöstes Hydrogensulfid steht mit dem giftigen Gas Schwefelwasserstoff (H_2S) im Gleichgewicht. Es entsteht als Endprodukt des anaeroben Abbaus (Fäulnis) organischer Schwefelverbindungen (z. B. Eiweißen). Weiterhin können Sulfide in den Abwässern von Gerbereien, Zellulosefabriken und Zuckerraffinerien enthalten sein. Schon schwache Konzentrationen von Schwefelwasserstoff verursachen den typischen Geruch nach faulen Eiern und sind ein Indikator für überhöhte Konzentrationen an gelöstem Sulfid.

20.4.12 Chlor (Cl_2)

Aus hygienischen Gründen werden dem Wasser in Schwimmbädern gasförmiges Chlor oder Chlor freisetzende Chemikalien zugemischt. Aufgrund von Einsätzen in überchlorierten Schwimmbädern wurde der

Parameter »Chlor (Cl_2)« als Zusatz mit in die Wasseranalytik aufgenommen. Dieser Parameter ist nicht mit dem Nachweis von »Chlorid (Cl^-)«, als natürlich vorkommendes gelöstes Ion, zu verwechseln! Der Parameter »Chlor (Cl_2)« dient der Feuerwehr zur Abschätzung von erforderlichen Lüftungs- und Verdünnungsmaßnahmen des betroffenen Badegewässers [45].

20.4.13 Analyse über Gaschromatographie-Massenspektrometrie

Für die weitere Bestimmung von organischen Stoffen im Wasser kann die Gaschromatographie-Massenspektrometrie (GC-MS-Technik) herangezogen werden (siehe Kapitel 18). Dabei lassen sich weitere gefährliche Stoffgruppen bestimmen (z. B. chlorierte Kohlenwasserstoffe).

20.5 Gerätetechnik

Eine Vor-Ort-Analytik ist nicht in der Lage, eine Wasserprobe anhand genormter Analysenverfahren zu untersuchen. Es sind Analysenmethoden gefordert, die dem zeitlichen, apparativen und personellen Aufwand eines Feuerwehreinsatzes Rechnung tragen. Einige Bestimmungen können mit einfachen Farbvergleichstest erfolgen, andere sind nur mit speziellen Messgeräten durchführbar.

Zur Ermittlung der Leitfähigkeit und des Sauerstoffgehaltes sind elektrochemische Messgeräte mit Elektroden erforderlich, die nach einer Kalibrierung dauerhaft einsetzbar sind. CSB-Bestimmungen erfordern ein Photometer, einen Heizblock und spezielle Reaktionsküvetten (Messung der Absorption eines bestimmten Teils des Lichtspektrums). Dieses Photometer kann auch für die Messung weiterer Parameter über zusätzliche, stoffspezifische Küvettentests genutzt werden. Durch die elektronische Auswertung werden Ablesefehler verhindert. Farbvergleichstests sind eine günstige Variante für die Bestimmung der Einzelionen. Die Auswertung erfolgt über einen Farbvergleich mit Standardlösungen oder der Verfärbung von Reaktionszonen auf Teststäbchen. Bei der Beschaffung der Messmethoden ist die geforderte Ablesegenauigkeit der zu erreichenden Schwellenwerte, der erforderliche Zeit- und Ausbildungsaufwand sowie die finanzielle Möglichkeiten abzuwägen.

20.6 Ausbildung und Schulung

Für die Durchführung der Wasseranalytik sind exakte, verständliche Gebrauchsanleitungen für alle Bestimmungen sowie eine vorherige Unterweisung und praktische Schulung absolut notwendig. Gerade aufgrund der geringen Einsatzzahlen müssen die festgelegten Abläufe, die Geräteanwendung und die einzelnen Bestimmungen regelmäßig praktisch geübt werden.

Literatur

[40] Merck (Hrsg.): Die Untersuchung von Wasser.
[41] Spectroquant CSB-Küvettentest, Merck, Darmstadt, 1994.
[42] LUMIStox Leuchtbakterientest, Fa. Dr. Lange, 2001.
[43] Leuchtbakterientest Machery-Nagel GmbH, Düren, 2002.
[44] Sauerstoffbestimmung, WTW GmbH, Weilheim, 1997.
[45] Merckoquant Teststäbchen-Analysensets für Nitrat, Nitrit, Chlor, Cyanid, Ammonium, Merck, Darmstadt, 2002.
[46] Quantofix Phosphat-Analysenset, Machery-Nagel GmbH, Düren, 2002.

Weiterführende Literatur zu Kapitel 20

WTW (Hrsg.): Fibel zur photometrischen Wasser- und Abwasser-Analytik, Weilheim, 1988.
Im Dienst der Wasseranalytik (Photometer, Küvetten-CSB, Küvetten-TOC, Leitfähigkeitsmessung, Sauerstoffmessung, Leuchtbakterientest), Dr. Bruno Lange GmbH, 1994.
Riedel-de Haehn (Hrsg.): AQUANAL-Ökotest Wasserlabor, Gebrauchsanweisung, Seelze, 1994.

Spezieller Teil

21 Bildgebende Infrarotmessgeräte

21.1 Physikalische Grundlagen

Jeder Körper, dessen Temperatur oberhalb des absoluten Nullpunkts von –273 °C (0 Kelvin) liegt, sendet elektromagnetische Strahlung aus. Die Temperatur des Stoffes beeinflusst die Bewegungsenergie seiner Atome und Moleküle. Je wärmer der Stoff ist, desto größer ist die Bewegungsenergie. Durch gegenseitige Stöße wird ein Teil der Bewegungsenergie auf die Valenzelektronen übertragen, die dadurch angeregt und auf ein höheres Energieniveau gebracht werden. Diese Anregung ist aber nur von kurzer Dauer, da die Elektronen sofort wieder auf ihr Ausgangsenergieniveau zurückfallen. Die Differenz zwischen den beiden Energiestufen wird als elektromagnetische Strahlung ausgesandt. Die Messtechnik, die diesen Effekt ausnutzt, bezeichnet man als Thermographie. Je höher die Temperatur eines Gegenstandes, desto intensiver und kurzwelliger ist die Temperaturstrahlung, die er aussendet.

In einem dunklen Raum sind Gegenstände ohne Hilfsmittel nur erkennbar, wenn sie so stark erhitzt sind, dass ihre Wärmestrahlung als Glühen in verschiedenen Farben (Rotglut, Weißglut) wahrnehmbar ist, aber auch nur dann, wenn die Sicht nicht durch Schwebteilchen behindert wird. Die Sichtbehinderung entsteht durch Absorption und durch Streuung. Um diese Effekte bei Messungen mit Wärmebildkameras und berührungslosen Thermometern zu umgehen, muss der Wellenlängenbereich so gewählt werden, dass er oberhalb von 5 µm liegt. Größere Teilchen können die Messung dann kaum stören, da sie sehr schnell zu Boden sinken. Selbst bei starker Verrauchung kann daher die Temperaturstrahlungsquelle mit Infrarotmesstechnik aufgrund ihrer Oberflächentemperatur geortet werden. Störend wirken sich zum Beispiel Wasserdampf, Kohlenstoffdioxid und andere Gase aufgrund ihres Absorptionsverhaltens aus. Diesen Effekt nutzt man bei der Infrarotgasmesstechnik gezielt aus, da sich verschiedene Gase aufgrund ihres spezifischen Absorptionsverhaltens in bestimmten Wellenlängenbereichen eindeutig identifizieren lassen (siehe Kapitel 23).

Die nachfolgend beschriebenen Geräte können wertvolle Hilfestellungen an Einsatzstellen geben, wenn der Anwender über das nötige Hintergrundwissen verfügt, um die Technik sinnvoll einsetzen zu können.

21.2 Wärmebildkameras

Bildgebende Infrarotmessgeräte haben sich mittlerweile bei den Feuerwehren als wichtige Gerätetechnik durchgesetzt und stehen fast allen Brandschutzbehörden in ihrem Zuständigkeitsbereich flächendeckend zur Verfügung.

Die technische Entwicklung der Gerätetechnik verläuft rasant. Ursprünglich war die Wärmebildkamera eine Technologie für das Militär. Die amerikanische Marine setzte in den 1990er Jahren Geräte für die Schiffsbrandbekämpfung ein. Der Sensor basierte damals auf einer Röhrentechnik, die in der nächsten Kamerageneration durch eine völlig neue Detektortechnologie mit Flächendetektoren (BST-Technik) abgelöst wurde. Die fortschreitende Miniaturisierung der Sensortechnik ermöglicht immer kleinere Bauformen (Bilder 65 und 66), sodass eine Wärmebildkamera mittlerweile von einem Angriffstrupp ohne Probleme als zusätz-

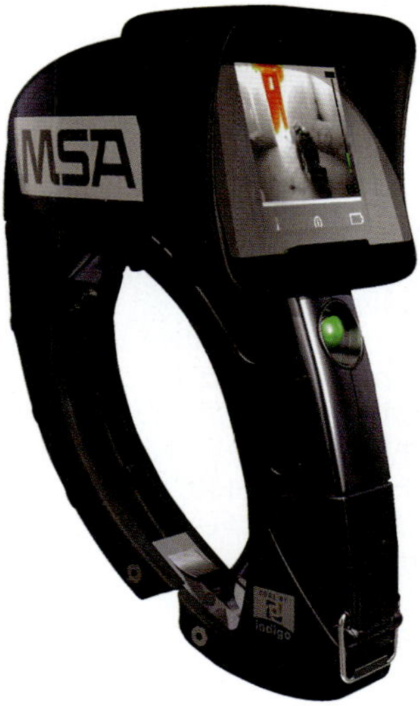

Bild 65: Wärmebildkamera Evolution 5200 (Werkfoto: MSA Auer GmbH)

Bild 66: Wärmebildkamera Bullard T3 (Werkfoto: Bullard GmbH)

licher Ausrüstungsgegenstand zum Eigenschutz und zum Auffinden von Personen bei Bränden mitgeführt werden kann[39].

21.2.1 Einsatzmöglichkeiten

Für den Nachweis von Gefahrstoffen eignen sich Wärmebildkameras nur bedingt. Unter günstigen Umständen können Wärmebildkameras hilfreiche Erkenntnisse bringen, wenn es darum geht, den Füllzustand und das Temperaturverhalten von Gefahrstoffgebinden zu beurteilen. Das Ergebnis hängt dabei sehr stark von der Sonneneinstrahlung und der Art des Behälters ab. Der Nachweis von Gewässerverunreinigungen mithilfe von Wärmebildkameras ist zwar aufgrund der physikalischen Gegebenheiten grundsätzlich denkbar, bleibt aber eher eine theoretische Einsatzmöglichkeit. Bei allen Feuerwehreinsätzen im Rahmen von Technischen Hilfeleistungen stellt die Interpretation der Infrarotbilder enorme Anforderungen an die Erfahrung und das physikalische Hintergrundwissen des Anwenders.

21.3 Fernthermometer

Diese Gerätetechnik konnte sich als Einzelgerät bei den Feuerwehren nicht durchsetzen, da das Messprinzip mittlerweile in den modernen Wärmebildkameras als Zusatzfunktion eingebaut ist und dadurch gleichzeitig neben dem Wärmebild wichtige Informationen liefert.

Weiterführende Literatur zu Kapitel 21

Grabski, R., Koch, M.: Praxis der Infrarot-Thermografie im Feuerwehreinsatz, Band 1, Naturwissenschaftliche Grundlagen für den Einsatz von Wärmebildkameras, Fachverlag Matthias Grimm, Berlin, 2008.

Pulm, M.: Wärmebildkameras im Feuerwehreinsatz, Die Roten Hefte/Ausbildung kompakt Nr. 202, 2. Auflage, Verlag W. Kohlhammer, Stuttgart, 2008.

Wärmebildkameras, Sonderheft Feuerwehr, Huss-Medien GmbH, Berlin, 2005.

Wienecke, F.: Wärmebildkameras 2007 (1), Die Qual der Wahl, Feuerwehr – Retten Löschen Bergen, 57. Jahrgang, 2007, Heft 7/8, S. 44ff.

Wienecke, F.: Wärmebildkameras 2007 (2), Die Modellvielfalt, Feuerwehr – Retten Löschen Bergen, 57. Jahrgang, 2007, Heft 9, S. 52ff.

---

39 Die Branddirektion Frankfurt am Main setzte bereits Anfang der neunziger Jahre des 20. Jahrhunderts eine Wärmebildkamera des Typs P4428 der englischen Firma EEV ein, die auf dem damaligen Atemschutzzug mitgeführt wurde. Fünfzehn Jahre später verfügt jeder Angriffstrupp der zwölf Staffeln der Frankfurter Berufsfeuerwehr über eine Kamera auf der Basis der Microbolometertechnik.

22 Technische Ortung und Fernerkundung

22.1 Technische Ortung von Personen

Verschüttete Personen können mithilfe völlig unterschiedlicher Verfahren geortet werden. Ein ganz wichtiges Hilfsmittel ist dabei der Rettungshund, dem schon viele Verschüttete ihr Leben verdanken. Leider sind die Möglichkeiten eines Rettungshundes auch begrenzt, so dass eine technische Ortungshilfe eine wichtige Ergänzung in Situationen darstellt, in denen der Hund als biologische Ortungshilfe wegen aggressiver Medien, Rauchgasen oder Stäuben und wegen der erforderlichen Ruhepausen nicht eingesetzt werden kann. Stehen biologische und technische Ortungsmittel an der Einsatzstelle zur Verfügung, erhöht sich die Überlebenschance einer verschütteten Person beträchtlich. Einsätze, bei denen eine Ortung von Personen notwendig war, zeigt Tabelle 8.

Tabelle 8: Einsätze, bei denen eine Ortung von Personen notwendig war

Datum	Ort	Ereignis
21.05.1980	Berlin	Kongresshalle »Schwangere Auster«, Dacheinsturz
01.06.1988	Borken	Tiefbau Stolzenberg, Grubenunglück
20.09.1994	München	Einsturz U-Bahn-Baustelle, Linienbus stürzt in Krater
17.07.1998	Lassing (A)	Bergwerkeinsturz
03.05.1999	Duisburg	Gemeindezentrum, Dacheinsturz
29.07.2005	Brühl	Mehrfamilienhaus, Absturz eines Balkons
02.01.2006	Bad Reichenhall	Eislaufhalle, Dacheinsturz
03.03.2009	Köln	Stadtarchiv, Einsturz
18.07.2009	Nachterstedt	Hangabrutschung

22.2 Einheiten

22.2.1 Rettungshunde-Ortungstechnik (RHOT)

Seit 2006 gibt es im Deutschen Feuerwehrverband einen Arbeitskreis Rettungshunde-Ortungstechnik, in dem Standards für die Arbeit von Rettungshundestaffeln in der Feuerwehr festgelegt werden. Mittlerweile etablieren sich bei den deutschen Feuerwehren immer mehr RHOT-Teams, die nach diesen Standards (z. B. Duisburg, Frankfurt am Main, Wiesbaden) oder auch nach den Vorgaben der Vereinten Nationen (INSARAG)[40] arbeiten und die Möglichkeiten der biologischen und technischen Ortung in einer Einheit kombinieren. Das Land Rheinland-Pfalz verfügt zum Beispiel über sieben Facheinheiten RHOT bei der Feuerwehr.

22.2.2 Schnell-Einsatz-Einheit-Bergung-Ausland (SEEBA)

Die Bundesanstalt Technisches Hilfswerk (THW) unterhält an drei Standorten in Deutschland Einsatzteams, die innerhalb weniger Stunden für Einsätze im Ausland mit biologischer und technischer Ortungstechnik abmarschbereit sind. Aufgrund der Erfahrungen aus einem Einsatz 1985 in Mexiko wurden diese Einheiten auf der Basis der INSARAG-Kriterien aufgestellt und so ausgestattet, dass ein eigenständiger Einsatz bis zu zehn Tagen möglich ist. Selbstverständlich können die Feuerwehren im Inland im Bedarfsfall auch die vorhandene Ortungstechnik anfordern.

22.3 Gerätetechnik

22.3.1 Akustische Systeme

1990 veröffentlichte der Arbeitskreis Technik der AGBF eine »Technische Beschreibung Suchgerät für Verschüttete (TB SGV)«. Nach dieser Beschreibung erhielten zwei der damals auf dem Markt verfügbaren Geräte ein Prüfsiegel, wodurch die Tauglichkeit für Feuerwehreinsätze bescheinigt wurde [47]. Allerdings wurde die TB SGV wegen fehlender Prüfanträge im Jahr 1997 wieder zurückgezogen [48]. Die Geräte haben sich grundsätzlich bewährt und sind als weiter entwickelte Modelle noch auf dem Markt verfügbar, allerdings sind sie nur bei wenigen Feuerwehren zu finden, die nicht über eigene RHOT-Einheiten verfügen. Hauptsächlich kommen die Suchgeräte für Verschüttete beim THW in der SEEBA-Einheit zum Einsatz.

---

40 International Search And Rescue Advisory Group

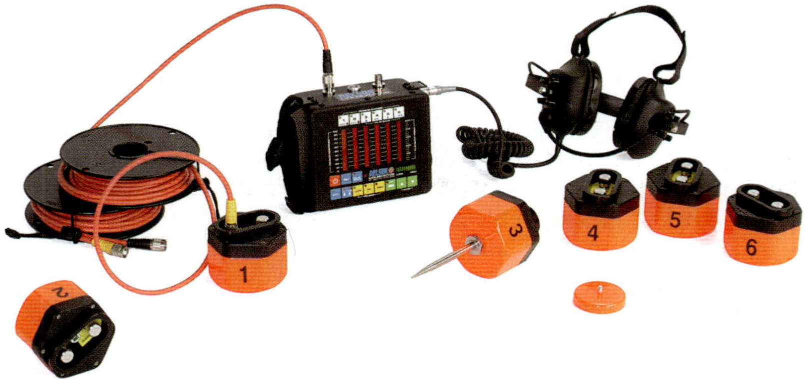

Bild 67: Life-Detektor (Werkfoto: Delsar Life Detectors)

Die Geräte bestehen aus einem Grundgerät, das mit verschiedenen Zubehörteilen eine Einheit bildet (Bild 67), die nicht nur zur Verschüttetensuche eingesetzt werden kann, sondern auch das Aufspüren von unterirdischen Wasserrohrbrüchen oder die Kontaktaufnahme mit eingeklemmten, ansprechbaren Personen, deren Lage bekannt ist, ermöglicht[41]. Weiterhin sind Lagen denkbar, bei denen aus sicherer Entfernung mithilfe eines Richtmikrofons akustische Informationen zur Lagebeurteilung gesammelt werden müssen (Person droht zu springen, Geräusche einsturzgefährdeter Gebäude, Leckagen mit laut ausströmenden Medien). Die Suche nach verschütteten Personen mit einer technischen Ortungshilfe kann nur erfolgreich sein, wenn sich die vermissten Personen noch durch Geräusche (Rufen, Klopfen, Weinen oder Bewegungen) bemerkbar machen können. Bewusstlose Personen können nur mit Hunden oder Wärmebildkameras geortet werden.

22.3.2 Funktionsweise

Über angeschlossene Sensoren wird das Geräusch aufgenommen, verstärkt und hörbar gemacht. Diese so genannten Bodenschallsensoren arbeiten

---

41 Im April 1993 konnten Beamte der Branddirektion Frankfurt a. M. einen Life-Detektor erfolgreich zur Rettung einer verschütteten Person einsetzen. In Bernburg, Sachsen-Anhalt, war ein Teil einer Halle auf dem Gelände eines Betonwerkes bei Abbrucharbeiten eingestürzt. Ein Arbeiter wurde vermisst. Per Hubschrauber wurden Mannschaft und Gerät zur Einsatzstelle transportiert. Das Richtmikrofon wurde in einem Bereich in die Trümmer hinab gelassen, in dem der Arbeiter vermisst wurde. Sehr schnell konnte festgestellt werden, dass der Mann noch lebte und ansprechbar war. Sein großes Glück war, dass er in einem großen Hohlraum lag und nur mit den Beinen eingeklemmt war. Seine Verletzungen waren nicht lebensgefährlich.

völlig lageunabhängig. Ihr Kontakt mit dem Trümmerfeld kann durch Magnete oder Erdspieße verbessert werden. Schwingungen zwischen 25 Hz und 3000 Hz werden direkt verstärkt und hörbar gemacht. Durch eine Zusatzfunktion können auch Schwingungen im Infraschallbereich (unterhalb 25 Hz) noch wahrgenommen werden. An der Einsatzstelle mit verschütteten Personen gibt es eine Vielzahl von Störgeräuschen, die das Gerät mithilfe von fest eingestellten Filtern oder einem variablen Bandpass ausblenden kann. Geräusche von Motoren, Pumpen, Generatoren oder defekten Wasserleitungen können als Störgeräusche ausgefiltert werden.

Die Bodenschallsensoren können als lange Kette, Ring oder zwei kürzere Ketten auf einem Trümmerfeld ausgelegt werden. Zunächst versucht man in der ersten Phase der Ortung ein Summensignal zu erfassen. Falls Geräusche hörbar sind, wird im nächsten Schritt jeder Sensor einzeln abgefragt, um den Standort der Geräuschquelle genauer bestimmen zu können. Die Sensoren, von denen kein Signal empfangen wurde, gruppiert man im nächsten Schritt neu um den vermuteten Standort der verschütteten Person. Nach der Umgruppierung beginnt das Abfragen der Sensoren über Summen- und Einzelsignale von vorne. Das Gerät ermöglicht das Mithören mit Kopfhörern und einem eingebauten Lautsprecher, der im Ernstfall lieber ausgeschaltet bleiben sollte, da die Erwartungshaltung der Außenstehenden enorm hoch ist und hörbare Geräusche völlig falsch interpretiert werden könnten. Die Stärke der empfangenen Signale wird auf einer Leuchtdiodenanzeige optisch angezeigt.

Bild 68: Verschüttetensuchgerät des THW (Werkfoto: ZEB MAXAM)

Die Verschüttetensuche mit technischen Geräten erfordert höchste Konzentration der Geräte-Bedienungsmannschaft und größtmögliche Ruhe an der Einsatzstelle. Die Einsatzstelle muss weiträumig abgesperrt werden, und es dürfen nur Aggregate laufen, die unbedingt während der »Horchphasen« nötig sind. Je weiter abgesperrt werden kann, desto besser, da schon heftiges Stampfen mit Füßen von dem sehr empfindlichen Gerät angezeigt wird. Von den übrigen Einsatzkräften muss viel Geduld und Disziplin aufgebracht werden, da sie während der Suchphasen zur Untätigkeit gezwungen sind. Über Megaphon müssen vermisste Personen immer wieder dazu aufgefordert werden, sich bemerkbar zu machen.

Personen, die geortet wurden, bedürfen während der weiteren Bergung einer möglichst intensiven Betreuung. Die Geräte bieten teilweise die Möglichkeit, eine Wechselsprechsonde in Hohlräumen in der Nähe der Person zu positionieren, um über ein Mikrofon Kontakt mit der Person aufnehmen zu können (Bild 68).

22.3.3 Bodenradarsystem

Bodenradarsysteme nutzen den Effekt, dass eine elektromagnetische Welle durch den Herzschlag oder die Atmung einer verschütteten, bewusstlosen Person moduliert wird. Zu diesem Zweck wird ein hochfrequentes Signal über eine Sendeantenne in den Boden gestrahlt, das von der Per-

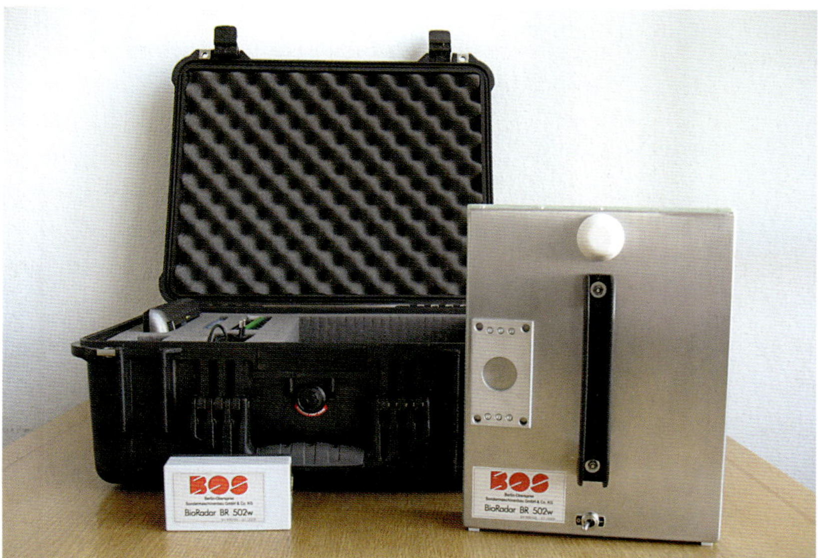

Bild 69: Beispiel für ein Bodenradarsystem (Werkfoto: BOS Berlin-Oberspree Sondermaschinenbau GmbH & Co. KG)

son moduliert, reflektiert und von einer an der Oberfläche stehenden Empfangsantenne wieder empfangen wird. Das Signal wird im Empfänger demoduliert und mithilfe eines angeschlossenen Rechners auf bestimmte spektrale Anteile untersucht.

Je nach Anwendungsfall lassen sich unterschiedliche Antennentypen einsetzen. Die Vorteile des Systems liegen in den hohen Reichweiten, die in den unterschiedlichsten Materialien erzielt werden können. Allerdings haben die hohen Anschaffungskosten, der Ausbildungsaufwand für die Bedienung und die Anfälligkeit gegenüber Störungen (selbst bewegte Blätter erzeugen ein Störsignal) bewirkt, dass diese Gerätetechnik sich bei den Feuerwehren nicht durchgesetzt hat. Bodenradarsysteme stehen über das THW in der SEEBA-Einheit zur Verfügung (Bild 69).

22.3.4 Optische Systeme

Mit zunehmender Miniaturisierung in der Videotechnik standen für die technische Ortung auch robuste optische System für die Feuerwehren zur Verfügung. Hauptsächlich sind Produkte aus der Reihe »searchcam«, die besonders für Search-And-Rescue-Einsätze konstruiert wurden, bei den Einheiten zu finden. Weiterhin haben sich auch Systeme aus dem Arbeitsbereich der Schornsteinfeger an Feuerwehreinsatzstellen bewährt. Grundsätzlich gibt es eine Vielzahl von leistungsfähigen industriellen Produkten aus dem Bereich der Endoskopie, die aber häufig sehr anfällig gegenüber rauen Umweltbedingungen sind und daher bei Feuerwehren nicht zu finden sind.

22.4 Fernerkundung

22.4.1 Drohnen

Mittlerweile nutzen auch Feuerwehren die Möglichkeit der Lageerkundung aus der Luft mit unbemannten Fluggeräten (engl.: unmanned aerial vehicle UAV). Als erste Feuerwehreinheit verfügt ein RHOT-Team in Thüringen über die technische Möglichkeit, nach verschütteten oder vermissten Personen aus der Luft mithilfe von Videotechnik und einer Wärmebildkamera zu suchen [49, 50].

22.4.2 Robotertechnik

Auch im Bereich der Robotertechnik gibt es zahlreiche Entwicklungen, um Lageerkundungen an unzugänglichen oder gefährlichen Bereichen zu ermöglichen. Die Manipulatortechnik, die bereits seit Jahren bei Spezialeinheiten der Polizei zur Anwendung kommt, wurde im Dezember 1999 bei der Werkfeuerwehr der BASF am Standort Ludwigshafen eingeführt. Aus messtechnischer Sicht dienen die Entwicklungen als Trägerfahrzeug für vorhandene Sensortechniken. Die Reichweite ist durch die physikalischen Grenzen der Datenübertragung durch Telemetriesysteme begrenzt und lässt sich bei Anwendungen im Freien durch die Entfernung beschreiben, in der noch Sichtkontakt zur eingesetzten Technik besteht.

Internet

www.thw.bund.de (Bundesanstalt Technisches Hilfswerk)

Literatur

[47] Brundelius: Suchgerät für Verschüttete, BRANDSchutz/Deutsche Feuerwehr-Zeitung 9/1990, S. 524f.
[48] Brundelius: Technische Beschreibung »Suchgerät für Verschüttete«, BRANDSchutz/Deutsche Feuerwehr-Zeitung 10/1997, S. 819.
[49] Thüringer Feuerwehr-Spezialeinheit erhält Minidrohne, 112 Magazin 3/4 2009, S. 188f.
[50] Minidrohne zur Unterstützung aus der Luft, BRANDSchutz/Deutsche Feuerwehr-Zeitung 2/2009, S. 140.

Weiterführende Literatur zu Kapitel 22

Hoffmann, H.-J.: Rettungshunde – Suche nach verschütteten Personen, BRANDSchutz/Deutsche Feuerwehr-Zeitung 5/1997, S. 394f.
DFV, AK RHOT: Fachempfehlung Mindeststandards der Rettungshunde-Ortungstechnik, Deutsche Feuerwehr-Zeitung 3/2009.
Groß, Dr. M.: Mikrodrohnen bringen Bewegung in den zivilen UAV-Markt, Bevölkerungsschutz 1/2008, S. 19f.
Petter, F.: Feuerwehr Hamburg setzt elektronisches Ortungssystem ein, BRANDSchutz/Deutsche Feuerwehr-Zeitung 12/2000, S. 1065f.
Lambrecht, V.: Hilfe per Fernsteuerung – Roboter für gefährliche Einsätze, BRANDSchutz/Deutsche Feuerwehr-Zeitung 5/2000, S. 465f.

23 Technische Neuerungen

In diesem Kapitel werden neu entwickelte Messgeräte beschrieben, mit denen bereits hinreichende Erfahrungen für einen möglichen Feuerwehreinsatz vorliegen und die auch zum größten Teil bereits eingeführt sind, wenn auch nicht unbedingt flächendeckend. Als sehr gutes Werk zur aktuellen Übersicht über dieses Thema kann auch die Veröffentlichung der amerikanischen Heimatschutzbehörde herangezogen werden [51].

23.1 Infrarotspektroskopie

Aus der großen Bandbreite der elektromagnetischen Wellen ist das menschliche Auge nur in der Lage, den schmalen Bereich der Wellenlänge von 400 nm bis 800 nm als sichtbares Licht wahrzunehmen. Im langwelligen Teil des Lichtspektrums geht das rote Licht jenseits der 800 nm in das Infrarote (IR) Licht über (Bild 70). Dieser Bereich endet bei

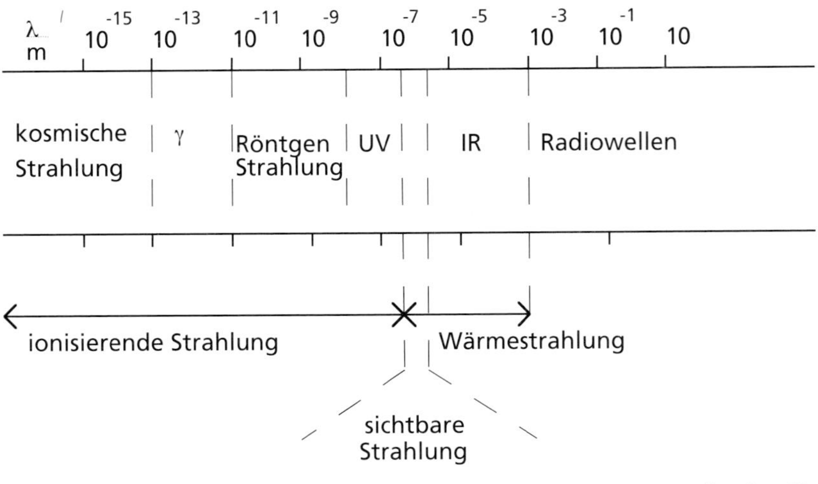

Bild 70: Frequenz und Wellenlängenbereiche elektromagnetischer Wellen (Grafik: Mario König)

1 000 µm Wellenlänge, hier beginnt dann die Terahertzstrahlung. Der für die IR-Spektroskopie nutzbare Wellenlängenbereich liegt zwischen 2,5 µm und 25 µm. Meist wird in der IR-Spektroskopie aber mit der Wellenzahl (Kehrwert der Wellenlänge) gearbeitet, in diesem Fall entspricht dies 400 cm^{-1} bis 4 000 cm^{-1}.

Die in der IR-Spektroskopie verwendete Strahlung hat die Eigenschaft, mit Molekülen, die ein Dipolmoment besitzen, in Wechselwirkung zu treten. Ein Molekül besitzt dann ein Dipolmoment, wenn seine Ladungen nicht völlig symmetrisch verteilt sind. Die Ursache dafür sind Atome mit unterschiedlicher Anziehungskraft für Elektronen z. B. Salzsäure (Chlorwasserstoff H-Cl). Moleküle, die nur aus einer Atomsorte bestehen, wie z. B. Stickstoff, können kein Dipolmoment ausbilden und sind daher für IR-Strahlung unsichtbar. Das Gleiche gilt für rein ionisch gebundene Stoffe wie beispielsweise das Natriumchlorid. Bei der Wechselwirkung der IR-Strahlung mit einem Molekül mit Dipoleigenschaften werden nur die Wellenlängen absorbiert, die eine Änderung des Schwingungszustandes bewirken (Bild 71).

Ein Molekül hat je nach seinem Bau verschiedene Möglichkeiten zur Schwingung. Die einzelnen Schwingungsarten können nur durch bestimmte Frequenzen angeregt werden, ähnlich einem Radiogerät, das nur

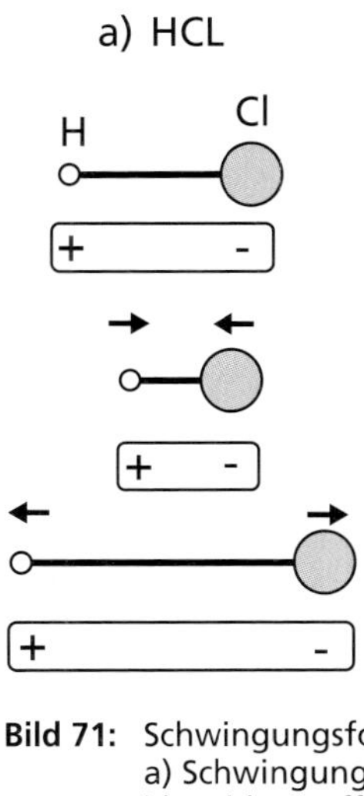

Bild 71: Schwingungsformen (Grafik: Mario König):
a) Schwingungen von HCl. Das Dipolmoment bleibt immer erhalten.
b) Kohlenstoffdioxid, asymmetrische Schwingungen. Im Gegensatz zur dipollosen Gleichgewichtslage entfernen sich der negative Ladungsschwerpunkt der Sauerstoffatome und die positive Ladung des Kohlenstoffatoms bei Schwingung voneinander.
c) Kohlenstoffdioxid, symmetrische Schwingung. Die Schwerpunkte der negativen und positiven Ladungen fallen in jeder Phase räumlich zusammen. Keine Änderung des Dipolmoments während dieser Schwingung.

den Sender empfangen kann, auf den es abgestimmt – »eingestellt« – worden ist. Wenn IR-Licht einen Stoff durchdringt, dessen Moleküle durch dieses Licht angeregt werden, verringert sich die Intensität des IR-Lichtes. Dies ist vergleichbar mit dem Intensitätsverlust bei sichtbarem Licht, wenn es durch eine farbige Glasscheibe scheint. Die Frequenzen, die absorbiert werden, sind abhängig vom Molekülaufbau und der Art der angeregten Schwingung. Man unterscheidet bei den Schwingungsformen zwischen:

Rotationsschwingungen
Das Molekül, als Beispiel dient hier wie in den anderen Fällen das Wassermolekül, dreht sich als Ganzes um seine Achse (Bild 72a). Je nach der Symmetrie des Moleküls sind bis zu drei verschiedene Drehachsen möglich. Die für diese Schwingung benötigte Energie ist sehr gering, sodass dazu meist die energiearmen Mikrowellen ausreichen.

Streckschwingungen
Die Atome schwingen gegeneinander entlang ihrer Bindungsachse. Das geschieht entweder symmetrisch, wie in Bild 72b, oder asymmetrisch, wie in Bild 72c dargestellt.

Knickschwingungen
Die Atome schwingen senkrecht zu ihren Bindungsachsen (Bild 72d).

Über diese Grundformen hinaus, gibt es noch eine Vielzahl an Kombinationsmöglichkeiten der einzelnen Schwingungsarten und Oberschwingungen. All diese vielfältigen Anregungsmöglichkeiten sind die Ursache für die zum Teil recht kompliziert aussehenden Spektren. Im Bereich von 2,5 µm bis 8 µm liegen die Absorptionssignale bestimmter funktioneller Gruppen. Oberhalb 8 µm liegt der so genannte Fingerabdruckbereich.

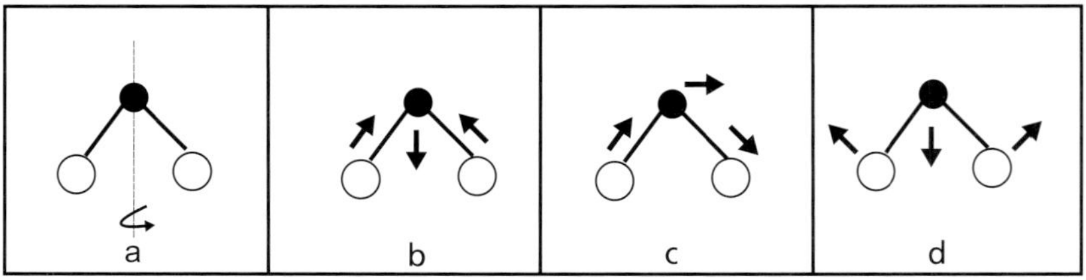

Bild 72: Schwingungsformen am Beispiel des Wassermoleküls (Grafik: Mario König):
a) Rotationsschwingungen
b) symmetrische Streckschwingungen
c) asymmetrische Streckschwingungen
d) Knickschwingungen

Hier sind die Absorptionsspektren organischer Verbindungen so individuell, dass sie als Identitätsnachweis herangezogen werden können.

Üblicherweise wird bei der IR-Spektroskopie der Anteil des Lichtes bestimmt, der die Probe durchdrungen hat, man spricht daher auch von der Transmissionsspektroskopie. Die Absorption des Lichtes bei einer definierten Wellenlänge ist proportional der Stoffmenge. Daher kann die IR-Spektroskopie auch für quantitative Untersuchungen verwendet werden. Die hier beschriebene konventionelle Form der Infrarotspektroskopie wurde von den IR-Spektrometern der Miran-Serie benutzt, die bei einigen Feuerwehren in Baden-Württemberg ab den 1980er-Jahren im Einsatz waren.

23.2 Fourier-Transformations-Infrarot-Spektroskopie

Die Fourier-Transformations-Infrarot-Spektroskopie (FTIR-Spektroskopie) ist eine Sonderform der Infrarotspektroskopie. Dieses Verfahren hat gegenüber der klassischen IR-Spektroskopie den Vorteil, dass die Geräte mit wesentlich kürzeren Messzeiten auskommen und ein erheblich besseres Signal zu Rauschverhältnis besitzen. Für diese Spektroskopie wird

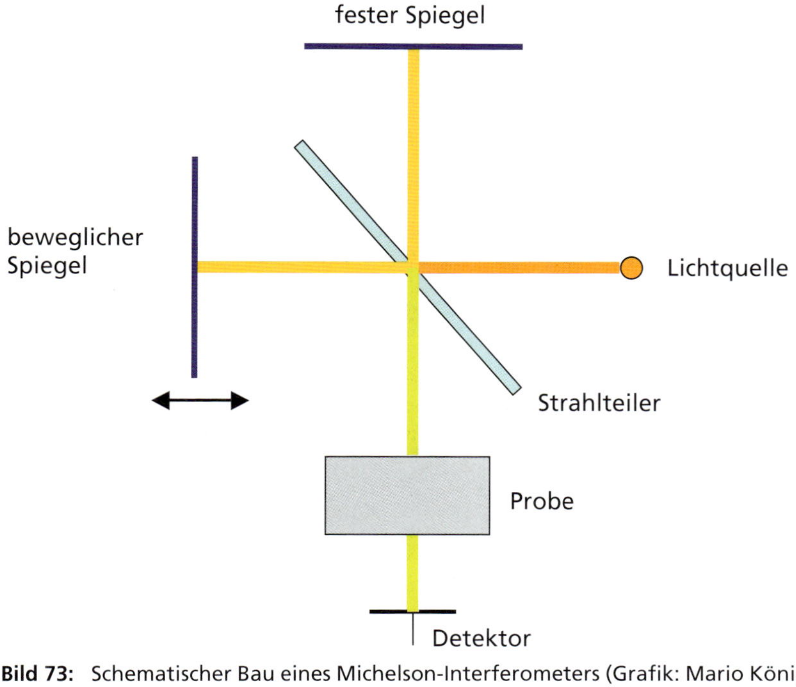

Bild 73: Schematischer Bau eines Michelson-Interferometers (Grafik: Mario König)

zunächst ein Michelson-Interferometer benötigt. Dieses besteht neben einer Lichtquelle und zwei Spiegeln aus einem Strahlteiler, der den von der Lichtquelle ankommenden Strahl aufteilt und zu zwei Spiegeln schickt, von denen einer beweglich ist. Mit der Veränderung der Position des beweglichen Spiegels und damit des Unterschiedes der Weglängen für beide Lichtstrahlen treten mit der Spiegelbewegung nun abwechselnd Verstärkungen und Auslöschungen (Interferenzen) der Lichtwellen auf (Bild 73). Die Überlagerung aller interferierenden Wellen, die der Detektor registriert, ergibt das Interferogramm. Das nach dem Vermessen der Probe erhaltene Interferogramm wird über ein mathematisches Verfahren, die Fourier-Transformation, in ein Transmissionsspektrum umgewandelt. Die Fourier-Transformation berechnet aus dem Interferogramm die Anteile der Einzelwellen.

23.3 Abgeschwächte Totalreflexions Spektroskopie

Die Abgeschwächte Totalreflexions Spektroskopie (ATR, **A**ttenuated **T**otal **R**eflection) nutzt die FTIR-Spektroskopie zur Untersuchung von Festkörpern oder Flüssigkeiten. Bei diesem Verfahren wird infrarotes Licht über ein Fokusierungskristall aus Zinkselenid (ZnSe) unter Ausnutzung der Totalreflexion in einen Diamantkristall eingestrahlt. Von hier aus dringt das Licht durch Beugung in die Probe ein, erfährt hier die gleiche Wechselwirkung wie bei allen infrarotspektroskopischen Verfahren, gelangt wieder zurück in den Fokusierungskristall und wird zuletzt am Detektor erfasst (Bild 74). Der Vorteil der ATR-Technologie liegt

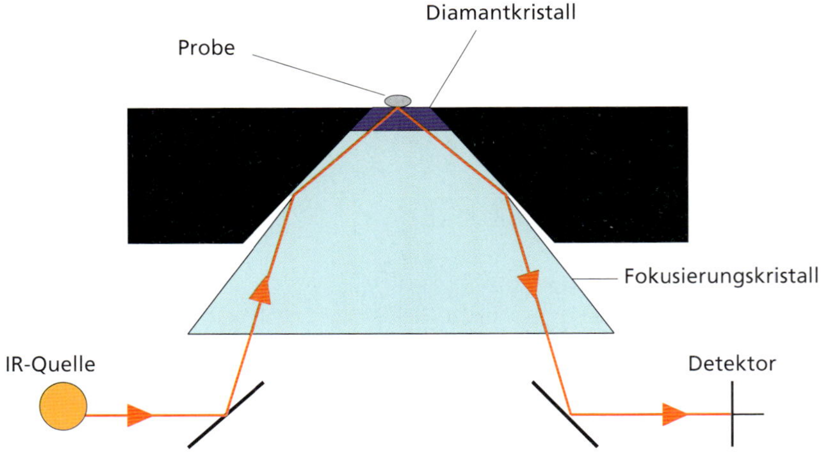

Bild 74: Funktionsprinzip eines ATR-Spektrometers (Grafik: Mario König)

darin, dass die Proben praktisch ohne jegliche Vorbereitung auf das Spektrometer aufgegeben werden können.

23.4 Infrarotspektrometer zur Analyse von Flüssigkeiten und Feststoffen

Alle auf dem Markt befindlichen Geräte zur Untersuchung von Flüssigkeiten und Festkörpern arbeiten nach dem Prinzip der ATR-Spektroskopie (siehe Kapitel 23.3).

23.4.1 Gerätetechnik

Zurzeit gibt es zwei vergleichbare Geräte auf dem Markt. Von Bruker Daltonics das Mobile-IR FT-IR Spectrometer und von Smiths Detection das HazMatID (Bild 75 und Tabelle 9). Wesentlich einfacher gebaut ist das TruDefender™FT von Ahura Scientific. Zur näheren Beschreibung und für die Informationen zur Anwendung werden das Smiths Detection bzw. das Bruker Gerät herangezogen. Die Geräte sind mit ihren wasserdichten und dekontaminationstauglichen Gehäusen für den Einsatz im unmittelbaren Schadengebiet geeignet. Die Bedienung und Auswertung erfolgt entweder direkt über den Touchscreen-Bildschirm oder aber über eine WLAN-Anbindung von einem abgesetzten Notebook. Die Bedie-

Bild 75: FTIR-Spektrometer HazMatID (Werkfoto: Smiths Detection)

Tabelle 9: Technische Daten des HazMatID der Firma Smiths Detection

Gewicht	11,4 kg
Spektralbereich	500–6 000 cm^{-1}
Auflösung	1 cm^{-1}
Schutzart	IP 67
Betriebszeit	2 h

nung des Gerätes geschieht über eine Benutzersteuerung, die eine Fehlbedienung nahezu ausschließt. Der Zeitbedarf zur Vermessung eines Spektrums liegt bei 20 Sekunden. Das Messergebnis wird in Form einer Tabelle mit den bis zu zehn wahrscheinlichsten Substanzen (Name und Korrelationswert) präsentiert. Dabei muss jedoch nicht immer der Stoff mit dem höchsten Korrelationswert der gesuchte Stoff sein. Mit einer Bibliothek von etwa 4 500 Stoffen können die meisten einsatzrelevanten Substanzen erfasst werden. Eine Erweiterung der Datensätze ist über zusätzliche kommerzielle Spektrensammlungen (mit bis zu 25 000 Spektren) oder durch das Vermessen eigener Spektren möglich.

23.4.2 Anwendung

Schwerpunkt der Geräte ist die Identifikation fester und flüssiger Chemikalien im Rahmen der mit einem IR-Spektrometer detektierbaren Substanzklassen. Auch Gemische können als solche erkannt und die einzelnen Komponenten analysiert werden. Wobei hier die Mischungen nicht zu kompliziert sein dürfen und die Mengenverhältnisse oftmals enge Grenzen setzen. Auch wässrige Lösungen von organischen und anorganischen Substanzen können identifiziert werden, wobei hier zu beachten ist, dass die Konzentration der zu bestimmenden Substanzen über zehn Prozent betragen muss. Darüber hinaus sind die Spektrenbibliotheken für diesen Fall nicht sehr groß. Aufgrund der geringen Eindringtiefe von 1 µm bis 2 mm in die Probe können auch Wischproben auf einem geeigneten Trägermaterial direkt vermessen werden. Der Einsatz des von Smiths Detection angebotenen Anreicherungssets zur Bestimmung von im Wasser verdünnt vorhandenen Substanzen setzt einige Routine voraus und ist auch nur für Substanzen mit nicht zu hohem Dampfdruck anwendbar. Eine Besonderheit des HazMatID ist eine Warnung beim Auftauchen von Signalbanden in drei definierten Bereichen, wie sie üblicherweise bei der Anwesenheit von Proteinen auftauchen. Der Benutzer wird hier gewarnt, dass möglicherweise biologisch aktives Material in der Probe enthalten sein könnte.

23.5 Infrarotspektrometer zur Analyse von Gasen und Dämpfen

Die heutigen auf dem Markt befindlichen Infrarotspektrometer zur Analyse von Gasen oder Dämpfen arbeiten alle nach dem Prinzip der FTIR-Spektroskopie. Die alten, nach den klassischen Verfahren arbeitenden Infrarotspektrometer (Miran 1B und Miran 104), sind mittlerweile fast vollständig vom Markt verschwunden. Das Problem der IR-spektroskopischen Untersuchung von Gasproben liegt in der geringen Konzentration der zu bestimmenden Sunstanzen. Man versucht das Problem in der Praxis unter anderem dadurch zu lösen, dass man durch Einsatz von Spiegeln den Lichtstrahl mehrfach durch die Gasküvette schickt, was einer künstlichen Verlängerung der Küvette entspricht, wodurch sich die Messempfindlichkeit erhöht.

Ein weiteres Problem stellt der Gehalt an Kohlenstoffdioxid und Wasserdampf in der Luft dar. Da beide Substanzen IR-Licht absorbieren und in größeren Mengen in der Atmosphäre vorkommen, schränken die Absorptionsbanden dieser Stoffe den nutzbaren Frequenzbereich erheblich ein.

23.5.1 Gerätetechnik

Für die Infrarotspektroskopie von Gasen oder Dämpfen mit FTIR-Geräten stehen zwei unterschiedliche Gerätearten zur Verfügung. Die zu untersuchende Luft kann entweder in eine Messküvette des Gerätes

Bild 76: Gas-IR-Spektrometer Gasmet™DX-4030 (Werkfoto: ANSYCO – Analytische Systeme und Componenten GmbH)

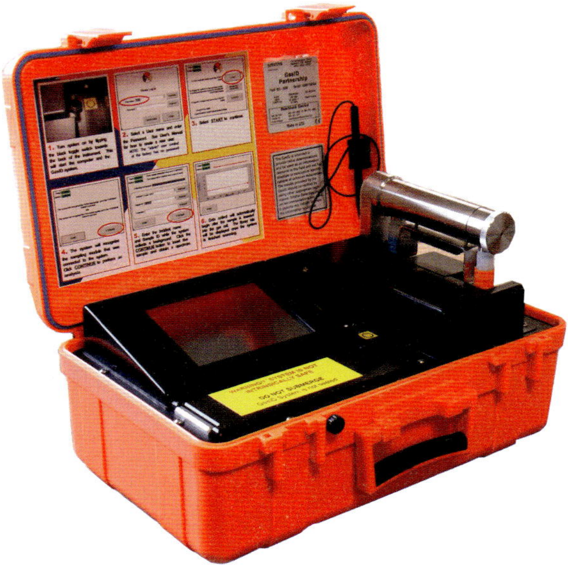

Bild 77:
Gas-IR-Spektrometer GasID (Werkfoto: Smiths Detection)

hineingesaugt und dort analysiert werden. Dieses Verfahren wird bei den Gasmet™DX-Geräten (Bild 76) angewendet, hier wird das oben beschriebene Prinzip der langen Wegstecke benutzt. Alternativ wird die Probe analog zur GC-MS-Analytik auf einem Adsorptionsmaterial angereichert, dann zum Spektrometer gebracht und dort durch Ausheizen der Substanz der Messzelle zugeführt. Dieses Verfahren verwendet das GasID von Smiths Detection (Bild 77).

Gasmet™DX-4030

Das auf dem Rücken getragene Gerät wird im Feld über einen PDA gesteuert und ausgewertet. Üblicherweise kommt das Gerät im kontaminierten Bereich zum Einsatz, um hier direkt die Luftproben zu entnehmen. Seine Stärke liegt darin, einzelne Gase in Gemischen quantitativ zu bestimmen. Durch die große Zellenlänge besitzt dieses Gerät Nachweisgrenzen um 1 ppm. In der portablen Form misst das Gerät mit einem angeschlossenen PDA bis zu 25 Komponenten simultan. Wird ein PC angeschlossen, können bis zu 50 Komponenten simultan quantifiziert werden. Über den PC ist es auch möglich, Substanzen zu identifizieren.

GasID™

Im Gegensatz zum oben beschriebenen Gas-IR-Spektrometer wird die Probe für das GasID entweder mit einem Tedlar®-bag mithilfe einer Pumpe genommen oder aber über ein Adsorptionsröhrchen, das in einer Probenahmevorrichtung verbaut ist. In diesem Fall muss ebenfalls eine Pumpe angebaut werden, die die Inhaltsstoffe von zwei Litern Luft auf dem Röhrchen anreichert. Als Folge der kurzen Zellenlänge liegt die Nachweisgrenze nach Angaben des Herstellers bei 2 ppm bis 10 ppm. Die Nachweisgrenze gibt an, bis zu welcher Konzentration ein Messsignal erzeugt wird, das zur quantitativen Auswertung verwendet werden kann. Als Identifikationsgrenzen werden 20 ppm bis 140 ppm angegeben. Diese Konzentration reicht aus, ein Spektrum zu erzeugen, das zur Identifizierung geeignet ist. Beim Einsatz von Luftsammelsäcken liegt die Identifikationsgrenze bei bis zu 500 ppm, da es hier zu keiner Anreicherung kommt. Dabei ist zu berücksichtigen, dass viele anorganische Gase nicht auf einem Trägermaterial angereichert werden können. Das bedeutet, eine Identifikation eines unbekannten Gases setzt erhebliche Konzentrationen voraus. Die mitgelieferte Datenbank (5 500 Spektren) kann eigenständig erweitert werden.

Eine Gegenüberstellung der technischen Daten der Gas-IR-Spektrometer zeigt Tabelle 10.

Tabelle 10: Gegenüberstellung der technischen Daten der Gas-IR-Spektrometer

Parameter	GasID	Gasmet
Abmessungen	444 × 305 × 190 mm	383 × 384 × 145 mm
Gewicht	11,3 kg	11,5 kg
Sonstiges		Gleichzeitige Analyse von bis zu 25 Komponenten, auf bis zu 50 erweiterbar
Messbereich	650–4000 cm^{-1}	900–4200 cm^{-1}
Zellenlänge	0,44 m	9,8 m
Einsatzdauer (Akkubetrieb)	2 h	2,5 h
Spektrale Auflösung	4 cm^{-1}	7,72 cm^{-1}
Datenbankumfang	5000	400
Quantifizierung	nein	ja

23.5.2 Anwendung

Mit den Geräten von Gasmet wurden bei Untersuchungen der Brandschutzforschungsstelle Karlsruhe in den letzten Jahren umfangreiche Erfahrungen insbesondere bei der quantitativen Analytik von Brandrauch gesammelt. Das GasID wurde intensiv am Institut der Feuerwehr Sachsen-Anhalt untersucht. Erfahrungen zur Feldanwendungen im größeren Umfang liegen bisher nicht vor. Der Einsatz von FTIR-Systemen zur qualitativen Gasanalytik ist im Zusammenhang mit Prüfröhrchen oder PID sehr hilfreich, da durch die Identifikation der Substanz ein geeignetes Prüfröhrchen ausgewählt werden bzw. der geeignete RF-Wert am PID eingestellt werden kann.

23.6 Fernerkundungs-Infrarotspektrometer

23.6.1 Entwicklung

Das Fernerkundungs-FTIR SIGIS 2 (Scanning-Infrared-Gas-Imaging-System, Bild 78) war eine Entwicklung der Technischen Universität Hamburg-Harburg im Auftrag des BBK. Die Aufgabe bestand darin, ein Gerät zur Identifikation, Quantifizierung und Visualisierung von Schadstoffwolken aus der Ferne mit hoher Selektivität und niedriger Nachweisgrenze für den Zivilschutz zu entwickeln.

Das Problem bei der großräumigen Aufklärung eines Gebietes, in dem es zur Freisetzung einer Schadstoffwolke gekommen ist, liegt darin, dass in der Erstphase nur wenige Aufklärungseinheiten zur Verfügung stehen. Eine erste Abschätzung einer freigesetzten Wolke erfolgt meistens durch eine Ausbreitungsabschätzung, die ihre Grundlage in einem mehr oder minder realistischen Rechenverfahren hat, mit allen Problemen solcher Verfahren, wie z. B. fehlender Ausgangsparameter. Diese Fähigkeitslücke soll das SIGIS 2 schließen. Darüber hinaus gestattet es SIGIS 2 auch, die Überwachung eines Geländes durchzuführen, ohne es betreten zu müssen.

23.6.2 Funktionsprinzip

Die wesentliche technische Grundlage für das Gerät ist ein Michelson-Interferometer. Im Gegensatz zu den oben beschriebenen IR-Spektrometern für die Gasanalytik verfügt das SIGIS 2 über keine Küvette, in der sich das zu untersuchende Gas befindet. Die »Küvette« von SIGIS 2 ist vielmehr die untersuchte Atmosphäre. Entgegen den üblichen IR-Spektrometern benötigt das Gerät auch keine künstliche Infrarot-Strahlungsquelle, da es sich um ein passives Infrarotspektrometer handelt.

Die Methode der Fernerkundung einer Gefahrstoffwolke durch Infrarotspektroskopie beruht auf der spektralen Analyse infraroter Strahlung, die von den Molekülen der Gaswolke absorbiert oder emittiert wird. Zur Messung wird die Veränderung der von jedem Hintergrund ausgestrahlten Infrarotstrahlung durch eine davor vorbeiziehende Gas-

Bild 78: Scannendes-Infrarot-Gas-Visualisierungssystem SIGIS 2 mit Akku-Pack und Auswerterechner (Foto: Technische Universität Hamburg-Harburg)

wolke ausgewertet. Dazu ist es notwendig, dass zwischen der zu vermessenden Gefahrstoffwolke im Überwachungsraum und dem Hintergrund eine Temperaturdifferenz besteht. Je größer die Temperaturdifferenz zwischen Hintergrund und Gefahrstoffwolke ist, desto größer ist die Empfindlichkeit des Gerätes.

Wenn eine Gefahrstoffwolke aus der Ferne gemessen werden soll, ist es wichtig, dass die in der Atmosphäre üblicherweise vorhandenen Gase durch ihre Absorptionsbanden nicht die Banden der Gase überlagern, die vermessen werden sollen. Problematisch in diesem Zusammenhang sind die Substanzen Wasserdampf, Kohlenstoffdioxid, Methan, Distickstoffmonoxid und Ozon.

Die vom Spektrometer gemessene Strahlung besteht einmal aus den spektralen Signaturen des Hintergrundes, den Signaturen der Moleküle der zu untersuchenden Wolke und der Atmosphäre zwischen dem Hintergrund und dem Spektrometer. Die Signatur beschreibt die charakteristischen spektralen Eigenschaften von Molekülen in Bezug auf das Absorptions- oder das Emissionsspektrum. Den Hintergrund bei den Messungen können Gebäude, Vegetation, Wasserflächen oder der Himmel darstellen.

Ist nun die Temperatur der zu detektierenden Wolke niedriger als die Strahlungstemperatur des Hintergrundes, wird ein Absorptionsspektrum gemessen. Das bedeutet, dass die vom Hintergrund kommende Strahlung durch die Wolke geschwächt wird. Ist hingegen die Strahlungstemperatur des Hintergrundes niedriger als die der Wolke, kommt es zu einem Emissionsspektrum. In diesem Fall erhöht sich die Strahlungsdichte durch die Wolke. Das von einer Gaswolke erzeugte Signal ist bei kleinen Temperaturdifferenzen proportional zur Temperaturdifferenz zwischen Wolke und Hintergrund und eine Funktion der Molekülkonzentration in der Wolke bzw. der Tiefe der Wolke (Bild 79).

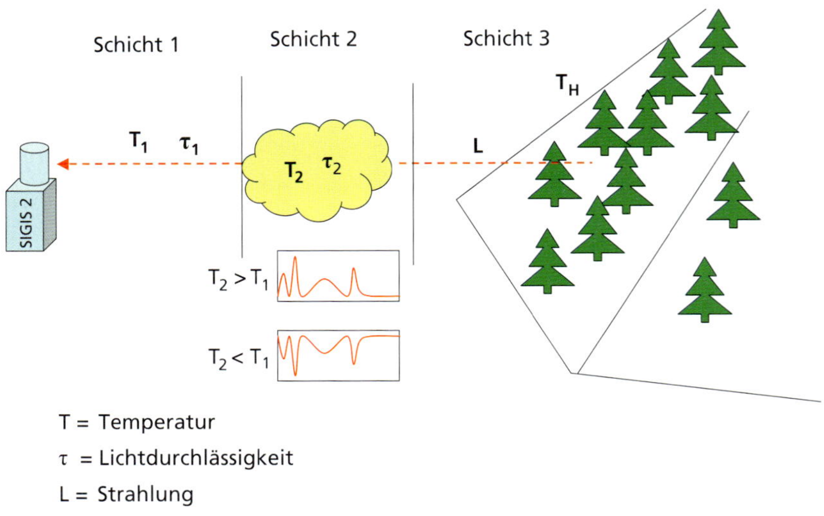

Bild 79: Prinzip der Fernerkundung einer Gefahrstoffwolke durch Infrarotspektrometrie (Grafik: Mario König)

23.6.3 Gerätetechnik

Als Basis für die Entwicklung diente das OPAG IR-Spektrometer der Firma Bruker Optics aus Ettlingen (technische Daten siehe Tabelle 11). Dessen Detektor übernimmt die eigentliche Auswertung der erfassten Infrarotsignale. Wichtig für ein einsatztaugliches Gerät war die Verwendung eines ausreichend leistungsfähigen Signalprozessors, um eine hohe Zahl an Spektren in kürzester Zeit messen zu können. Üblicherweise werden je Messpunkt 16 Spektren gemessen und durch einen entsprechend komplizierten Rechenalgorithmus ausgewertet. Für den Feldeinsatz wesentlich ist die Tatsache, dass sich das Gerät vollautomatisch kalibriert und somit immer vom Gerätebediener unabhängig verlässliche Messwerte liefert. Darüber hinaus war der Einbau eines Teleskops von großer Bedeutung, um eine möglichst hohe Ortsauflösung zu erreichen. Beim SIGIS 2 beträgt der Öffnungswinkel des Gesichtsfeldes, das ist der Bereich in dem die Strahlung detektiert wird, nur 10 mrad.

Das Scannersystem besteht aus einem in zwei Achsen beweglichen Spiegel, einem Steuer- und Auswerterechner mit einem digitalen Signalprozessor, einem Video-Datenverarbeitungssystem und einem Notebook. Bei der Messung wird der Spiegel so gesteuert, dass er den vom Benutzer vorgegebene Messbereich abscannt und die erfasste Infrarotstrahlung über das Teleskop auf den Detektor spiegelt. Der Bediener des Gerätes

Tabelle 11: Technische Daten des Fernerkundungssystems: Es wird für die Analytik der IR-Signale ein HgCdTe Detektor verwendet, der im Bruker OPAG verbaut ist.

Maximaler Spektralbereich	680–6000 cm
Genutzter Spektralbereich	680–1500 cm
Maximale spektrale Auflösung	0,5 cm^{-1}
Genutzte spektrale Auflösung	4 cm^{-1}
Gesichtsfeld mit Teleskop	10 mrad
Beobachtungsfeld	360° × 60°
Minimale Schrittweite	ca. 1 mrad
Spektrenrate ($\Delta\sigma$ = 4 cm^{-1})	ca. 7 Spektren s^{-1}
Leistungsaufnahme ohne EDV	ca. 75 W
Gewicht	75 kg

gibt daher zu Beginn einer Messung den Bereich vor, der gescannt werden soll und er wählt die Schrittweite aus, mit der das Gerät den vorgegebenen Bereich scannt. Die Schrittweite bestimmt die Auflösung der Messung. Sie ist in drei Stufen wählbar. Mit zunehmender Größe des Scanbereiches bzw. mit abnehmender Schrittweite erhöht sich der Zeitbedarf zur Aufnahme eines Bildes. Für einen ersten Überblick ist es daher sinnvoll, eine größere Fläche grob zu erfassen, um danach den identifizierten Freisetzungsbereich mit höherer Auflösung zu scannen.

Das SIGIS 2 liefert dem Bediener zuerst ein Schwarzweiß-Videobild bzw. über die Wärmebildkamera ein Infrarotbild, in das die erfassten Messsignale einer identifizierten Substanz als Farbpunkte eingespielt werden. Dadurch erscheint die detektierte Wolke innerhalb weniger Sekunden als farbige Fläche. Das Gerät summiert automatisch die Zahl der Pixel, bei denen der analysierte Stoff detektiert wurde, und lässt damit eine erste grobe Abschätzung der Wolkengröße zu. Durch die permanente Messung und den neuen Bildaufbau nach Durchlaufen eines Messzyklus zeigt das Monitorbild immer den aktuellen Sachstand. Das FTIR identifiziert dabei durch die Spektrenauswertung die Substanz, aus der die untersuchte Wolke besteht. Sollte die Wolke verschiedene Gase enthalten, können im Rahmen der technischen Möglichkeiten des Gerätes auch mehrere Komponenten gleichzeitig identifiziert werden. Die identifizierten Substanzen werden immer mit einer Bewertungszahl angegeben, aus der der Benutzer die Sicherheit ablesen kann, mit der die Stoffidentifikation erfolgt ist. Unter bestimmten Randbedingungen ist auch eine Aussage über die Stoffkonzentration möglich.

Die Reichweite des Gerätes hängt sehr von der Transparenz der Atmosphäre ab, insbesondere im infraroten Spektralbereich. Bisher wurden Erfahrungen überwiegend mit Entfernungen bis zu zwei bis drei Kilometern gesammelt. Prinzipiell sind aber Messungen bis zu zehn Kilometer Entfernung möglich. Insbesondere Niederschlag, Nebel und eine verunreinigte Atmosphäre, wie man sie häufiger in Großstädten findet, setzen die Reichweite zum Teil erheblich herab.

Das SIGIS 2 verfügt im Messkopf über ein GPS-System zur präzisen Definition des Aufstellortes, der dann auf einer digitalen Karte eingelesen werden kann. In Kombination mit einem Kompass ist so eine zweidimensionale Lokalisation der Gaswolke möglich. Die in den Geräten hinterlegten Spektrendatenbanken befinden sich im permanenten Ausbau. Im Frühjahr 2008 waren über 60 Spektren hinterlegt. Prinzipiell gibt es keine Limitierung bei der Zahl der hinterlegten Spektren. Eine erhöhte Spektrenzahl hat nur einen Einfluss auf die Geschwindigkeit mit der die Spektren bearbeitet werden können.

Eine Energieversorgung ist entweder über einen 230 V-Anschluss oder über einen extern mitgeführten Akkupack möglich, der mehrere Stunden autarken Betrieb zulässt.

23.6.4 Anwendung

Im Rahmen der Geräteentwicklung wurden erfolgreiche Untersuchungen unter anderem bei der Freisetzung von Gülle (enthält Ammoniak) im landwirtschaftlichen Bereich, der Erprobung einer CO_2-Löschanlage mit 240 Tonnen Inventar und Freisetzungsexperimenten mit Schwefelhexafluorid durchgeführt. Nachdem die Geräte bei den Analytischen Task Forces im Jahr 2006 in Betrieb genommen worden waren, kam es zu einer Vielzahl von Erfahrungen im Verlauf von Übungen, Tätigkeiten im Rahmen von Großveranstaltungen und bei Einsätzen bzw. Überwachungstätigkeiten im Zusammenhang mit Industrieemissionen.

Für SIGIS 2 ergeben sich nach Erfahrungen, die im Rahmen seiner Einführung bei den Analytischen Task Forces gesammelt wurden, zwei grundlegende Einsatzmöglichkeiten. Zum einen kann das Gerät präventiv eingesetzt werden, zum Beispiel zur Überwachung von Produktionsanlagen und zur Überwachung von Großveranstaltungen im öffentlichen Bereich oder aber reaktiv bei akuten Schadenereignissen.

Der präventive Einsatz im öffentlichen Bereich ist dann interessant, wenn es zu einer möglichen Stofffreisetzung in einem von vielen Menschen belebten größeren Areal kommen könnte. Zum ersten Mal wurde diese Vorgehensweise bei der Fußball-Weltmeisterschaft 2006 erprobt und an mehreren Spielorten umgesetzt. Im Vorfeld einer solchen Maßnahme steht zuerst eine ausgiebige Erkundung des zu überwachenden Areals und der möglichen Aufstellpunkte. Sinnvollerweise ist für den Standort des Gerätes ein erhöhter Punkt zu wählen, von dem aus sich möglichst viel der zu beobachtenden Fläche einsehen lässt und sich ein für das Messverfahren optimaler Hintergrund bietet. Im laufenden Betrieb werden dann für das zu überwachende Areal die Teilflächen vorgegebenen, die zu beobachten sind, und im zweiten Schritt wird die Auflösung definiert, mit der diese Teilflächen automatisch gescannt werden. Sobald das Gerät eine möglicherweise relevante Substanz detektiert hat, kommt es zu einer optischen und akustischen Warnung des Gerätebedieners (Bild 80). Als Folge davon wird der Bereich, in dem der Alarm ausgelöst wurde, intensiver untersucht. Gleichzeitig wird das Gelände visuell kontrolliert. Bodengebundene Messtrupps werden in der nächsten Phase anhand der Messungen des Gerätes zur möglichen Freisetzungsstelle geleitet, um hier aus nächster Nähe die Lage in Augenschein nehmen zu können. Sinnvollerweise ist dieser Trupp mit Hand gehaltenen Detektoren und Probenahmematerial ausgestattet. Die genommenen Proben werden anschließend mit geeigneter Mobilanalytik untersucht und die Messergebnisse mit den Werten der Hand gehaltenen Messgeräte abgeglichen.

Beim reaktiven Einsatz muss üblicherweise unter Zeitdruck ein Standort zur Messung ausgewählt werden, um zu versuchen, die Zugrichtung

Bild 80: Messung von Ethanol im Rahmen der Fußball-Weltmeisterschaft 2006 im Bereich des Public Viewing (Quelle: Berufsfeuerwehr Mannheim)

einer Schadstoffwolke zu überwachen. Das Gerät wird daher parallel zur Zugrichtung der Wolke aufgestellt. Erste Versuche der Feuerwehr Hamburg, das Gerät in einem ELW zu verlasten, in dem das Gerät in kürzester Zeit mit einem Hubtisch über das Fahrzeug angehoben werden kann, waren ebenso erfolgreich wie der Einsatz auf einer Drehleiter. Untersuchungen von SIGIS 2 mit einem Hubschrauber als Trägerplattform haben gezeigt, dass auch diese Möglichkeit prinzipiell funktioniert.

Wie bei allen anderen hoch technisierten Messverfahren ist es auch bei einem Fernerkundungs-FTIR unerlässlich, dass alle Messergebnisse von einem Fachmann kritisch auf Plausibilität überprüft werden.

Die zukünftige Entwicklung des SIGIS 2 wird unter anderem dahin gehen, dass die Messwerte per Datenfernübertragung an abgesetzte Führungskräfte weitergeleitet werden können. Ein anderer Entwicklungspfad sieht vor, dass beim gleichzeitigen Einsatz von zwei Fernerkundungsgeräten eine dreidimensionale Darstellung der Schadstoffwolke möglich wird. Zuletzt geht es in einem laufenden Forschungsprojekt darum, durch den Einsatz eines entsprechenden Detektors mit einer Vielzahl von Sensoren Bilder hoher Auflösung innerhalb kürzester Zeit (eine Sekunde) aufzunehmen und damit auch die Bewegung einer Wolke mit hoher zeitlicher Auflösung zu detektieren.

23.6.5 Alternative Systeme

Zur Fernaufklärung existieren grundsätzlich auch alternative Gerätetechniken, die jedoch nicht so viele optimale Eigenschaften in einem Gerät vereinen. Dem SIGIS 2 am ähnlichsten sind die FTIR-Aufklärungssysteme Rapid (militärische Nutzung) und Opag (wissenschaftliche Nutzung) von Bruker. Mit einem CO_2-Laser als LIDAR-System arbeitet ein Gerät der Firma Metrodat (Slowakei). Die Anwendung richtet sich in diesem Fall allerdings ausschließlich an militärische Nutzer.

23.7 Raman-Spektrometer

23.7.1 Funktionsprinzip

Ein weiteres Analyseverfahren, das ebenfalls infrarotes Licht verwendet, ist die Raman-Spektroskopie. Im Gegensatz zur Infrarotspektroskopie, bei der IR-Licht im Transmissionsverfahren eingesetzt wird, arbeitet die Raman-Spektroskopie mit Laserlicht zur Anregung der Moleküle, die untersucht werden sollen. Das eingestrahlte Licht wird nach der Wechselwirkung zurückgestreut. Auch dieses Verfahren liefert Informationen zu den Schwingungs- und Rotationszuständen eines Moleküls.

Die gestreuten Photonen enthalten neben der Erregerfrequenz Linien mit niedriger und höherer Frequenz. Die niederfrequenten (energieärmeren) Linien entstehen, wenn ein Molekül auf ein höheres Rotations-Schwingungsniveau angehoben wird, da dies die Frequenz der Erregerstrahlung senkt. Die höherfrequenten Wellen entstehen, wenn ein angeregtes Molekül durch Wechselwirkung mit der Erregerstrahlung diese wieder abgibt und damit die Erregerfrequenz anhebt.

Es kommt dann zu einer IR-Absorption, wenn sich im Verlauf einer Molekülschwingung das Dipolmoment (Maß für die räumliche Ladungstrennung) eines Moleküls ändert. Eine Molekülschwingung ist Raman-aktiv, wenn sich während der Schwingung die Polarisierbarkeit (Maß für die Verschiebbarkeit von Ladung in einem Molekül) ändert. Problematisch ist die geringe Wahrscheinlichkeit einer Wechselwirkung als Folge des Raman-Effektes. Die Signalintensität ist um mehrere Größenordnungen kleiner als bei der IR-Spektroskopie.

Mit der Raman-Spektroskopie können Schwingungen eines Moleküls untersucht werden, die im IR-Spektrum nicht auftreten und umgekehrt. Es gibt aber auch Schwingungszustände, die sowohl IR- als auch Raman-aktiv sind. Beide Untersuchungsverfahren ergänzen sich daher. Als Beispiel kann ein symmetrisches Molekül wie z. B. Kohlenstoffdioxid dienen. Hier können Raman-Banden auftreten, die es im IR-Bereich nicht gibt und umgekehrt. Da Wasser für einen Raman-Spektrometer unsichtbar ist, bietet sich dieses Verfahren besonders zur Untersuchung wässriger Lösungen an.

23.7.2 Gerätetechnik

Üblicherweise werden mit diesem Verfahren Flüssigkeiten oder Festkörper untersucht. Aufgrund der geringen Wechselwirkung können nur Substanzen in vergleichsweise hoher Konzentration analysiert werden. Die Besonderheit von Raman-Spektrometern liegt darin, dass sie auch durch Glasflaschen und einige Kunststoffbehälter hindurch eine Substanz identifizieren können, ohne dass das Gefäß geöffnet werden muss.

Zurzeit werden im Bereich der Mobilanalytik zwei Geräte von zwei Herstellern angeboten. Zum einen der FirstDefender® von Ahura Scientific (Bild 81) und zum anderen der RespondeR RCI™ von Smiths Detection (Bild 82). Beide Geräte sind für Ersteinsatzkräfte zur Identifikation von Flüssigkeiten, Feststoffen, Gemischen und wässrigen Lösungen entworfen, daher einfach in der Bedienung und extrem robust in der Handhabung. Die Geräte können von Einsatzkräften auch unter Vollschutz bedient werden. Die hinterlegten Datenbanken mit etwa 4000 Spektren enthalten die Stoffgruppen:

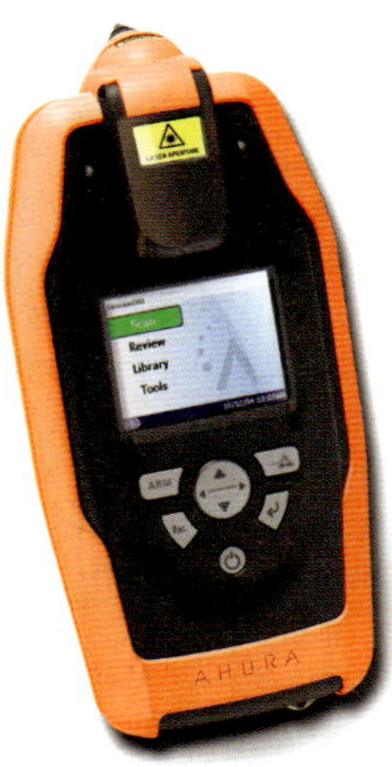

Bild 81: Raman-Spektrometer FirstDefender® (Werkfoto: Ahura Scientific)

Bild 82: Raman-Spektrometer RespondeR RCI™ (Werkfoto: Smiths Detection)

- Explosivstoffe,
- Drogen,
- Chemische Kampfstoffe,
- Toxische Industriechemikalien und
- »Weiße Pulver«.

In beiden Geräten erfolgt die Auswertung der gemessenen Spektren über einen integrierten Rechner und die oben beschriebenen Datenbanken.

23.7.3 Anwendung

Der FirstDefender® ist das kleinere und leichtere Gerät. Es ist überwiegend für den Hand gehaltenen Einsatz konzipiert. Problematisch ist die vergleichsweise lange Messzeit von 30 Sekunden, in der das Gerät möglichst wenig bewegt werden sollte. Der RespondeR RCI™ ist eher für den Einsatz im abgestellten Zustand vorgesehen (technische Daten siehe Tabelle 12).

Beide Geräte bieten neben der Möglichkeit einer Messung durch die Gefäßwand (Glas oder Kunststoff) hindurch auch die Möglichkeit, mit Küvetten zu arbeiten, was die Qualität der Messung steigert. Eine Analyse von Stoffgemischen ist in gewissen Grenzen möglich, wenn die Mischungen nicht zu komplex sind und die Konzentrationen der Einzelkomponenten nicht extrem voneinander abweichen. Die vorhandenen Datenbanken können durch die Aufnahme von Substanzspektren selbstständig erweitert werden.

Ein weiterer interessanter Aspekt des RespondeR RCI™ ist die Möglichkeit, dass bei einem Einsatz in Kombination mit dem HazMatID (gleicher Hersteller), beide Spektren von einem Rechner zusammen ausgewertet werden können und so eine Verbesserung der Aussagesicherheit möglich ist. Praktische Untersuchungen zeigten jedoch, dass im Augenblick die Auswertungsalgorithmen noch nicht die dafür notwendige Leistungsfähigkeit besitzen. Daher bleiben die Ergebnisse noch hinter den Erwartungen zurück. Mit dem FTIR von Ahura und dem TruDefender

Tabelle 12: Technische Daten des RespondeR RCI™

Gewicht	2,7 kg
Betriebszeit	5 h
Spektrenbibliothek	4 000 Spektren
Spektralbereich	2 400 – 225 cm^{-1}

FT besteht diese Möglichkeit nicht. Bei einer Beschaffung sollte auch geprüft werden, welche Unterstützung durch einen online Support, insbesondere der Spektrenauswertung im Einsatzfall, über ein 24-Stunden/7-Tage-Rufsystem der Firmen möglich ist.

Ein Raman-Spektrometer kann aufgrund seiner analytischen Beschränktheit kein IR-Spektrometer ersetzen, es kann aber eine sinnvolle Ergänzung darstellen.

23.8 Funkvernetzte Detektoren

Zur Überwachung größerer Flächen wurden mobile Detektorsysteme (AreaRae, Bild 83) entwickelt, die über eine Funkanbindung miteinander und mit einem zentralen Auswerterechner in Kontakt stehen. Die eigentlichen Messkomponenten bestehen üblicherweise aus einer Kombination elektrochemischer Zellen und bei Bedarf einem PID, wie man es von den klassischen Mehrgasdetektoren kennt. Bei Bedarf kann das Messspektrum auch noch um einen Sensor für Gammastrahlung erweitert werden. Die mobilen Geräte werden an geeigneten Stellen platziert und loggen sich nach der Inbetriebnahme über ein Funknetz beim zentralen Auswerterechner ein. Es werden dabei Funkreichweiten von bis zu drei Kilometer erreicht. Eine Reichweitenerhöhung erfolgt dadurch, dass die einzelnen Detektoren eine Relaisfunktion übernehmen können. Bis maximal 32 Detektoren können in ein solches Netz eingebunden wer-

Bild 83: Komponenten des AreaRae-Systems (Werkfoto: RAE Systems)

den. Dabei werden alle Sensorelemente permanent automatisch überwacht. In das System können auch Westen integriert werden, die eine Echtzeitkontrolle mehrerer Vitalparameter von Einsatzkräften zulassen. Im Rahmen des NATO-Gipfels 2009 konnten alle Funktionen des Systems auch über große Entfernungen (mehrere Kilometer) erfolgreich getestet werden.

23.9 Helimet

Das Projekt Helimet stellt eine Versuchsanordnung dar, um hoch aufsteigende Brandrauchwolken oder Gaswolken mit einem Messcontainer zu vermessen, der von einem Hubschrauber über Longline-Technik transportiert wird. Der Messcontainer befindet sich etwa 100 Meter unterhalb des Hubschraubers und damit außerhalb des Downwash-Bereiches des Helikopterrotors. Der Container kann mit verschiedenen Messgeräten bestückt werden. In der Erstausstattung sind Messgeräte mit elektrochemischen Sensoren (Polytector), ein IR-Gasanalysator (Gasmet) und ein Luftprobensammelsystem auf Basis von Tenax®-Röhrchen verbaut worden. Die Federführung des Projektes liegt bei der Brandschutzforschungsstelle in Karlsruhe in Zusammenarbeit mit der Firma Ansyco, der ATF der Feuerwehr Mannheim und privater Unterstützung.

In der Erstphase wurden bodengebundene Untersuchungen durchgeführt und in der zweiten Phase erfolgt eine Untersuchung mit Versuchsbränden und dem Einsatz aus der Luft heraus. Ziel soll es sein, die Messwerte zeitnah über Datenfernübertragung in Ausbreitungsmodelle einfließen zu lassen bzw. die Chemie in Brandwolken zu untersuchen.

23.10 Gammaspektroskopie und Neutronendetektion

Seit wenigen Jahren befinden sich auch handliche, tragbare Gammaspektrometer auf dem Markt, die bereits vereinzelt bei Feuerwehren Einzug gefunden haben. Die Aufgabe eines solchen Spektrometers besteht darin, aus der Energieverteilung der abgestrahlten Gammastrahlung das Nuklid zu identifizieren, von dem die Strahlung ausgeht. Die Firma ICX-Radiation hat mit dem Identifinder® ein Gerät entwickelt, das mehrere Fähigkeitslücken bei Strahlenschutzmessungen zu schließen vermag. Neben der Detektion und Analyse der Gammastrahlung kann das Gerät auch zur Neutronendetektion eingesetzt werden.

23.10.1 Gammaspektroskopie

Eines der Messprinzipien der Gammaspektroskopie beruht auf dem Einsatz von Szintillationsdetektoren. Das in einen Natriumiodid-Einkristall eindringende Gamma-Quant erzeugt durch die Wechselwirkung im Kristall einen Lichtblitz, dessen Stärke einen Rückschluss auf die Energie des Gamma-Quants zulässt. Die Gammaspektroskopie erfasst die genaue Energie der Gammastrahlung und die Häufigkeitsverteilung der einzelnen Energien, die beim Zerfall eines instabilen Atomkerns freigesetzt werden. Die Gammaspektren sind nuklidspezifisch und können daher zur Identifikation eines Nuklids verwendet werden.

23.10.2 Neutronendetektion

Neutronenstrahlung entsteht überwiegend durch so genannte Neutronenquellen und nur in seltenen Ausnahmefällen durch natürlichen Zerfall. Neben exotischen, nur in der Wissenschaft verwendeten Neutronenquellen, stellen Kernreaktoren die wichtigste Neutronenquelle dar. Bei jedem Zerfall eines Urankerns entstehen mehrere Neutronen.

$$^{235}U + {}^{1}n \rightarrow {}^{147}Nd + {}^{86}Ge + 3\ {}^{1}n$$

Bei diesen Kernzerfällen entstehen so genannte schnelle Neutronen (W_{kin} = 10 keV – 20 MeV). Um diese Neutronen detektieren zu können, müssen sie in thermische Neutronen (W_{kin} = 0,025 eV, das entspricht einer Fluggeschwindigkeit von 2200 m/s) umgewandelt werden. Der Begriff thermisch kommt daher, dass die kinetische Energie der thermischen Neutronen in etwa der kinetischen Energie der Bremssubstanz bei Raumtemperatur entspricht. Das Abbremsen der schnellen Neutronen erfolgt durch ein Material (Moderator), das sehr viele Wasserstoffatome enthält, wie z. B. Wasser, Paraffin oder Polyethylen.

Die Neutronen kollidieren dabei mit dem Kern eines Wasserstoffatoms und verlieren dabei sehr schnell ihre kinetische Energie durch Stoßprozesse, da beide Teilchen gleich schwer sind. Bei schweren Kernen als Kollisionspartner, z. B. Eisen, kommt es zu einem Stoß, bei dem das Neutron seine Energie nicht abbauen kann. Man kann sich diesen Sachverhalt sehr gut an einem Modell verständlich machen. Trifft ein beschleunigter Tischtennisball die Mitte eines ruhenden Tischtennisballes, bewegen sich beide Bälle nach dem Stoß mit der jeweils halben Geschwindigkeit des bewegten Balles in entgegengesetzte Richtungen. Trifft der Tischtennisball aber auf eine gleichgroße Eisenkugel, wird sich die Eisenkugel nach dem Stoß nur unmerklich bewegen und der Tischtennisball wird mit seiner nahezu alten Geschwindigkeit, aber in die entgegengesetzte Richtung davonfliegen. Das Erzeugen der thermischen Neutronen ist die Aufgabe des Polyethylen-Moderators, der im Fall der Neutronendetektion um das Gehäuse des Detektors angebaut wird.

Der eigentliche Nachweis der Neutronen erfolgt über eine Kernreaktion. Dazu muss das Neutron von einem Atomkern eingefangen werden, der anschließend spontan zerfällt. Die bei dem Zerfall entstehenden Bruchstücke können dann durch ihre ionisierende Wirkung in einem Zählrohr nachgewiesen werden. Das Zählrohr des Detektors ist im Falle des Identifinders mit dem Helium Isotop ^{3}He gefüllt, das unter einem Druck von mehreren bar steht. Bei der Kernreaktion als Folge des Neutroneneinfangs durch den Heliumkern kommt es zur Entstehung eines Protons und eines Tritiumkerns.

$$^{3}He + n \rightarrow p + {}^{3}H$$

23.10.3 Gerätetechnik

Der nachfolgend beschriebene Identifinder®-NG (Bild 84 und Tabelle 13) kann für mehrere Aufgaben verwendet werden:

- Messung der Dosis und der Dosisleistung (DOSIS-Modus),
- Suche eines Strahlers (FINDER-Modus),
- Identifizierung eines Gamma-Strahlers (IDENT-Modus),
- Detektion von Neutronenstrahlung.

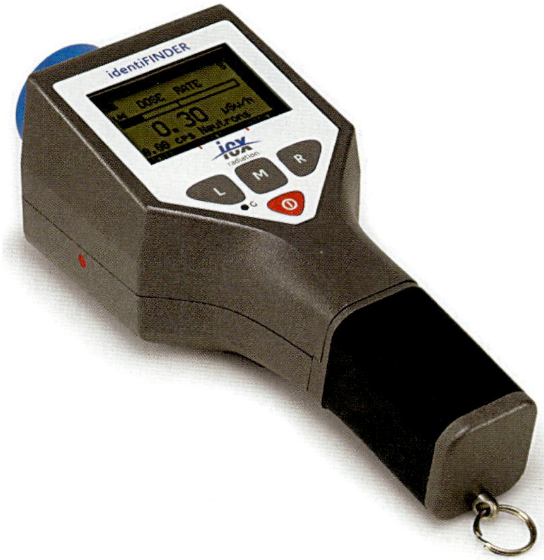

Bild 84:
Identifinder (Werkfoto: ICX Technologies GmbH)

Tabelle 13: Technische Daten des Identifinder®

NaI-Szintillationsdetektor	3,6 cm × 5 cm
Dosisleistung NaI-Detektor	0,01 µSv/h – 500 µSv/h
Energiebereich	15 keV – 3 MeV, 1024 Kanäle
Dosisleistung GM-Zählrohr	500 µSv/h – 1 Sv/h
Speichergröße	100 Spektren bei 1024 Kanälen
Gewicht	1250 g (betriebsbereit)
Betriebsdauer Betrieb mit Standard-Akkus oder Batterien (Typ AA)	10 h (modusabhängig)
^{3}He-Röhre (zur Neutronendetektion)	
RS232-Schnittstelle mit USB-Adapter	
Optischer, akustischer und Vibrationsalarm	

Die komplette Steuerung des Gerätes erfolgt über drei Tasten, mit denen die verschiedenen Menüfelder angesteuert werden können. Die im Laufe eines Einsatzes gemessenen Daten können im integrierten Datenlogger abgespeichert werden. Nach Abschluss der Messungen ist es möglich, die Daten auf einen Rechner zu überspielen und nachzubearbeiten, was insbesondere bei der Interpretation der Gamma-Spektren durch externe Fachberater hilfreich sein kann.

Zur Bestimmung niedriger Dosisleistungen besitzt der Identifinder® einen Natriumiodid-Detektor und für höhere Dosisleistungen ein Geiger-Müller-Zählrohr. Das Display zeigt im Messmodus für die Dosisleistung den digitalen Zahlenwert an und in einem darüber liegenden Balken eine logarithmisch dargestellte Analoganzeige, die den gesamten Messbereich des Gerätes erfasst. Gleichzeitig werden eventuell detektierte Neutronen in der Maßeinheit cps (counts per second) angezeigt. Bei der Detektion von Neutronen blinkt zusätzlich eine blaue LED unterhalb des Displays.

Soll eine Strahlerquelle lokalisiert werden, wird in den Finder-Modus umgeschaltet, in dem die gemessene Strahlung in einem Histogramm dargestellt wird. Darunter versteht man eine Auftragung der gemessenen Dosisleistung als Funktion der Zeit. In der unteren Zeile wird der jeweils aktuelle Messwert angezeigt. Aus der Höhe der Säule kann direkt auf die Stärke der Strahlung geschlossen werden. Parallel kann durch eine akustische Anzeige bzw. durch Vibration der Ort erhöhter Dosisleistung detektiert werden. Mit zunehmender Dosisleistung steigt die Taktrate bzw. Tonfrequenz.

Im IDENT-Modus beginnt der Identifinder® zuerst mit der Aufnahme einer ausreichenden Anzahl an Gammaspektren. Dazu erfolgt im Menü die Aufforderung, das Gerät zur Strahlerquelle hin auszurichten. Gleichzeitig zeigt ein Strich in einer Balkendarstellung an, ob der Umfang der Gammastrahlung (Zählrate) ausreicht, um ein auswertbares Spektrum aufzunehmen. Je nach Intensität der Strahlung erteilt das Gerät die Anweisung, sich der Strahlerquelle zu nähern oder sich von ihr zu entfernen. Parallel wird die aktuelle Dosisleistung, die Zählrate und die verbleibende Zeit bis zum Ende der Messung angezeigt.

23.10.4 Anwendung

Erfahrungen im Umgang mit dem Identifinder konnten im Zusammenhang mit einem Castor-Transport, der Messung von Strahlern (darunter Neutronenquellen) aus dem Forschungsbereich, einer Sammelstelle, aber auch in Einsätzen gesammelt werden. Alle Funktionen des Gerätes kamen dabei mehrfach zur Anwendung. Einzig bei der Identifikation exotischer Strahlenquellen kam es zu Problemen. Da mit diesen Quellen aber in einem Feuerwehreinsatz eher nicht zu rechnen ist, stellt dies keinen gravierenden Nachteil dar.

Internet

www.ffb.uni-karlsruhe.de/download/HELIMET-1-Uebersicht_2008-09.pdf (Informationen zu HELIMET)

Literatur

[51] Department of Homeland Security (Hrsg.): Guide for the Selection of Chemical Detection Equipment for Emergency First Responders, 3rd Edition, 01/2007.

Weiterführende Literatur zu Kapitel 23

Matz, G.: Untersuchung der Praxisanforderung an die Analytik bei der Bekämpfung großer Chemieunfälle, Zivilschutzforschung Band 30, Bundesamt für Zivilschutz (Hrsg.), 1998.

Gremlich, H.-U., Günzler, H.: IR-Spektroskopie, 4. Auflage, Wiley-VCH, Weinheim, 2003.

Feustel, M.: Grundlagen der ATR-Technik sowie ATR vs. Transmission: ein IR-Spektrenvergleich sowie ATR-Methoden in der täglichen Praxis, Resultec Analytic Equipment GmbH, Oberkirchberg, 2005.

Hohmann, H.: FTIR und ATR-Technik in wässrigen Systemen. GIT-Labor Fachzeitschrift 4/1994, S. 343ff.
Steinbach, K., Schuppe, F.: Ermittlung der Einsatzgrenzen eines neuen FTIR-Systems zur Identifizierung von Gefahrstoffen im Feuerwehreinsatz Teil I, Institutsbericht 449, Institut der Feuerwehr Sachsen-Anhalt, Februar 2008.
König, M., Cabelka, U.: Das Miran-Infrarotspektrometer – ein neues Verfahren zur Schadstoffmessung, BRANDSchutz/Deutsche Feuerwehr-Zeitung 5/1990, S. 218ff.
König, M.: Spektrometer Miran 104-IR-S – Möglichkeiten und Grenzen für den Feuerwehreinsatz, BRANDSchutz/Deutsche Feuerwehr-Zeitung 3/1993, S. 201ff.
Harig, R., Matz, G., Rusch, P.: Infrarot-Fernerkundungssystem für die chemische Gefahrenabwehr, Zivilschutzforschung Band 58, 2006.
Harig, R., Grutter, M., Matz, G., Rusch, P., Gerhard, J.: Remote Measurement of Emissions by Scanning Imaging Infrared Spectrometry, CEM2007, 8th International Conference on Emissions Monitoring, Zürich, S. 34–39, 2007.
Harig, R., Gerhard, J., Braun, R., Dyer, C., Truscott, B., Moseley, R.: Remote Detection of Gases and Liquids by Imaging Fourier Transform Spectrometry Using a Focal Plane Array Detector: First Results, in Chemical and Biological Sensors for Industrial and Environmental Monitoring II, Edited by S. D. Christensen, A. J. Sedlacek, J. B. Gillespie, K. J. Ewing, SPIE 6378, 2006.
Harig, R., Matz, G., Rusch, P., Gerhard, H.-H., Gerhard, J.-H., Schlabs, V.: Infrared Remote Sensing of Hazardous Vapours: Surveillance of Public Areas during the FIFA Football World Cup 2006, in Sensors, and Command, Control, Communications, and Intelligence (C3I) Technologies for Homeland Security and Homeland Defence VI, Proceedings of SPIE Vol. 6538, 2007.
Steinbach, K., Schuppe, F.: Ermittlung der Einsatzgrenzen portabler FTIR-Systeme zur Identifizierung von Gefahrstoffen im Feuerwehreinsatz Teil II: Möglichkeiten und Grenzen portabler ATR-FTIR- sowie Raman-Spektrometer im Feuerwehreinsatz, Institutsbericht Nr. 454, Institut der Feuerwehr Sachsen-Anhalt, April 2009.

24 Analytische Task Force

24.1 Grundlage der Analytischen Task Force

Die Idee einer Analytischen Task Force (ATF) entstand erstmalig im Rahmen eines Forschungsvorhabens, das vom ehemaligen Bundesamt für Zivilschutz (Vorgänger des heutigen Bundesamtes für Bevölkerungsschutz und Katastrophenhilfe, BBK) bei der Technischen Universität Hamburg-Harburg im Jahr 1999 in Auftrag gegeben worden war. Der Gedanke war, den mit der messtechnischen Grundausstattung versorgten lokalen Feuerwehren in kurzer Zeit und flächendeckend durch hochtechnisierte und mobile Einheiten mit optimaler Gerätetechnik ein Expertenwissen zur Verfügung zu stellen, um komplexe ABC-Lagen besser bewältigen zu können.

Um diese Aufgabe zu erreichen, müssen die Einheiten Luft verlastbar und schnell abrückebereit sein. Zur Unterstützung der Kräfte vor Ort kann im Einsatzfall parallel ein Expertensystem aktiviert werden, welches sich aus Fachleuten der verschiedensten Disziplinen (Meteorologen, Chemiker, Mediziner, Physiker, Ingenieure usw.) zusammensetzt, die aus den vor Ort ermittelten Daten eine Beratung der örtlichen Einsatzkräfte durchführen können.

Dieser Gedanke wurde dann in der »Strategische Neukonzeption der ergänzenden technischen Ausstattung des Katastrophenschutzes im Zivilschutz« wieder aufgenommen. Als Folge der Veränderung der klassischen Bedrohungslage des Kalten Krieges war ein Umdenken im deutschen Zivilschutz notwendig geworden. Im Jahr 2002 kam es dann zu einer Verständigung des Bundes und der Länder über ein gemeinsames Vorgehen. Eines der Ziele war eine Abkehr von der flächendeckenden Ausstattung des Bevölkerungsschutzes nach dem »Gieskannenprinzip«. Zukünftig sollten, am konkreten Bedarf orientiert, Ressourcen vorgehalten werden.

Aufgrund der in der Zukunft vorgesehenen Versorgungsstufen im Katastrophenschutz wird der normierte alltägliche Schutz der Bevölkerung (Stufe I) mit den lokalen Mitteln der Gefahrenabwehr bewältigt werden. Ein standardisierter, flächendeckender Grundschutz (Stufe II) ist auf Ebene der Kreise sicherzustellen. Für den erhöhten Schutz in gefährdeten Regionen und Einrichtungen (Stufe III) sollen die Länder Sorge tragen.

Der Sonderschutz mithilfe von Spezialkräften (Task Forces als Stufe IV) für von Bund und Ländern definierte besondere Gefahren, wird von diesen beiden Gebietskörperschaften gemeinsam getragen. Als mögliche Schadenszenarien mögen hier der Anschlag auf die Tokioter U-Bahn 1995, der Großbrand in Schweizerhalle 1986 bzw. das Unglück von Bhopal 1984 dienen. Eine der dabei vorgesehenen Spezialressourcen ist die Task Force zur Schnellanalytik bei chemischen Lagen. Die dazu notwendigen Grundlagen waren in dem oben vorgestellten Forschungsprojekt geschaffen worden.

Die Realisierung dieser Task Forces mit Aufgaben der C-Analytik (auch Analytische Task Force, ATF genannt) erfolgte im Rahmen eines Pilotprojektes an vier Standorten (Feuerwehr Hamburg, Feuerwehr Mannheim, Institut der Feuerwehr Sachsen-Anhalt in Heyrothsberge und das Landeskriminalamt Berlin), gefördert durch das BBK. Die Auswahl der Standorte erfolgte aufgrund der Tatsache, dass hier bereits eine umfangreiche analytische Ausstattung (unter anderem ein GC-MS) und eine hinreichende Einsatzerfahrung vorhanden waren. Die technische Ausstattung der einzelnen Standorte ist nahezu identisch, nur Art und Umfang des verfügbaren Personals unterscheiden sich durch die gewachsenen Strukturen. Das Fachpersonal (Chemiker, Ingenieure) stellen immer die Standorte. Der Bund ergänzt die vorhandene technische Ausstattung. Nach Abschluss der Pilotphase und der Anerkennung des Systems durch die Innenministerien der Länder ist eine Erweiterung auf insgesamt sieben Standorte, zwei zusätzliche in Nordrhein-Westfalen (Köln und Dortmund) und München umgesetzt worden (Bild 85). Die ATF sollen zum Einsatz kommen, wenn die Möglichkeiten der kommunalen Gefahren-

Bild 85: Einsatzradien der ATF-Standorte (Quelle: Bundesamt für Bevölkerungsschutz und Katastrophenhilfe – BBK)

abwehr erschöpft sind. Die ATF baut dabei auf die Strukturen der Versorgungsstufen I bis III auf und kann diese nur verstärken, aber nicht ersetzen. Generell wird sich eine ATF auch immer der örtlichen Einsatzleitung unterstellen.

24.2 Alarmierung

Die Anforderung soll über eine zentrale Koordinierungsstelle des Bundes (Gemeinsames Melde- und Lagezentrum, GMLZ) in Absprache mit den betroffenen Ländern erfolgen. Aufgabe dieser Koordinierungsstelle ist es, den Kontakt zwischen der anfordernden Institution und einer Führungskraft der ATF herzustellen. Im direkten Gespräch müssen dann die Bedürfnisse und die Möglichkeiten zu Unterstützung abgeklärt werden. Bislang erfolgt die Hilfeanforderung aber noch auf dem klassischen Weg der Überlandhilfe bzw. in einigen Fällen auch im Rahmen der Amtshilfe. In Abhängigkeit von der Schadenlage können folgende Unterstützungsleistungen angeboten werden:

- Detektion und Identifikation gefährlicher Substanzen und Substanzgemische,
- Überwachung großer Areale mittels Fernerkundung,
- Lokalisation und Identifikation Luft getragener Schadstoffe,
- Situationsbewertung basierend auf Analyseergebnissen und toxikologischen Aspekten,
- Einschätzung der Lageentwicklung und
- Erarbeitung von Vorschlägen für Gegenmaßnahmen (z. B. Warnung der Bevölkerung, Evakuierung, Dekontaminationsmaßnahmen usw.).

Wesentlich ist, dass die Kräfte der ATF immer nur beratende Funktion wahrnehmen und die Entscheidungsbefugnisse an der Einsatzstelle davon völlig unberührt bleiben.

24.3 Einsatzstufen der ATF

Ihre Aufgaben kann die ATF je nach Problemstellung und Dringlichkeit in drei Stufen wahrnehmen:

1. Stufe
Telefonische Beratung durch eine Führungskraft, die die Möglichkeiten der ATF einschätzen kann und die auch über ein fundiertes Fachwissen verfügt, um möglicherweise erste Hinweise zur weiteren Vorgehensweise geben zu können.

Bild 86: Luftverlastbare Ausstattung des ATF-Standortes Mannheim (Foto: Berufsfeuerwehr Mannheim)

2. Stufe

Einsatz eines Erkundungsteams (Soforteinheit), das bei Bedarf luftverlastet eingesetzt werden kann. Diese Einheit ist in der Lage zu spüren und zu identifizieren, in Datenbanken zu recherchieren und sie kann durch Einbeziehung des Expertennetzwerkes auch fundierte Fachinformationen liefern. Sofern eine erste Bewertung der Gefahrenlage eine erhebliche Gefährdung von Anwohnern oder Einsatzkräfte nicht eindeutig ausschließt, ist in Abstimmung mit der örtlichen Einsatzleitung der Einsatz des Erkundungsteams bestehend aus einer Führungskraft und zwei Einsatzkräften sinnvoll. In Abhängigkeit vom Einsatzradius, der Wetterlage bzw. der Uhrzeit fährt das Erkundungsteam auf dem Landweg die Einsatzstelle an. Bei weiter entfernten Einsatzstellen und den gegebenen Voraussetzungen kann die Luft verlastbare Ausrüstung umgeladen und auf dem Luftweg mit einem Hubschrauber zur Einsatzstelle gebracht werden (Bild 86).

3. Stufe

Der Einsatz der kompletten Einheit, bestehend aus Erkundungsteam und Verstärkungseinheit, ist bei großräumigen oder länger anhaltenden bzw. komplexen Schadenlagen sinnvoll. Zusätzlich zum Erkundungsteam werden weitere Einsatzkräfte aus häuslicher Bereitschaft alarmiert, die zusätzliche Ausstattung und Fahrzeuge mitführen. Die erste Aufgabe an einer Schadenstelle wird in diesen Fällen aus der Erfahrung heraus in der Identifikation unbekannter Chemikalien liegen. Dazu wird in der ersten

Phase des Spürens mit einer Art Screening-Verfahren das Gelände nach kontaminierten Bereichen untersucht. Im zweiten Schritte wird dann an Stellen mit positivem Befund eine Probe entnommen und eine Stoffidentifikation durchgeführt. Sobald die freigesetzten Substanzen identifiziert sind, wird der Gefährdungsumfang ermittelt, d. h. mithilfe der Fernerkundung bzw. Erkundung im Gelände ist die mengenmäßige Verbreitung der Substanzen hauptsächlich in der Luft, bei Bedarf aber auch im Boden und Wasser zu bestimmen. Zusammen mit dem Spürauftrag werden auch erste Proben für stationäre Laboratorien genommen. Sobald erste analytische Fakten verfügbar sind, beginnt die Beratung der Einsatzleitung in Sachen Einsatztaktik, Medizin und Umwelt durch die ATF.

24.4 Personal

Die personelle Ausstattung der ATF liegt in der Maximalform bei acht Personen für die eigentliche analytische Aufgabenstellung und vier Personen zur logistischen Unterstützung. Im Bereich Analytik gliedert sich die ATF in den Führer der Einheit, der ständigen Kontakt zur Einsatzleitung hält, und einer Führungskraft, die die Einsatzkräfte direkt am Einsatzort leitet und berät. Die Einsatzkräfte teilen sich auf in Personal, das die Sonderausstattung wie Fernerkundungs-FTIR und GC-MS bedient, und den Einsatzkräften mit Probenahmeausstattung und Hand gehaltenen Messgeräten, die im kontaminierten Bereich arbeiten.

24.5 Fahrzeuge

Der Schwerpunkt des Fahrzeugparks der ATF liegt auf einem Messfahrzeug, das die zentrale Aufklärungsarbeit leistet und in dem grundlegende Führungsaufgaben übernommen werden können. Zusätzlich werden Erkundungskraftwagen, die die direkte Vor-Ort-Arbeit leisten, eingebunden. Gegebenenfalls können weitere Führungs- und Logistikfahrzeuge zur Unterstützung herangezogen werden. Im Endausbau verfügt jede ATF über zwei Erkundungskraftwagen, einer Führungskomponente ähnlich einem ELW 1 und einem Lkw zur Aufnahme der analytischen Ausstattung.

24.6 Analytische Ausstattung

Neben den bei den Feuerwehren eingesetzten Messgeräten der Basis-Ausstattung (pH-Papier, Öl-Testpapier, Ex-Messgerät und Spürpulver) wird die Sonderausstattung, bestehend aus Prüfröhrchen, elektrochemischen Messgeräten, Photoionisationsdetektor (PID), Ionenmobilitätsspektrometer (IMS), Probenahmeausrüstung, Wärmebildkamera und Fernthermometer vorgehalten. Als Spezialausstattung werden dann ein mobiles GC-MS-System, ein FTIR-Fernerkundungssystem, ein Gefahrstoffdetektorarray und ein IR-Spektrometer zur Fest-/Flüssiganalytik mitgeführt.

Neben der messtechnischen Ausstattung verfügt die ATF noch über umfangreiche Möglichkeiten zu Entnahme von Luft-, Wasser- und Bodenproben bzw. sonstigen Proben aus den unterschiedlichsten Quellen, gegebenenfalls auch im größeren Umfang, für radiologische, biologische und chemische Analysen.

Die bisher ausgelieferte Ausstattung beschränkt sich im Wesentlichen auf die C-Analytik. Es gibt aber bereits Überlegungen, die Fähigkeiten der ATF auf die Bereiche radiologische/nukleare und biologische Gefahren auszudehnen. Dies wäre entweder durch eine zusätzliche Ausstattung oder aber durch eine Kooperation mit anderen Institutionen denkbar.

24.7 Qualitätssicherung

Es wird angestrebt, im Bereich der Vor-Ort-Analytik Maßstäbe anzulegen, wie sie vom Prinzip her auch für stationäre Labore gelten. Durch die Qualitätssicherung sollen jederzeit und von jedermann nachprüfbare Messergebnisse erzielt werden. Die Qualität der Messergebnisse bezüglich Stoffidentität (qualitative Analyse) und der Stoffmenge (quantitative Analyse) muss gewährleistet sein. Um diese Anforderungen umsetzen zu können, sind mehrere Maßnahmen notwendig:

- Wo immer es möglich ist, werden standardisierte Verfahren eingesetzt, die detailliert beschrieben sind und permanent geübt werden.
- Soweit möglich, werden alle Geräte regelmäßig kalibriert und auf ihre Genauigkeit überprüft (zum Teil täglich).
- Der Einsatz von internen Standards soll sicherstellen, dass die Messwerte reproduzierbar sind.
- Die Teilnahme an Ring-Tests mit anderen Laboratorien soll die Vergleichbarkeit mit den Werten stationärer Laboratorien und der ATF-Standorte untereinander sicherstellen.

24.8 Analysenstrategie

Eine der Stärken der ATF ist die so genannte Vor-Ort-Analytik. Unter dem Begriff der Vor-Ort-Analytik versteht man die Tatsache, dass das Labor zur Probe (Schadenstelle) kommt und nicht wie üblich die Probe zum Labor. Der Vorteil für dieses Vorgehen, das im Bereich der Altlastenuntersuchung häufig angewendet wird, liegt darin, dass die Analyseergebnisse bereits nach wenigen Minuten vorliegen. Darüber hinaus ist es bei diesem Verfahren auch sehr viel schneller möglich, auf Situationsänderungen bzw. neue Erkenntnisse zu reagieren, da jederzeit neue Proben genommen und zeitnah ausgewertet werden können.

Aufgrund der oftmals akuten Bedrohungslage sind die konventionellen Verfahren der chemischen Analytik für die Fragestellungen im Brand- und Havariefall ungeeignet, da die Analyseergebnisse nicht zeitnah für eine Entscheidungsfindung zur Verfügung stehen. Je nach Schadenfall ist bei akuten Fragestellungen von einem maximalen Zeitfenster bis zum Vorliegen des Untersuchungsergebnisses von wenigen Minuten bis zu maximal ein bis zwei Stunden auszugehen.

Die von der ATF an der Einsatzstelle gewonnenen analytischen Ergebnisse bezüglich der freigesetzten Stoffe oder Stoffgemische werden von den unterschiedlichsten Fachleuten im Rahmen des Expertennetzwerkes bewertet. Die Stärke des Systems gegenüber einem einzelnen Fachberater besteht darin, dass viele Fachrichtungen abgedeckt werden können. Auf Basis einer gemeinsamen EDV-Plattform ist auch ein interner Informations- und Datenaustausch zwischen den Experten möglich, bevor die bewerteten Daten über die ATF an die Einsatzleitung weitergegeben werden.

24.9 Probenahmeprojekt

Im Bereich der Probenahme gibt es in den Bundesländern Baden-Württemberg, Hessen und Rheinland-Pfalz die Besonderheit eines Probenahme-Verbundsystems, das ursprünglich von der Feuerwehr Frankfurt a. M. initiiert worden war. Die Idee besteht darin, den interessierten Feuerwehren speziell auf die GC-MS-Analytik abgestimmtes Probenahmematerial zur Verfügung zu stellen und die Einsatzkräfte der jeweiligen Wehren im Umgang mit dem Probenahmematerial zu schulen. Im Schadenfall können so sehr schnell die ersten Proben von der nächstgelegenen Feuerwehr genommen werden, noch bevor ein GC-MS bzw. eine ATF vor Ort sein kann. Im Laufe der letzten Jahre haben sich über 80 Feuerwehren (Freiwillige Feuerwehren, Werk-, Betriebs- und Berufsfeuerwehren) in den drei Bundesländern mit der entsprechenden Technik ausgestattet. Die Akzeptanz des Systems zeigt sich darin, dass allein über den ATF-Standort Mannheim jährlich mehr als 20 Einsätze aus dem Umweltbereich im Rahmen der Überlandhilfe abgewickelt werden.

24.10 Erfahrungen

Neben den laufenden Übungen am Standort und der Teilnahmen an Übungen im Umland nehmen die ATF auch regelmäßig an Übungen teil, die im Rahmen des EU-Gemeinschaftsverfahrens innerhalb der EU veranstaltet werden. So war die ATF Mannheim 2004 bei der Eudrex in Österreich, 2005 bei der Euratech in Frankreich, 2007 bei der Eulux in Luxemburg und die ATF Hamburg 2006 bei der Eudanex in Dänemark vertreten. 2008 kam es zu einer gemeinsamen Übung der Standorte Hamburg, Berlin und Mannheim in Südfrankreich.

Im großen Stil konnten während des Weltjugendtages (2005), der Fußball-WM (2006), dem G8-Gipfel (2007), der Fußball-EM (2008) und dem NATO-Gipfel (2009) Erfahrungen bei der Bewältigung von Großereignissen gesammelt werden. Daneben kam es aber auch zu einer Reihe von Einsätzen bei Schadenfällen im Rahmen der Überlandhilfe, bei denen das System erprobt werden konnte.

Bei allen Realeinsätzen, Übungen und bei den Einsätzen im Zusammenhang mit Großveranstaltungen zeigte sich das Funktionieren des Systems Analytische Task Force. Viele, heute in der Fläche noch sehr unübliche technische und taktische Neuerungen, konnten dabei erprobt werden bzw. es werden Wege zur Optimierung gefunden. Alle ATF Standorte werden auch in die permanente Weiterentwicklung modernster Analysentechnik eingebunden. Durch die enge Zusammenarbeit mit anderen Einrichtungen des Bundes (Wehrwissenschaftliches Institut der Bundeswehr, BKA) ist auch ein permanenter Erfahrungsaustausch sichergestellt.

Weiterführende Literatur zu Kapitel 24

Matz, G., Schillings, A., Rechenbach, P.: Task Force für die Schnellanalytik bei großen Chemieunfällen und Bränden, Bundesverwaltungsamt – Zentralstelle für Zivilschutz (Hrsg.), Zivilschutzforschung Band 49, 2002.

Rechenbach, P.: Strategische Neukonzeption der ergänzenden technischen Ausstattung des Katastrophenschutzes im Zivilschutz, Bundesministerium des Innern, 2003.

König, M.: Anwendung von Vor-Ort-Analytik bei Havarien und im Katastrophenschutz, in: Vor-Ort-Analytik für die Erkundung von kontaminierten Standorten, E. Schmidt Verlag, S. 129–149, 2003.

König, M., Rudolph, R.: Europe trains for disasters, Crisis Response Journal, Vol. 1, Issue 3, S. 9–11, 2005.

König, M., Rudolph, R.: Einsatz für die ATF, Erfahrungsbericht zur Übung Euratech, Brandschutz/Deutsche Feuerwehr-Zeitung 7/2005, S. 543ff.

Thorns, J., Will, M.: Rhadereistedt: Tödlicher Gasaustritt in Biogasanlage, Brandschutz/Deutsche Feuerwehr-Zeitung 1/2006, S. 43ff.

Warner, D., Storm, K., Feuerwehr Hamburg: Messeinsatz beim Biogasanlagen-Unfall, Brandschutz/Deutsche Feuerwehr-Zeitung 7/2006, S. 472ff.

Stichwortverzeichnis

2010. 167 Seiten. Kart.
€ 12,–
ISBN 978-3-17-020125-5
Die Roten Hefte Nr. 20

Ernst-Peter Döbbeling/Horst Miska

Strahlenschutz

Die Bedeutung des Strahlenschutzes hat infolge der Bedrohungslage durch den internationalen Terrorismus sowie die Verwendung von strahlenden Materialien in der Industrie, der Forschung, der Energiegewinnung und im Gesundheitswesen in den vergangenen Jahren wieder stark zugenommen. Kommt es zu einem Einsatz mit strahlenden Materialien, sind entsprechende Fachkenntnisse unabdingbar. Das Rote Heft bietet eine Einführung in das Thema „Strahlenschutz", indem es wichtiges Grundlagenwissen für den Strahlenschutzeinsatz der Feuerwehr bei ionisierender und nicht ionisierender Strahlung vermittelt.

Die Autoren:
Dipl.-Ing. Ernst-Peter Döbbeling war Leiter der Werkfeuerwehr CERN (Europäisches Institut für Nuklearforschung in Genf) und ist seit Ende 2008 in der Beratung tätig.
Dipl.-Phys. Dr. Horst Miska ist Ministerialrat a. D.

www.rote-hefte.de

W. Kohlhammer GmbH · 70549 Stuttgart
Tel. 0711/7863 - 7280 · Fax 0711/7863 - 8430 · www.kohlhammer.de

Kohlhammer